DISTRIBUTED
MACHINE
LEARNING

THE ALTERNATIVE MULTIPLIER METHOD
IN MACHINE LEARNING

分布式机器学习

交替方向乘子法在机器学习中的应用

雷大江 著

清華大學出版社
北京

内容简介

本书重点介绍因求解大规模问题十分有效而风靡机器学习界的交替乘子法，该方法可以广泛地应用于机器学习的优化求解问题。

本书探究交替方向乘子法在图像处理中的应用，选取了运动模糊图像复原和遥感图像融合两个领域来作细致研究。通过MATLAB进行仿真实验，利用交替方向乘子法高效求解复杂的凸优化问题，研究遮挡人脸识别的鲁棒性算法，以及人脸图像的类内变化和类间变化与鲁棒性算法的关系。同时，本书还探索高效的分布式优化求解方法。将分布式计算框CoCoA应用于机器学习和信号处理的各种问题。

本书适合作为从事机器学习研究的科技工作者、专业技术人员、研究生及高年级本科生的参考书。

图书在版编目(CIP)数据

分布式机器学习：交替方向乘子法在机器学习中的应用/雷大江著. —北京：清华大学出版社，2021.5
ISBN 978-7-302-56902-2

Ⅰ. ①分…　Ⅱ. ①雷…　Ⅲ. ①机器学习　Ⅳ. ①TP181

中国版本图书馆CIP数据核字(2020)第226853号

责任编辑：王　芳
封面设计：王昭红
责任校对：焦丽丽
责任印制：杨　艳

出版发行：清华大学出版社
网　　址：http://www.tup.com.cn，http://www.wqbook.com
地　　址：北京清华大学学研大厦A座　　**邮　　编**：100084
社 总 机：010-62770175　　**邮　　购**：010-83470235
投稿与读者服务：010-62776969，c-service@tup.tsinghua.edu.cn
质量反馈：010-62772015，zhiliang@tup.tsinghua.edu.cn
课件下载：http://www.tup.com.cn，010-83470236
印 装 者：三河市国英印务有限公司
经　　销：全国新华书店
开　　本：186mm×240mm　　**印　　张**：10.5　　**字　　数**：232千字
版　　次：2021年5月第1版　　**印　　次**：2021年5月第1次印刷
印　　数：1～2500
定　　价：59.00元

产品编号：085306-01

本书由重庆邮电大学出版基金资助出版

The published book is sponsored by the Chongqing University of Posts and Telecommunications for Publishing Financed

前言

PREFACE

自美国斯坦福大学 Stephen Boyd 教授将交替方向乘子法引入分布式优化和统计学习以来，交替方向乘子法因对求解大规模问题十分有效而风靡机器学习界，它被广泛地应用于机器学习的优化问题求解中，尤其是分布式凸优化问题中。在我国曾出版过不少关于凸优化方面的书，但大都偏重于介绍数学性的理论、应用和算法，对交替方向乘子法求解机器学习优化问题的介绍不足；新近的文章和书籍虽然不少，但都比较分散或各有侧重点，编著一本内容新颖并具有机器学习应用背景的交替方向乘子法的专著，是作者多年的梦想。

全书共分为 11 章，第 1 章介绍大数据对机器学习的挑战和交替方向乘子法对机器学习优化求解的重要作用，回顾国内外分布式优化求解算法的研究现状，并介绍本书研究内容。

第 2 章按照交替方向乘子法的发展历程，介绍了掌握交替方向乘子法所需要的基础知识，简要介绍了凸优化基础知识、优化中的对偶基础知识、交替方向乘子法的关联优化算法，为后面的章节做铺垫。

第 3 章简要介绍了利用交替乘子法如何对稀疏回归问题进行求解，演示了利用交替方向乘子法串行和分布式求解 Lasso 问题，为后面的章节做铺垫。

第 4 章讨论了如何利用交替方向乘子法对鲁棒性回归问题进行分布式优化求解，并讨论了基于特征划分和样本划分优化求解策略。

第 5 章讨论了交替方向乘子法在图像处理中的应用，将交替方向乘子法应用到基于全变差模糊图像恢复问题的优化求解中，并将交替方向乘子法应用于遥感图像处理中的全色图与多光谱图融合问题求解。

第 6 章探索了针对人脸识别应用场景如何建立鲁棒性模型——加权 Huber 约束稀疏表达模型，并采用交替方向乘子法对新提出的模型进行求解。

第 7 章探索了针对人脸识别应用场景如何建立自适应鲁棒性模型——自适应加权 Huber 约束稀疏表达模型，并采用交替方向乘子法对新提出的模型进行求解。

第 8 章探索了针对传统的多元逻辑回归问题采用极大不相关技术进行扩展，并采用交替方向乘子法对新提出的模型进行求解。

第 9 章探索了针对传统的稀疏多元逻辑回归问题采用交替方向乘子法进行分布式优化求解，并用 Spark 实现分布式算法进行实验验证。

第 10 章探索了针对传统的稀疏回归问题采用较之交替方向乘子法效率更高的分布式

优化求解框架——高效分布式优化框架进行分布式优化求解，并采用 Spark 实现分布式算法进行实验验证。

第 11 章探索了针对传统的稀疏多元逻辑回归问题采用高效分布式优化框架进行分布式优化求解，并采用 Spark 实现分布式算法进行实验验证。

在本书撰写过程中，得到两位导师——南开大学数学与科学学院吴春林教授、挪威奥斯陆大学 Xing Cai 教授的悉心指导和帮助，是他们把我领进了分布式优化的研究领域；在分布式机器学习算法的实现方面，作者曾请教过湖南大学唐卓教授、中国科学院重庆绿色智能技术研究院罗辛教授、重庆邮电大学米建勋副教授，三位老师还热情提供了他们的科研资料。我要感谢我的研究团队在本书撰写中所付出的辛勤努力，他们是杜萌、蒋志杰、张红宇、张策、陈浩、唐建烊、黄杰、申灵和杜加浩。重庆邮电大学计算机科学与技术学院的同事也给予作者不少帮助，在此向他们表示深深的感谢。

作　者

2020 年 12 月

目录

CONTENTS

第1章

引　言

1.1 大数据对机器学习的挑战

近几年来,互联网行业发展迅速,智能终端设备也越发普及,我们学习、工作和生活的方方面面都已离不开互联网。据《世界电子商务报告》显示,截至 2018 年 4 月,全球网民人数已达 41.57 亿人。中国作为全球最大的互联网用户市场,网民规模已达 7.72 亿人。目前我国已经掌握了 5G 网络的关键技术并全国组网,这意味着我们可以随时随地享受便捷的网络与通信服务,互联网正在逐步取代传统的媒体,成为日常生活中人们获取信息的重要来源。

自 2012 年以来,大数据(Big Data)技术在全世界范围内迅猛发展,在全球学术界、工业界和各国政府都受到了高度关注和重视[1]。诸多事实表明,数据技术与信息技术相互融合是当前科学技术发展的主流之一,以大数据为表征的数据科学成为研究的热点。图 1.1 和图 1.2 中分别绘制了 2012 年以来关键词 Big Data 和大数据在 Google 趋势和百度指数中的增长曲线。可以发现,大数据在近年来持续受到国内外的广泛关注,甚至在未来仍将呈现出增长的趋势。起初,大数据并没有一个统一的定义,直到 2012 年,Gartner 公司的分析师 Doug Laney 才针对大数据的特点给出了较为完整的大数据 3V 模型定义[2]。

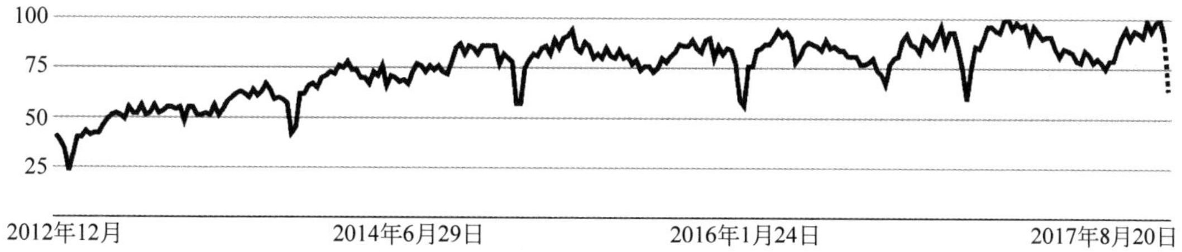

图 1.1　Google 趋势中 Big Data 的搜索热度

(1) 数据规模大(Volume):每天产生的数据从原始的 GB 级别增长到 EB 级别,并且持续增加。

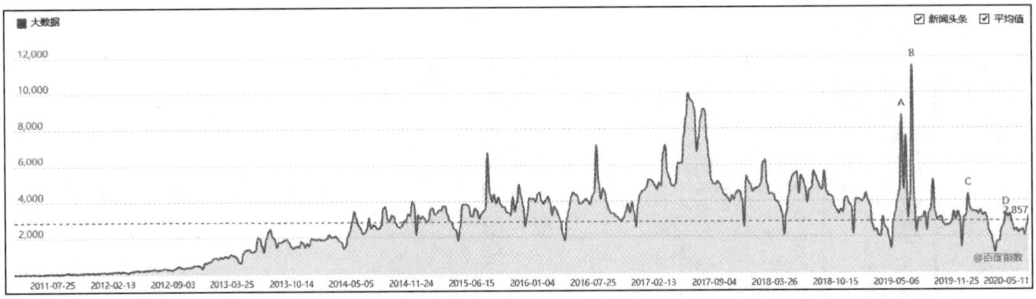

图 1.2　百度指数中大数据的搜索热度

(2) 数据的快速处理(Velocity)：产生的许多数据需要快速处理。

(3) 数据种类多样化(Variety)：包括结构化和非结构化在内的多种数据形式。

随着互联网的不断发展，网络中的信息数据呈几何级增长。随着数据规模的逐步增大，信息总量更加丰富，信息的价值密度必将降低[3]，与之对应，数据中冗余信息的占比逐步增大。这些冗余数据将会增加相关类别误分的可能性。例如，在文本分类领域，介词和代词在大多数情况下都可视为一种冗余数据。此外，如果不同的类别之间包含较多相似的特征，那么这些相似的特征也属于一种冗余数据。这些冗余数据将会对分类器造成干扰，增大分类器的分类难度。另外随着各种智能终端的普及，我们能够收集到的数据越来越多，在大数据技术、分布式机器学习技术迅速发展的今天，我们总是认为数据越多越好。但是大数据的产生和存储同时也给传统的集中式机器学习方法带来了巨大的困难。

(1) 数据的规模超出单一机器的存储容量，单机算法无法对样本进行有效的处理；

(2) 分布式数据的集中化处理会造成数据传输的额外开销。

因此，很多传统的在小数据上进行学习的机器学习算法往往不再适用，无法满足大数据场景的需求。其次虽然大规模数据所包含的信息总量更加丰富，然而挖掘出信息中潜在的价值并不容易。如何对通过各种终端收集到的大量数据进行有效组织管理，并从大规模数据中准确高效地挖掘出潜在的价值也成为一大挑战。

尽管近年来已经发展出许多优秀的机器学习算法，并且这些算法能够在小规模数据集下进行快速求解。但在当今的大规模场景下，处理大规模的数据集已经变得非常普遍。目前，业界也发展出了许多优秀分布式计算框架来应对大规模数据的场景。例如 Google 公司于 2003 年提出了 MapReduce 技术[4]，并由 Apache 软件基金会(Apache Software Foundation，ASF)于 2007 年开源为 Hadoop MapReduce 技术。随后，加州大学伯克利分校的 AMP 实验室基于 MapReduce 的概念开源了基于内存的通用并行框架 Spark[5]。随着数据规模增大，单台机器性能的增长也赶不上数据规模的增长，如果在单台机器上运行并使用传统算法，可能需要数周或数月的时间。因此，传统的串行机器学习算法也不再适用。

1.2 分布式优化算法国内外研究现状

随着硬件的发展,并行技术被用来解决单核难以处理大规模数据的情况。并行技术包含两种计算:首先是与串行计算相对的并行计算,指同时使用多种计算资源解决计算问题的过程;其次是分布式计算,主要指一组计算机的分散系统进行计算。并行计算与分布式计算都运用并行技术来获得更佳的性能,将大规模的数据划分为小量数据处理。二者的区别是如果处理单元在处理数据时共享内存,就称为并行计算,否则就是分布式计算。当然,也有部分研究者认为分布式计算是并行计算的一种特例。近年来各类并行技术在很多算法的改进上都取得了不错的进展,例如 Apache Mahout、Spark MLlib、TensorFlow、LAMMPS、QMCPACK。后文中描述的并行化处理都指代同一机器上的多核并行,分布式指代集群处理。

分布式机器学习是随着大数据概念兴起的,大数据对传统的机器学习算法带了较大的挑战,研究适用于大数据环境下的机器学习算法成为业界共同关注的热点。在大规模的场景下,人们往往会接触到上亿规模的样本量或者特征维度,为了加速模型训练,算法的并行性是不可或缺的。通常考虑两种并行性,一种是模型并行性,模型分布在多个设备上进行并行训练;另一种是数据并行性,数据分布在多个设备上并行处理。目前,常见的研究方法包含并行化(分而治之、并行或分布处理)[6-7]、降低尺度(样本选择、特征选择、维度降低)[8]和有效算法(近似算法、增量算法)[9-10]等。而在上述诸多技术中,分布式并行处理逐渐成为机器学习领域解决大数据问题的主要技术手段。分布式并行是指利用集群强大的分布式计算和存储能力,利用多个节点对任务进行分布式并行处理。分布式机器学习的主要目标是将单一机器节点无法处理的任务拆分成多个子任务,之后将这些子任务分配到多个机器节点上进行并行化处理,通过集群节点之间的协作,将所有节点上的结果合并,最终得到完整的结果。

利用分布式并行化的方法,能极大地提高机器学习算法的效率。常见分布式机器学习算法有以下 3 种。

1. 分布式随机梯度下降算法(Distributed Stochastic Gradient Descent, Distributed SGD)

随机梯度下降算法的本质决定其主要是用于串行的算法(step-by-step)[11],虽然串行下的 SGD 算法能够保证收敛,但是在面对较大训练集时,学习的速度存在瓶颈。如果进行异步更新来加快速度,那么可能会导致最后得到的结果不收敛,因此在后续的研究中,众多改进的并行化和分布式的 SGD 算法得到快速发展,分布式随机梯度下降算法主要是采用分布式的方式对传统的 SGD 算法、异步 SGD 算法进行改进,以提高算法在大规模数据实验中结果的准确度和运行效率。分布式 SGD 算法利用集群中的多个节点同时处理大量的样本,该算法能够在一定程度上减少算法在每次迭代计算中的负载,提高序列 SGD 算法的性能。

分布式 SGD 算法的基本思路是首先计算各个节点中的随机梯度，然后主节点收集所有节点的随机梯度，最终优化整个算法的模型参数[12-13]。

在传统的 SGD 算法的基础上，Martin 等提出了基于 MapReduce 模型的分布式 SGD 算法[14]。这种算法在参数计算时依靠各节点的本地数据，在主节点合并模型，这样使得算法整体对 I/O 延迟不会过于敏感，将其用于大规模数据下的机器学习能大大缩短运行的时间。该算法也常被认为是分布式 SGD 算法的基础。此外还有利用异步操作随机梯度下降或者通过去除噪声的分布式 SGD 算法[15-17]。为了进一步提高标准 SGD 算法的准确度和计算效率，Zhang 等提出了 Splash 算法[18]，Splash 算法的核心思想是将集群中的计算单元分为 k 组，每个计算单元仅使用该单元本地的数据来训练出本地模型，每个组分别合并该组内各计算单元中的模型，最后通过交叉验证的方式选择 k 组中最优秀的模型作为输出。与 Spark 上的 Mini-Batch SGD 算法相比，Splash 算法通常可以将计算效率提升 10～20 倍。

2. 分布式逻辑回归算法（Logistic Regression，LR）

作为一种经典的分类算法，LR 被广泛应用于诸如医学检测、地质测量、文本分类等领域。它是针对二分类问题提出的，用于估计事件发生的可能性。例如某用户购买某商品的可能性，某病人患有某种疾病的可能性等。它是一种线性的分类算法，具有求解速度快、预测结果的可解释性强的特点。同时，由于实现简单，它在大规模数据的分类学习算法中仍有不错的表现。直接使用原始逻辑回归进行求解容易产生过拟合现象，更常见的做法是引入正则项，引入 l_1 正则化的逻辑回归，也称作稀疏逻辑回归（Sparse Logistic Regression，SLR）；逻辑回归模型在多分类问题上的推广被称为多元逻辑回归（Multinomial Logistic Regression，MLR）；引入了 l_1 正则项的多元逻辑回归称作稀疏多元逻辑回归（Sparse Multinomial Logistic Regression，SMLR），因其具有能够在分类的同时嵌入特征选择的作用而被广泛应用在各种领域[19-21]。

随着数据规模的增大，串行的 LR 求解算法已经难以满足大数据应用中时间及存储空间上的限制。在学术界，J. Liu 等[22]于 2009 年提出了一种稀疏逻辑回归问题的分布式求解算法 Lassplore，他们将问题表示为 l_1 范数约束下的光滑凸优化问题，并提出使用 Nesterov 以及自适应调整步长等方法进行求解。Z. Peng 等[23]于 2013 年对稀疏问题如 Lasso 及稀疏逻辑回归的并行与分布式优化问题进行了细致的研究，针对两种典型的分布式稀疏优化问题，作者提出了两种优化方法，近似线性的优化算法和并行式的贪婪块坐标下降算法 GROCK 来对这类稀疏问题进行求解，并且在包含 170 台刀片服务器的 Amazon EC2 集群上进行了实验，证明了算法的高效性和可扩展性。但遗憾的是作者并未针对 SMLR 问题的分布式优化与求解展开相关的研究。S. Gopal 等[24]进一步拓展了 J. Liu 和 Z. Peng 等的工作，提出了一种针对大型多元 Logistic 模型的并行化训练方法，并与多种优化算法如 ADMM、LBFGS、DM(Double Majorization)算法进行了比较。其算法的核心思想是用一个基于对数函数凹性的可并行上界来替换 MLR 问题的对数分区函数，采用的并行化方式则是通过在不同的计算节点上并行地优化参数集来完成的。作者在包含 64 个计算节点 Hadoop 集群上验证了该算法的收敛性。

另一方面，在 P. Raman 等[25]的论文中，他们提出了基于 SGD 的分布式优化算法 DS-MLR，利用算法的双重可分性来以数据并行或者模型并行的方式对 MLR 问题进行求解；在工业界，Apache Spark 作为最受欢迎的分布式计算框架之一，也提供了分布式机器学习的组件 Spark MLlib[26]，在其最新版本的分布式机器学习库中也提供了 SLR 和 MLR 问题的分布式优化算法；腾讯公司于 2017 年 6 月开源了基于参数服务器的高性能机器学习计算平台 Angel[27]，该平台提供了多种传统机器学习算法的分布式实现，如 LR、SVM、MLR。

3. 分布式交替方向乘子法（Distributed Alternating Direction Method of Multipliers, Distributed ADMM）

交替方向乘子法算法是 D. Gabay 等[28]于 20 世纪 70 年代提出，用于解决具有可分结构约束优化的简单有效的方法，并在机器学习、数据挖掘和自然语言处理等领域中取得了广泛的应用[29-30]。ADMM 算法主要解决含有等式约束的目标函数最小化问题，该算法可以看作是对增广拉格朗日算法的发展，并混合了对偶上升算法（Dual Ascent）的可分解性，对目标函数中的多个变量进行交替优化。20 世纪 90 年代，J. Echstein 和 D. P. Bertsekas 等从理论上证明了该方法的收敛性[31]。

2012 年 Boyd 等将 ADMM 算法引入到分布式优化和统计学习中。他们在论文里详细说明了 ADMM 算法的收敛性、优化目标函数的定义域和停止条件，同时提出 ADMM 的优化框架是分解与协作（Decomposition-Coordination）的过程，具有可满足并行化的优势[32]。作为能够有效协作多个节点之间全局变量一致性优化的强有力工具，ADMM 在分布式优化和统计学习中具有举足轻重的地位，受到了相关学者的极大关注，分布式 ADMM 算法利用分解与协调过程，将大的全局问题分解为多个较小、较容易求解的局部子问题（原始优化问题转化为全局一致性问题或共享性问题），并通过协调子问题的解而得到全局问题的解[33]。ADMM 发展至今，已经被广泛地应用到机器学习、数据挖掘和自然语言处理等领域[34]。ADMM 可以对机器学习算法从样本划分和特征划分层面进行并行化，基于样本划分的方法称为分布式一致性问题；基于特征划分的方法称为分布式共享问题。

（1）分布式一致性问题。一致性（Consensus）问题是无中心分布式优化研究领域中的一类重要问题[32]。在分布式环境中，通过优化局部目标函数可以实现对特定目标参数的优化，然后利用每个节点的局部计算以及节点间的信息交换实现全局优化。目前在分布式机器学习中，基于一致性的分布式算法是在优化目标函数的过程中添加节点之间的一致性约束，从而使得所有节点对目标参数的优化达到全局一致性。对于具有全局一致性约束的目标函数，其具体的分布式求解算法有分布式次梯度算法（Distributed Subgradient）[35]、分布式模型平均算法（Model Average）[36]、基于 ADMM 的全局一致性优化算法[37]。

（2）分布式共享问题。共享（Sharing）问题作为另一类比较重要的分布式优化问题，将变量求和作为参数进行分布式求解，每个节点负责计算部分参数下的目标函数的局部解，最后聚合局部解以达到分布式求解的目的。Fukushima 等[38]证明了共享 ADMM 与一致性 ADMM 之间具有对偶的关系，求解全局一致性问题可以通过求解其对偶共享 ADMM 的方式进行。

在分布式环境下，ADMM 算法的优化不关注于算法结构的改变，主要关注于如何结合不同的体系结构进行算法的部署及应用，包括主从网络(中心化)结构下及图(去中心化)结构下的同步和异步更新[39]。Sauptik 等提出基于主从结构的 ADMM 同步计算模型，其迭代求解过程为多节点利用本地数据并行求解原始变量，主节点进行汇总后分发原始变量更新值给各节点，多节点再利用原始变量更新值并行求解对偶变量[40]；Zhang 等基于延迟同步模式提出分布式异步 ADMM 算法 Async-ADMM[41]；Shi 等提出去中心双边图模型下的分布式 ADMM 算法[42]来求解有约束的强凸目标函数；此外还有基于图节点排序的分布式异步的 D-ADMM 算法[43]和基于边通信的去中心化异步 ADMM 算法[44]等。

ADMM 的算法特性决定其是中心化的，需要一个中心对各节点的结果进行约束以保证全局最优，同时，各节点的计算过程是不可控的，这将导致"一节点有难，多节点旁观"的情况，也就是若一个节点的工作繁重，其他节点在完成工作的情况下，只能等待该节点完成才能进行下一轮迭代步骤，这种情况影响了整个集群的计算效率。以上缺点使得 ADMM 不能充分地使用集群资源，从而导致集群计算资源利用率不够高。为了改进以上问题，V. Smith 和 S. Forte 等提出了一种通用的高效分布式优化框架(Communication-efficient Primal-dual Coordinate Ascent Framework，CoCoA)[45]。在大多数分布式系统中，机器之间的数据通信要比从内存读取数据并执行本地计算昂贵得多。此外，通信和计算之间的最佳平衡点可能会受到处理的数据集、使用的系统和优化目标的影响而有很大的不同。因此，对于分布式方法来说，在保证收敛性的同时，使用灵活的通信-计算规则是至关重要的。CoCoA 框架主要解决了两个问题：

(1) 允许在每台机器上并行地使用任意的单机求解算法。这使得框架可以直接在分布式环境中集成最新的、特定于应用程序的单机解决方案。

(2) 通过高度灵活的通信方案在机器之间共享信息。这使得通信的数量可以很容易地根据问题和手头的系统进行调整，显著减少分布式环境中的通信需求。

CoCoA 框架解决以上问题的主要步骤是：首先为每台机器定义要分布式求解的有意义的子问题，然后以有效的方式组合来自子问题的更新。框架的方法和收敛结果受数据分布的(按特征划分或按训练样本划分)影响，同时需考虑是用原始的还是对偶的方法来解决问题。总的来说通用的分布式计算框 CoCoA 有一个有效的通信方案，可以应用于机器学习和信号处理的各种问题。同时该框架适用于一般的非强凸的正则化问题，包括 l_1 正则化问题，如 Lasso、稀疏逻辑回归等。框架提出了一种处理非强凸的正则化和非光滑的损失函数的新方法，为一类凸优化问题提供了收敛性保证。CoCoA 与最先进的方法相比，显著提高了性能。

此外除了上述提到的分布式随机梯度下降、分布式逻辑回归算法和分布式交替方向乘子法及各类改进算法，在文献[39]中有详细对比更多分布式算法和各种改进算法的优缺点的总结。利用分布式并行化的方法，能极大地提高机器学习算法的效率，然而如何实现性能优异的分布式程序成为了一大难题。尽管目前较流行的 TensorFlow[46] 或者 Caffe[47] 等深度学习框架提供了灵活的 API 并且可以进行多 CPU 和多 GPU 的分布式训练，但它们作为深度学习的平台，并不提供传统机器学习算法的最优解决方案。这给将很多基础算法应用于大规模数据领域的人们带来了极大的成本和挑战。随着数据规模不断扩大，人们对高性能并行化算法的需求越来越迫切。因此，研究分布式算法的具体实现和各类便捷的框架具有重要的现实意义。

1.3 本书研究内容

综上所述，并行化框架可以视作算法并行化的基础，从并行框架的研究，到具体的面向大数据的分布式算法，其主要发展历程和特点如下。

对于一般正则化损失最小化问题，基于随机梯度下降(SGD)的方法得到了很好的应用。已有多个 SGD 的变体被提出用于并行计算，其中许多是基于异步通信的思想。尽管在共享内存系统中应用简单且具备竞争力，但这种方法在分布式环境的缺点是所需的通信等于本地读取的数据量。在实践中，这些变体与本工作中考虑的通信效率更高的方法(在每一轮通信中允许更多的本地更新)相比并不具有竞争力；ADMM 和梯度下降法也经常用于分布式环境，因为它们的通信要求相对较低。但是，每轮至少需要一个完整的分布式步骤批处理梯度计算，因此不允许在通信和集群计算效率之间逐步进行权衡；而通用的分布式计算框 CoCoA 有一个有效的通信方案，可以应用于机器学习和信号处理的各种问题。

现有的分布式优化算法已经在人工智能、机器学习相关领域取得了较好的应用实现，不同的优化算法也面对不同目标的需求有着一些针对性的改进，但是还有创新提升的空间。本书结合了各类分布式算法的优缺点，着重研究了交替方向乘子法在不同任务中的应用。主要内容包括：

(1) 从凸优化基础的角度出发介绍交替方向乘子法，并对相关知识点进行分析。

(2) 研究稀疏编码最小化问题求解。在回归中，训练图像线性组合得到预测图像，稀疏编码是指利用 l_1 范数来约束线性组合的编码系数。l_1 范数约束使得编码系数是稀疏的，并且具有特征选择功能，同时模型变得更简单，提高了算法鲁棒性。由于 l_1 范数在原点不可微的特性，无法直接对 l_1 范数进行求导，所以利用交替方向乘子法求解稀疏编码最小化问题。对带有等式约束的关于多个变量的目标函数，交替方向乘子法利用其增广拉格朗日表达式来降低对目标函数凸性的要求，从而交替迭代求解变量，可以解决 l_1 范数最小化问题。

(3) 探究交替方向乘子法在图像处理中的应用，选取了运动模糊图像复原和遥感图像融合两个领域来做细致研究。在实现图像降噪去模糊时，ADMM 算法通过对每一个像素点进行迭代收敛求解，最终得到与原始图像像素点相近似的准确值。通过 MATLAB 进行仿真实验，建立退化模型并用各种方法进行恢复，通过主观观察可以看出 ADMM 算法能够有效地提升图像质量。在实现遥感图像融合时，本书提出一种基于增强稀疏结构一致性的遥感图像融合算法，将一阶水平和垂直方向的差分算子叠加后提取图像的结构信息，在变分框架的基础上建立假设和损失函数，利用交替方向乘子法进行求解，从客观和主观的评估都可以看出本书所提出算法的有效性，同时也反映出交替方向乘子法能高效求解复杂的凸优化问题。

(4) 研究遮挡人脸识别的鲁棒性算法。考虑到真实图片存在复杂的遮挡环境变化，例如表情变化、光照条件、真实伪装、连续遮挡、像素腐蚀等，这些都会减少人脸图像有价值的信息，从而干扰人脸识别的效果，降低算法鲁棒性。本书为人脸图像每一个像素点设置一种合理的权重系数来降低噪声或离群值对模型训练的影响。本书提出两种加权的稀疏表达的鲁棒性算法，适用于遮挡环境的人脸识别。首先是加权 Huber 约束稀疏编码(Weighted Huber Constrained Sparse Coding, WHCSC)。WHCSC 通过 Sigmoid 函数将权重限制在[0,1]之间，避免极小残差的像素获得几乎无限的权重值，提高了算法的鲁棒性。其次是自适应加权 Huber 约束稀疏编码(Adaptive Weighted Huber Constrained Sparse Coding, AWHCSC)。AWHCSC 利用高斯先验求解模型自适应权重，使得权重分布更为平滑。同时，AWHSCS 的参数更具解释性，鲁棒性更强。另一方面，当信号存在遮挡变化时，保真项是否足够有效地来描述信号的保真度是回归分析关注的重点之一。实际上人脸图像不会满足单一的高斯分布或者拉普拉斯分布，本书利用 Huber 函数的特性，实现查询样本的不同像素点在不同保真项(l_1 范数和 l_2 范数)之间自动切换。

(5) 研究人脸图像的类内变化和类间变化与鲁棒性算法的关系。在人脸图像中，类间变化作为区分不同个体的标准，应该被放大；而类内变化可以代表同一个体内部的差异，应该被尽可能缩小，甚至消除。在实际情况中，复杂的遮挡环境很容易影响类间变化和类内变化。比如在不同光照、姿势、遮挡中，同一个人的面部图像呈现出较大差异，增大了类内变化，而不同人的面部图像因为损失了有价值的信息，视觉上差异不大，降低了类间变化。所以在类内变化干扰的情况下利用类间变化区分个体变得异常困难。本书将人脸图像按类别划分为样本子集，通过样本子集与测试图像计算编码系数，这种分类方式降低类内变化，同时消除类间变化。在 WHCSC 中，通过修改权重系数的幂指数来增大分类时的类间变化，从而提高算法的鲁棒性。在 AWHCSC 中，对自适应权重进行双重约束，分别是等式约束和 l_2 范数约束。等式约束即权重和等于 1，使得权重不仅被约束在[0,1]之间，而且权重和存在上界 1。l_2 范数约束让自适应权重总体保持平衡，避免某个编码系数出现异常大的值。这种双重约束使得自适应权重通过内部竞争，更加符合编码残差分布，从而增强算法鲁棒性。

(6) 针对大规模数据本身的特点,提出了一种适用于大规模数据分类的极大不相关多元逻辑回归算法(Maximal Uncorrelated Multinomial Logistic Regression, MUMLR)。之后根据逻辑回归与神经网络的联系,将极大不相关多元逻辑回归算法扩展成极大不相关神经网络(Maximal Uncorrelated Neural Networks, MUNN)。针对大规模样本和大规模特征两种情况,提出了两种分布式机器学习算法,分别为基于样本划分的全局一致性多元逻辑回归和基于特征划分的共享多元逻辑回归。

(7) 设计并提出了稀疏多元逻辑回归的串行优化求解算法 FSMLR(Fast Sparse Multinomial Logistic Regression)。在多分类问题中,通过在原始的多元逻辑回归算法中引入 l_1 正则项可以缓解模型训练中的过拟合问题。另一方面,可以使模型在多分类的同时具有特征选择的作用,并且能够产生稀疏解,使解具有良好的可解释性。由于 l_1 正则项在原点不可微的特性,无法对其进行求导。因此,本书基于交替方向乘子法来求解稀疏多元逻辑回归问题。交替方向乘子法是一个旨在将对偶上升法的可分解性和乘子法的上界收敛属性融合在一起的算法,适用于求解一般形式的凸优化问题。对带有等式约束的关于多个变量的目标函数,交替方向乘子法利用其增广拉格朗日表达式来降低对目标函数凸性的要求,从而交替迭代求解变量,可以解决带有 l_1 正则项的优化问题。针对稀疏多元逻辑回归无法应用于大规模数据场景的问题,提出了两种基于全局一致性 ADMM 和共享 ADMM 的分布式优化求解算法 SP-SMLR(Sample Partitioning based Distributed SMLR)和 FP-SMLR(Feature Partitioning based Distributed SMLR)。在大数据领域,大规模数据往往意味着样本维度的大规模,特征维度的大规模,抑或是两者同时具有较大的规模。无论哪种场景,传统的串行求解算法都可能遇到单台计算机内存空间过小或者算法迭代速度过慢的问题。本书通过将稀疏多元逻辑回归问题的目标函数分解为 N 项,可以将原始最小化问题拆分为多个子任务进行多任务并行优化,将原始的数据集按照横向和纵向的方式进行拆分以实现数据并行化。

(8) 探索高效的分布式优化求解方法。ADMM 可以实现分布式优化求解,但在每次迭代过程中含有不可避免的全局更新步骤,这会导致集群网络开销增大、集群计算资源利用率不足。为了探索更加高效的分布式优化求解方法,本书介绍了通用的分布式计算框 CoCoA,其高效的框架设计有效降低了集群中各主机的通信开销,提高了集群的分布式计算效率。该框架设计了原问题和对偶问题两种问题求解形式,在实际应用中有更好的适用性。不同于 ADMM,CoCoA 将待求解的问题转化为一个个等价的单机求解子问题,从而实现高效的单机计算资源利用,并避免了全局更新步骤带来的通信开销和计算资源闲置。该框架也可用于求解一般的非强凸的正则化问题。本书详细介绍了通用的分布式计算框 CoCoA,并详尽地讨论了如何用它进行分布式求解 Lasso 回归和稀疏多元逻辑回归(SMLR)。

1.4 参考文献

[1] Zikopoulos P, Eaton C. Understanding Big Data: Analytics for Enterprise Class Hadoop and Streaming Data [M]. McGraw-Hill Osborne Media, 1989.

[2] Andrew M A, Erik B. Big data: the management revolution[J]. Harvard business review, 2012, 90(10): 60-66.

[3] De Mauro A, Greco M, Grimaldi M. A formal definition of Big Data based on its essential features [J]. Library Review, 2016, 65(3): 122-135.

[4] Dean J, Ghemawat S. MapReduce: simplified data processing on large clusters[J]. Communications of the ACM, 2008, 51(1): 107-113.

[5] Zaharia M, Chowdhury M, Franklin M J, et al. Spark: cluster computing with working sets[C]// Proceedings of the 2nd USENIX Workshop on Hot Topics in Cloud Computing, Boston, MA, United States: USENIX Association, 2010: 10-10.

[6] D'Costa A, Sayeed A M. Collaborative signal processing for distributed classification in sensor networks[C]// International Coference on Information Processing in Sensor Networks. Springer-Verlag, 2003: 193-208.

[7] Kokiopoulou E, Frossard P. Distributed classification of multiple observation sets by consensus[J]. IEEE Transactions on Signal Processing, 2011, 59(1): 104-114.

[8] Guyon I, Elisseeff A. An introduction to variable and feature selection[J]. Journal of Machine Learning Research, 2003, 3(3): 1157-1182.

[9] Liu D, Wang D, Li H. Decentralized stabilization for a class of continuous-time nonlinear interconnected systems using online learning optimal control approach[J]. IEEE Transactions on Neural Networks and Learning Systems, 2014, 25(2): 418-428.

[10] Lv T, Deng S, Hu Y, et al. Quantitative prediction of precipitation in the east of northwest china during the flood period by using the year-to-year increment approach [J]. Journal of Arid Meteorology, 2015, 33(3): 386-394.

[11] LeCun Y, Bottou L, Orr G B. Neural Networks: Tricks of the Trade[J]. Canadian Journal of Anaesthesia, 2012, 41(7): 658.

[12] Li F, Wu B, Xu L, et al. A fast distributed stochastic gradient descent algorithm for matrix factorization [C]//Proceedings of 3rd International Workshop on Big Data, Streams and Heterogeneous Source Mining, PMLR, 2014: 77-87.

[13] De S, Goldstein T. Efficient distributed SGD with variance reduction[C]// IEEE International Conference on Data Mining. New York, NY, USA: IEEE, 2016: 111-120.

[14] Martin A Z, Markus W, Alexander S, et al. Parallelized Stochastic Gradient Descent [C]// Advances in Neural Information Processing Systems 23: Conference on Neural Information Processing Systems A Meeting Held December. DBLP, 2010: 2595-2603.

[15] Meng Q, Chen W, Yu J, et al. Asynchronous Accelerated Stochastic Gradient Descent [C]// IJCAI2016. 2016: 1853-1859.

[16] Lee J, Ma T Y, Lin Q H. Distributed Stochastic Variance Reduced Gradient Methods[J]. [EB/OL]. (2016-01-06)[2020-05-19]. https://arXiv.org/abs/1507.07595.

[17] De S, Goldstein T. Efficient Distributed SGD with Variance Reduction[C]//IEEE International Conference on Data Mining. IEEE, 2016: 111 120.

[18] Zhang Y, Jordan M I. Splash: User-friendly Programming Interface for Parallelizing Stochastic Algorithms[EB/OL]. (2015-06-24)[2020-05-19]. https://arXiv. org/abs/1506. 07552.

[19] Borges J S, Bioucas-Dias J M, Marçal A R S. Fast Sparse Multinomial Regression Applied to Hyperspectral Data[C]//Proceedings of the 3rd International Conference on Image Analysis and Recognition. Povoa de Varzim, Portugal: Springer Berlin Heidelberg, 2006: 700-709.

[20] Kim S J, Koh K, Lustig M, et al. An Interior-Point Method for Large-Scale l1-Regularized Least Squares[J]. IEEE Journal of Selected Topics in Signal Processing, 2007, 1(4): 606-617.

[21] Koh K, Kim S J, Boyd S. A method for large-scale l1-regularized logistic regression[C]//Proceedings of the 22nd National Conference on Artificial Intelligence. Vancouver, British Columbia, Canada: AAAI Press, 2007: 565-571.

[22] Liu J, Chen J, Ye J. Large-scale sparse logistic regression[C]//Proceedings of the 15th ACM SIGKDD International Conference on Knowledge Discovery and Data Mining, KDD '09. Paris, France: Association for Computing Machinery (ACM), 2009: 547-555.

[23] Peng Z, Yan M, Yin W. Parallel and distributed sparse optimization[C]//Proceedings of the 2013 47th Asilomar Conference on Signals, Systems and Computers. Pacific Grove, CA, United States: IEEE Computer Society, 2013: 659-664.

[24] Gopal S, Yang Y. Distributed training of large-scale logistic models[C]//Proceedings of the 30th International Conference on Machine Learning. Atlanta, GA, United States: International Machine Learning Society (IMLS), 2013: 948-956.

[25] Raman P, Srinivasan S, Matsushima S, et al. DS-MLR: Exploiting double separability for scaling up distributed multinomial logistic regression[EB/OL]. (2016-04-16)[2020-05-19]. https://arXiv. org/abs/1604. 04706.

[26] Meng X, Bradley J, Yavuz B, et al. Mllib: Machine learning in apache spark[J]. The Journal of Machine Learning Research, 2016, 17(1): 1235-1241.

[27] Jiang J, Yu L, Jiang J, et al. Angel: a new large-scale machine learning system[J]. National Science Review, 2017, 5(2): 216-236.

[28] Gabay D, Mercier B. A dual algorithm for the solution of non linear variational problems via finite element approximation[M]. Great Britain: Institut de recherche d'informatique et d'automatique, 1975: 17-40.

[29] Chang T H, Hong M, Liao W C, et al. Asynchronous distributed ADMM for large-scale optimization—Part Ⅰ: Algorithm and convergence analysis[J]. IEEE Transactions on Signal Processing, 2016, 64(12): 3118-3130.

[30] Zhang R, Kwok J. Asynchronous distributed ADMM for consensus optimization [C]//In Proceedings of the 31st International Conference on Machine Learning. Great Britain: International Conference on Machine Learning, 2014: 1701-1709.

[31] Bertsekas D P. Constrained optimization and Lagrange multiplier methods[M]. New York, USA: Academic Press, 2014: 24-28.

[32] Boyd S, Parikh N, Chu E, et al. Distributed optimization and statistical learning via the alternating direction method of multipliers[J]. Foundations & Trends in Machine Learning, 2010, 3(1): 1-122.

[33] Wei E, Ozdaglar A. Distributed alternating direction method of multipliers[C]//2012 IEEE 51st

IEEE Conference on Decision and Control (CDC). IEEE, 2013.

[34] Wahlberg B, Boyd S, Annergren M, et al. An ADMM algorithm for a class of total variation regularized estimation problems[J]. The International Federation of Automatic Control, 2012, 45 (16): 83-88.

[35] Nedic A, Ozdaglar A. On the rate of convergence of distributed subgradient methods for multi-agent optimization[C]//Decision and Control, 2007 46th IEEE Conference on IEEE, 2008.

[36] Nedic A, Ozdaglar A, Parrilo P A. Constrained Consensus and Optimization in Multi-Agent Networks [J]. IEEE Transactions on Automatic Control, 2010, 55(4): 922-38.

[37] Schizas I D, Mateos G, Giannakis G B. Distributed LMS for Consensus-Based In-Network Adaptive Processing [J]. IEEE Transactions on Signal Processing, 2009, 57(6): 2365-82.

[38] Fukushima M. Application of the alternating direction of multipliers to separable convex programming problems [J]. Computational Optimization & Applications, 1992, 1(1): 93-111.

[39] 亢良伊,王建飞,刘杰,等. 可扩展机器学习的并行与分布式优化算法综述[J]. 软件学报, 2018, 29 (1):109-130.

[40] Taylor G, Burmeister R, Xu Z, et al. Training Neural Networks Without Gradients: A Scalable ADMM Approach[J]. The Journal of Machine Learning Research, 2016(48): 2722-2731.

[41] Zhang R, Kwok J T. Asynchronous distributed ADMM for consensus optimization[C]//Proceedings of the 31st International Conference on International Conference on Machine Learning. Beijing, 2014: 1701-1709.

[42] Qing L, Gang W, Yuan K, et al. On the Linear Convergence of the ADMM in Decentralized Consensus Optimization[J]. IEEE Transactions on Signal Processing a Publication of the IEEE Signal Processing Society, 2014.

[43] Bradley J K, Kyrola A, Bickson D, et al. Parallel coordinate descent for L1-regularized loss minimization[EB/OL]. (2011-05-20) [2020-05-19]. https://arXiv. org/abs/1105. 5379.

[44] Wei E, Asuman O. On the O(1/k) convergence of asynchronous distributed alternating direction method of multipliers[C]//2013 IEEE Global Conference on Signal and Information Processing. Austin TX, 2013: 551-554.

[45] Smith V, Forte S, Ma C, et al. CoCoA: A general framework for communication-efficient distributed optimization[J]. The Journal of Machine Learning Research, 2017, 18(1): 8590-8638.

[46] Abadi M, Barham P, Chen J, et al. TensorFlow: A system for large-scale machine learning[C]// Proceedings of the 12th USENIX conference on Operating Systems Design and Implementation. Savannah, GA, United States: USENIX Association, 2016: 265-283.

[47] Jia Y, Shelhamer E, Donahue J, et al. Caffe: Convolutional architecture for fast feature embedding [C]//Proceedings of the 2014 ACM Conference on Multimedia, MM 2014. Orlando, FL, United States: Association for Computing Machinery (ACM), 2014: 675-678.

第 2 章

交替方向乘子法

2.1 凸优化

本节将简要介绍凸优化相关的基本概念，包括凸集、凸函数、优化及凸优化问题。凸优化应用于很多学科领域，诸如自动控制系统、信号处理、通信网络、电子电路设计、数据分析、数学建模、统计运筹学以及金融等。在近来算力提升和最优化理论发展的背景下，一般的凸优化已经可以像简单的线性规划一样简洁易行。许多最优化问题都可以转化成凸优化（凸最小化）问题，例如求凹函数 f 最大值的问题就等同于求凸函数 f 最小值的问题。

2.1.1 凸集

集合 $\boldsymbol{C}$ 是凸集，当且仅当对任意 $\boldsymbol{x}_1,\boldsymbol{x}_2\in\boldsymbol{C}$ 都有

$$\theta\boldsymbol{x}_1+(1-\theta)\boldsymbol{x}_2\in\boldsymbol{C}$$

成立，其中 $\theta\in[0,1]$。

2.1.2 凸函数

函数 $f:\Re^n\rightarrow\Re$ 是凸函数，如果 $\mathbf{dom}f$ 是凸集，且对于任意 $\boldsymbol{x}_1,\boldsymbol{x}_2\in\mathbf{dom}f$ 都有

$$f[\theta\boldsymbol{x}_1+(1-\theta)\boldsymbol{x}_2]\leqslant\theta f(\boldsymbol{x}_1)+(1-\theta)f(\boldsymbol{x}_2)$$

成立，其中 $\theta\in[0,1]$。

2.1.3 优化问题

$$\begin{aligned}&\text{minimize}\ f_0(\boldsymbol{x})\\&\text{subject to}\ f_i(\boldsymbol{x})\leqslant 0,\quad i=1,2,\cdots,m\\&\qquad\qquad h_i(\boldsymbol{x})=0,\quad i=1,2,\cdots,p\end{aligned}\tag{2.1}$$

描述在所有满足 $f_i(\boldsymbol{x})\leqslant 0, i=1,2,\cdots,m$ 及 $h_i(\boldsymbol{x})=0, i=1,2,\cdots,p$ 的 $\boldsymbol{x}$ 中寻找极小化

$f_0(\boldsymbol{x})$的 $\boldsymbol{x}$ 的问题。其中向量 $\boldsymbol{x}=(\boldsymbol{x}_1,\boldsymbol{x}_2,\cdots,\boldsymbol{x}_n)$称为问题的优化变量，函数 $f_0:\Re^n\to\Re$ 称为目标函数，不等式 $f_i(\boldsymbol{x})\leqslant 0$ 称为不等式约束，相应的函数 $f_i:\Re^n\to\Re, i=1,2,\cdots,m$ 被称为不等式约束函数。方程组 $h_i(\boldsymbol{x})=0$ 称为等式约束，相应的函数 $h_i:\Re^n\to\Re, i=1,2,\cdots,p$ 被称为等式约束函数。如果没有约束(即 $m=p=0$)，称问题(2.1)为无约束问题。如果在所有满足约束的向量中向量 $\boldsymbol{x}^*$ 对应的目标函数值最小，即对于任意满足约束 $f_i(\boldsymbol{z})\leqslant 0$，$i=1,2,\cdots,m$ 且 $h_i(\boldsymbol{z})=0, i=1,2,\cdots,p$ 的向量 $\boldsymbol{z}$，有 $f_0(\boldsymbol{z})\geqslant f_0(\boldsymbol{x}^*)$，那么称 $\boldsymbol{x}^*$ 为问题(2.1)的最优解或者解。当问题的复杂度过于高，要考虑的因素和处理的信息量过多的时候，往往无法确认得到的解是全局最优解，这时会倾向于接受局部最优解，因为局部最优解的质量不一定都是差的。可以将局部最优解看作 $\boldsymbol{x}$ 关于 $\boldsymbol{z}$ 的优化问题

$$
\begin{aligned}
&\text{minimize } f_0(\boldsymbol{z})\\
&\qquad\text{subject to } f_i(\boldsymbol{z})\leqslant 0, \quad i=1,2,\cdots,m\\
&\qquad\qquad h_i(\boldsymbol{z})=0, \quad i=1,2,\cdots,p\\
&\qquad\qquad \|\boldsymbol{z}-\boldsymbol{x}\|_2\leqslant R, \quad R>0
\end{aligned}
$$

的解。

2.1.4 凸优化问题

$$
\begin{aligned}
&\text{minimize } f_0(\boldsymbol{x})\\
&\qquad\text{subject to } f_i(\boldsymbol{x})\leqslant 0, \quad i=1,2,\cdots,m\\
&\qquad\qquad \boldsymbol{a}_i^{\mathrm{T}}\boldsymbol{x}=\boldsymbol{b}_i, \quad i=1,2,\cdots,p
\end{aligned}
\tag{2.2}
$$

其中 $f_0,f_1,\cdots,f_m$ 为凸函数，相较于问题(2.1)，凸优化问题有三个附加条件：

(1) 目标函数必须是凸的；

(2) 不等式约束函数必须是凸的；

(3) 等式约束函数 $h_i(\boldsymbol{x})=\boldsymbol{a}_i^{\mathrm{T}}\boldsymbol{x}-\boldsymbol{b}_i$ 必须是仿射的。

性质 2.1 凸优化中任意局部最优解也是全局最优解。

证明：反证法

已知$\boldsymbol{x}_0$ 是一个局部最优解，假设在全集 $\boldsymbol{S}$ 上存在一个点$\boldsymbol{x}^*$，使得

$$f_0(\boldsymbol{x}^*)<f_0(\boldsymbol{x}_0)$$

成立。因为 $f_0(\boldsymbol{x})$是凸函数，所以对于任意的 $\theta\in[0,1]$都存在

$$f_0(\theta\boldsymbol{x}^*+(1-\theta)\boldsymbol{x}_0)\leqslant\theta f_0(\boldsymbol{x}^*)+(1-\theta)f_0(\boldsymbol{x}_0)$$

给出 $\boldsymbol{z}=\theta\boldsymbol{x}^*+(1-\theta)\boldsymbol{x}_0$，当 θ 趋近于 0 时，即 $\boldsymbol{z}$ 无限接近于$\boldsymbol{x}_0$ 时

$$f_0(\boldsymbol{z})\leqslant\theta f_0(\boldsymbol{x}^*)+(1-\theta)f_0(\boldsymbol{x}_0)<f_0(\boldsymbol{x}_0)$$

所以 $f_0(\boldsymbol{x}_0)$不可能是局部最优值，这与已知矛盾，因此不存在满足 $f_0(\boldsymbol{x}^*)<f_0(\boldsymbol{x}_0)$的可

行解，即 $\boldsymbol{x}_0$ 是全局最优解，证毕。

2.2 对偶

对偶理论是研究线性规划中原始问题与对偶问题之间关系的理论。在线性规划早期发展中最重要的发现是对偶问题，即每一个线性规划问题(称为原问题)有一个与它对应的对偶线性规划问题(称为对偶问题)。

2.2.1 拉格朗日对偶函数

考虑定义域 D 上的优化问题(2.1)

$$\begin{aligned}&\text{minimize } f_0(\boldsymbol{x})\\&\text{subject to } f_i(\boldsymbol{x})\leqslant 0,\quad i=1,2,\cdots,m\\&\qquad\qquad h_i(\boldsymbol{x})=0,\quad i=1,2,\cdots,p\end{aligned}$$

添加约束条件的加权和，得到增广的目标函数，这个优化问题的拉格朗日(Lagrange)函数为

$$L(\boldsymbol{x},\boldsymbol{\lambda},\boldsymbol{\nu})=f_0(\boldsymbol{x})+\sum_{i=1}^{m}\lambda_i f_i(\boldsymbol{x})+\sum_{i=1}^{p}\nu_i h_i(\boldsymbol{x})$$

其中 $\boldsymbol{\lambda}$，$\boldsymbol{\nu}$ 称为问题(2.1)的拉格朗日乘子(Lagrange multiplier)或者对偶变量(dual variable)，$\boldsymbol{x}$ 称为原变量(primal variable)。定义拉格朗日函数关于 $\boldsymbol{x}$ 取得的最小值为拉格朗日对偶函数(dual function)，拉格朗日对偶函数是关于对偶变量 $\boldsymbol{\lambda}$，$\boldsymbol{\nu}$ 的函数

$$g(\boldsymbol{\lambda},\boldsymbol{\nu})=\inf_{x\in D}L(\boldsymbol{x},\boldsymbol{\lambda},\boldsymbol{\nu})=\inf_{x\in D}\left(f_0(\boldsymbol{x})+\sum_{i=1}^{m}\lambda_i f_i(\boldsymbol{x})+\sum_{i=1}^{p}\nu_i h_i(\boldsymbol{x})\right)$$

拉格朗日对偶函数可以看作是 $\boldsymbol{x}$ 取不同值时一族关于($\boldsymbol{\lambda}$，ν)的仿射函数的逐点下确界，所以即使原问题(2.1)不是凸的，对偶函数也是凹函数。对任意 $\lambda\geqslant 0$ 和 $\boldsymbol{\nu}$，对于优化问题的一个可行解 $\tilde{\boldsymbol{x}}$，即两个约束条件都非正

$$\sum_{i=1}^{m}\lambda_i f_i(\tilde{\boldsymbol{x}})\leqslant 0,\ \sum_{i=1}^{p}\nu_i h_i(\tilde{\boldsymbol{x}})=0$$

根据上述式子，可以发现该可行解的曲线不超过原问题的最优解，即

$$L(\tilde{\boldsymbol{x}},\boldsymbol{\lambda},\boldsymbol{\nu})=f_0(\tilde{\boldsymbol{x}})+\sum_{i=1}^{m}\lambda_i f_i(\tilde{\boldsymbol{x}})+\sum_{i=1}^{p}\nu_i h_i(\tilde{\boldsymbol{x}})\leqslant f_0(\tilde{\boldsymbol{x}})$$

因此所有曲线的下界都不超过原问题的最优解，即

$$g(\boldsymbol{\lambda},\boldsymbol{\nu})=\inf_{x\in D}L(\boldsymbol{x},\boldsymbol{\lambda},\boldsymbol{\nu})\leqslant L(\tilde{\boldsymbol{x}},\boldsymbol{\lambda},\boldsymbol{\nu})\leqslant f_0(\tilde{\boldsymbol{x}})$$

综上所述，当 $\lambda\geqslant 0$ 时，拉格朗日对偶函数是最优化值的下确界。

2.2.2 对偶函数和共轭函数

线性约束下的对偶函数可以用共轭函数表示，其自变量为拉格朗日乘子的线性组合。考虑问题

$$\begin{aligned}&\text{minimize } f(\boldsymbol{x})\\&\text{subject to } \boldsymbol{x}=0\end{aligned}$$

其拉格朗日函数为 $L(\boldsymbol{x},\boldsymbol{\nu})=f(\boldsymbol{x})+\boldsymbol{\nu}^{\mathrm{T}}\boldsymbol{x}$，其对偶函数为

$$g(\boldsymbol{\nu})=\inf_{\boldsymbol{x}\in D}[f(\boldsymbol{x})+\boldsymbol{\nu}^{\mathrm{T}}\boldsymbol{x}]=-\sup_{\boldsymbol{x}}[(-\boldsymbol{\nu})^{\mathrm{T}}\boldsymbol{x}-f(\boldsymbol{x})]=-f^{*}(-\boldsymbol{\nu})$$

更一般地考虑包含线性不等式和等式约束的优化问题，

$$\begin{aligned}&\text{minimize } f_0(\boldsymbol{x})\\&\text{subject to } \boldsymbol{Ax}\leqslant\boldsymbol{b}\\&\qquad\qquad \boldsymbol{Cx}=\boldsymbol{d}\end{aligned}\tag{2.3}$$

利用 f_0 的共轭函数 f^{*}，可以得出式(2.3)的对偶函数

$$g(\boldsymbol{\lambda},\boldsymbol{\nu})=\inf_{\boldsymbol{x}\in D}[f_0(\boldsymbol{x})+\lambda^{\mathrm{T}}(\boldsymbol{Ax}-\boldsymbol{b})+\nu^{\mathrm{T}}(\boldsymbol{Cx}-\boldsymbol{d})]$$

提取与 $\boldsymbol{x}$ 无关的项，凑出共轭函数形式

$$\begin{aligned}g(\boldsymbol{\lambda},\boldsymbol{\nu})&=-\boldsymbol{b}^{\mathrm{T}}\boldsymbol{\lambda}-\boldsymbol{d}^{\mathrm{T}}\boldsymbol{\nu}+\inf_{\boldsymbol{x}\in D}[f_0(\boldsymbol{x})+\boldsymbol{\lambda}^{\mathrm{T}}\boldsymbol{Ax}+\nu^{\mathrm{T}}\boldsymbol{Cx}]\\&=-\boldsymbol{b}^{\mathrm{T}}\boldsymbol{\lambda}-\boldsymbol{d}^{\mathrm{T}}\boldsymbol{\nu}-\sup_{\boldsymbol{x}}[(-\boldsymbol{A}^{\mathrm{T}}\boldsymbol{\lambda}-\boldsymbol{C}^{\mathrm{T}}\boldsymbol{\nu})^{\mathrm{T}}\boldsymbol{x}-f_0(\boldsymbol{x})]\\&=-\boldsymbol{b}^{\mathrm{T}}\boldsymbol{\lambda}-\boldsymbol{d}^{\mathrm{T}}\boldsymbol{\nu}-f^{*}(-\boldsymbol{A}^{\mathrm{T}}\boldsymbol{\lambda}-\boldsymbol{C}^{\mathrm{T}}\boldsymbol{\nu})\end{aligned}$$

2.2.3 对偶问题

对于任意一组$(\boldsymbol{\lambda},\boldsymbol{\nu})$，其中$\boldsymbol{\lambda}\geqslant 0$(向量大于或等于 0 表示其每个元素都大于或等于 0，后续内容含义一致)，拉格朗日对偶函数给出了优化问题(2.1)的最优值 $\boldsymbol{p}^{*}$ 的一个下界。对最优值下界的最好估计可以表述为优化问题

$$\begin{aligned}&\text{maximize} g(\boldsymbol{\lambda},\boldsymbol{\nu})\\&\text{subject to } \boldsymbol{\lambda}\geqslant 0\end{aligned}\tag{2.4}$$

上述问题称为原优化问题的拉格朗日对偶问题(dual problem)。满足$\boldsymbol{\lambda}\geqslant 0$ 且 $g(\boldsymbol{\lambda},\boldsymbol{\nu})>-\infty$的一组$(\boldsymbol{\lambda},\boldsymbol{\nu})$是对偶问题(2.4)的一个可行解。如果$(\boldsymbol{\lambda}^{*},\boldsymbol{\nu}^{*})$是对偶问题(2.4)的最优解，则称解$(\boldsymbol{\lambda}^{*},\boldsymbol{\nu}^{*})$是对偶最优解或者是最优拉格朗日乘子。

我们用 $\boldsymbol{d}^{*}$ 来表示对偶问题的最优值，已知 $\boldsymbol{d}^{*}$ 是原问题可以获得的最优值 $\boldsymbol{p}^{*}$ 的最优下界，满足

$$\boldsymbol{d}^{*}\leqslant\boldsymbol{p}^{*},$$

即使原问题不是凸问题，上述不等式依然成立，把这个不等式称为弱对偶性质(Weak Duality)。弱对偶性的推导可以解释原问题与对偶问题之间的关系。

若原问题与对偶问题都有最优值 $\boldsymbol{p}^*$ 和 $\boldsymbol{d}^*$，对任意的 $\boldsymbol{\lambda}$，$\boldsymbol{\nu}$ 和 $\boldsymbol{x}$，有

$$g(\boldsymbol{\lambda},\boldsymbol{\nu})=\inf_{x\in D}L(\boldsymbol{x},\boldsymbol{\lambda},\boldsymbol{\nu})\leqslant L(\boldsymbol{x},\boldsymbol{\lambda},\boldsymbol{\nu})\leqslant\sup_{\boldsymbol{\lambda},\boldsymbol{\nu}:\boldsymbol{\lambda}\geqslant 0}L(\boldsymbol{x},\boldsymbol{\lambda},\boldsymbol{\nu})=f_0(\boldsymbol{x})$$

即

$$g(\boldsymbol{\lambda},\boldsymbol{\nu})\leqslant f_0(\boldsymbol{x})$$

由于原问题与对偶问题都有最优值，所以

$$\max_{\boldsymbol{\lambda},\boldsymbol{\nu}:\boldsymbol{\lambda}\geqslant 0}g(\boldsymbol{\lambda},\boldsymbol{\nu})\leqslant\min_{x\in D}f_0(\boldsymbol{x})$$

即

$$\boldsymbol{d}^*=\sup_{\boldsymbol{\lambda},\boldsymbol{\nu}:\boldsymbol{\lambda}\geqslant 0}\inf_{x\in D}L(\boldsymbol{x},\boldsymbol{\lambda},\boldsymbol{\nu})\leqslant\inf_{x\in D}\sup_{\boldsymbol{\lambda},\boldsymbol{\nu}:\boldsymbol{\lambda}\geqslant 0}L(\boldsymbol{x},\boldsymbol{\lambda},\boldsymbol{\nu})=\boldsymbol{p}^*$$

同时我们将差值 $\boldsymbol{p}^*-\boldsymbol{d}^*$ 定义为原问题的最优对偶间隙，根据上述分析可以发现对偶间隙总是大于等于 0 的。我们得到命题 1：

$\boldsymbol{d}^*\leqslant\boldsymbol{p}^*$ 成立，从而对偶间隙 $\boldsymbol{p}^*-\boldsymbol{d}^*$ 当它有意义时是非负值。

通过对偶求解的最小值有可能比原问题的最小值小，而我们需要对偶求解的解与原问题的最优解相同，这就需要满足强对偶条件。在对偶间隙为 0 时，即 $\boldsymbol{p}^*=\boldsymbol{d}^*$，这种情况称为强对偶性(Strong Duality)。强对偶性意味着对 $\boldsymbol{x}$ 求极小和对 $\boldsymbol{\lambda}\geqslant 0$ 时求极大可以互换而不影响结果。

2.2.4 鞍点

鞍点的定义是对任意 $f:\Re^n\times\Re^m\to\Re$(以及任意 $\boldsymbol{W}\subseteq\Re^n$ 和 $\boldsymbol{Z}\subseteq\Re^m$)，有

$$\sup_{z\in\boldsymbol{Z}}\inf_{w\in\boldsymbol{W}}f(\boldsymbol{w},\boldsymbol{z})\leqslant\inf_{w\in\boldsymbol{W}}\sup_{z\in\boldsymbol{Z}}f(\boldsymbol{w},\boldsymbol{z})$$

这个一般性的等式称为极大极小不等式。若不等式成立，即

$$\sup_{z\in\boldsymbol{Z}}\inf_{w\in\boldsymbol{W}}f(\boldsymbol{w},\boldsymbol{z})=\inf_{w\in\boldsymbol{W}}\sup_{z\in\boldsymbol{Z}}f(\boldsymbol{w},\boldsymbol{z})$$

则称 f(以及 $\boldsymbol{W}$ 和 $\boldsymbol{Z}$)满足强极大极小性质或者鞍点性质。

回到拉格朗日对偶中，我们称 $\boldsymbol{x}^*\in\boldsymbol{x}$ 和 $(\boldsymbol{\lambda}^*,\boldsymbol{\nu}^*)\in\Re^n\times\Re^m$ 是函数 L 的鞍点，对任意 $(\boldsymbol{x}^*,\boldsymbol{\lambda}^*,\boldsymbol{\nu}^*)$ 下式成立

$$L(\boldsymbol{x}^*,\boldsymbol{\lambda},\boldsymbol{\nu})\leqslant L(\boldsymbol{x}^*,\boldsymbol{\lambda}^*,\boldsymbol{\nu}^*)\leqslant L(\boldsymbol{x},\boldsymbol{\lambda}^*,\boldsymbol{\nu}^*)$$

换言之，$L(\boldsymbol{x},\boldsymbol{\lambda}^*,\boldsymbol{\nu}^*)$ 在 $\boldsymbol{x}^*$ 取得最小值，$L(\boldsymbol{x}^*,\boldsymbol{\lambda},\boldsymbol{\nu})$ 在 $(\boldsymbol{\lambda}^*,\boldsymbol{\nu}^*)$ 处取得最大值。

有命题 2：函数 $L(\boldsymbol{x},\boldsymbol{\lambda},\boldsymbol{\nu})$ 有鞍点的充分必要条件是原问题 P^L 和对偶问题 D^L 具有相同的最优解。且每一问题具有非空的最优解集。

证明：

(充分性) 设存在鞍点 $(\boldsymbol{x}^*,\boldsymbol{\lambda}^*,\boldsymbol{\nu}^*)$ 即有

$$L(\boldsymbol{x}^*,\boldsymbol{\lambda},\boldsymbol{\nu})\leqslant L(\boldsymbol{x}^*,\boldsymbol{\lambda}^*,\boldsymbol{\nu}^*)\leqslant L(\boldsymbol{x},\boldsymbol{\lambda}^*,\boldsymbol{\nu}^*)$$

即

$$\sup_{\boldsymbol{\lambda},\boldsymbol{\nu}} L(\boldsymbol{x}^*,\boldsymbol{\lambda},\boldsymbol{\nu}) \leqslant L(\boldsymbol{x}^*,\boldsymbol{\lambda}^*,\boldsymbol{\nu}^*) \leqslant \inf_{x\in X} L(\boldsymbol{x},\boldsymbol{\lambda}^*,\boldsymbol{\nu}^*)$$

上述不等式实际上成等式，因为上确界与下确界分别在$(\boldsymbol{\lambda}^*,\boldsymbol{\nu}^*)$和$\boldsymbol{x}^*$处取得，因此

$$\operatorname{val}(P^L) \leqslant \sup_{\boldsymbol{\lambda},\boldsymbol{\nu}} L(\boldsymbol{x}^*,\boldsymbol{\lambda},\boldsymbol{\nu}) = L(\boldsymbol{x}^*,\boldsymbol{\lambda}^*,\boldsymbol{\nu}^*) = \inf_{x\in X} L(\boldsymbol{x},\boldsymbol{\lambda}^*,\boldsymbol{\nu}^*) \leqslant \operatorname{val}(D^L)$$

因为

$$\operatorname{val}(D^L) \leqslant \operatorname{val}(P^L)$$

所以有

$$\operatorname{val}(D^L) = \operatorname{val}(P^L)$$

(必要性)若原始最优解与对偶最优解值相等，则得到条件

$$\operatorname{val}(D^L) = \operatorname{val}(P^L)$$

因为

$$\operatorname{val}(D^L) = \inf_{x\in X} L(\boldsymbol{x},\boldsymbol{\lambda}^*,\boldsymbol{\nu}^*) \leqslant L(\boldsymbol{x}^*,\boldsymbol{\lambda}^*,\boldsymbol{\nu}^*) \leqslant \sup_{\boldsymbol{\lambda},\boldsymbol{\nu}} L(\boldsymbol{x}^*,\boldsymbol{\lambda},\boldsymbol{\nu}) = \operatorname{val}(P^L)$$

又因为

$$\operatorname{val}(D^L) = \operatorname{val}(P^L)$$

所以有

$$L(\boldsymbol{x}^*,\boldsymbol{\lambda}^*,\boldsymbol{\nu}^*) = \inf_{x\in X} L(\boldsymbol{x},\boldsymbol{\lambda}^*,\boldsymbol{\nu}^*) \leqslant L(\boldsymbol{x}^*,\boldsymbol{\lambda}^*,\boldsymbol{\nu}^*),\ \forall \boldsymbol{x}$$

同理

$$L(\boldsymbol{x}^*,\boldsymbol{\lambda}^*,\boldsymbol{\nu}^*) = \sup_{\boldsymbol{\lambda},\boldsymbol{\nu}} L(\boldsymbol{x}^*,\boldsymbol{\lambda},\boldsymbol{\nu}) \geqslant L(\boldsymbol{x}^*,\boldsymbol{\lambda},\boldsymbol{\nu}),\ \forall \boldsymbol{\lambda},\boldsymbol{\nu}$$

综上，$L(\boldsymbol{x}^*,\boldsymbol{\lambda},\boldsymbol{\nu}) \leqslant L(\boldsymbol{x}^*,\boldsymbol{\lambda}^*,\boldsymbol{\nu}^*) \leqslant L(\boldsymbol{x},\boldsymbol{\lambda}^*,\boldsymbol{\nu}^*)$ 成立，即鞍点存在，证毕。

根据上述分析，可以得出结论，在满足①强对偶条件成立；②存在一个对偶最优解$(\boldsymbol{\lambda}^*,\boldsymbol{\nu}^*)$；此时原问题 $f_0(\boldsymbol{x})$的最优解也是 $L(\boldsymbol{x},\boldsymbol{\lambda}^*,\boldsymbol{\nu}^*)$的最优解。当 $f_0(\boldsymbol{x})$较复杂，$g(\boldsymbol{\lambda},\boldsymbol{\nu})$较简单时，可以首先通过求解 maximize $g(\boldsymbol{\lambda},\boldsymbol{\nu})$得到$\boldsymbol{\lambda}^*$和$\boldsymbol{\nu}^*$，再通过 minimize $L(\boldsymbol{x},\boldsymbol{\lambda}^*,\boldsymbol{\nu}^*)$求解得到原问题的最优值。

令 $\boldsymbol{x}^*$ 是原问题的最优解，$(\boldsymbol{\lambda}^*,\boldsymbol{\nu}^*)$是对偶问题的最优解，令原问题最优解与对偶问题最优解一致。

$$\begin{aligned} f_0(\boldsymbol{x}^*) &= \theta(\boldsymbol{\lambda}^*,\boldsymbol{\nu}^*) \\ &= \inf_{x\in D}\left(f_0(\boldsymbol{x}) + \sum_{i=1}^{m}\lambda_i^* f_i(\boldsymbol{x}) + \sum_{j=1}^{p}\nu_j^* h_j(\boldsymbol{x})\right) \\ &\leqslant f_0(\boldsymbol{x}^*) + \sum_{i=1}^{m}\lambda_i^* f_i(\boldsymbol{x}^*) + \sum_{j=1}^{p}\nu_j^* h_j(\boldsymbol{x}^*) \\ &\leqslant f_0(\boldsymbol{x}^*) \end{aligned}$$

当第三个不等式取等号时，$L(\boldsymbol{x},\boldsymbol{\lambda}^*,\boldsymbol{\mu}^*)$关于 $\boldsymbol{x}$ 求极小时在 $\boldsymbol{x}^*$ 处取得最小值。同时可知

$$\sum_{i=1}^{m}\lambda_i^* f_i(\boldsymbol{x}^*)=0$$

由于每一项都非正数，所以有

$$\lambda_i^* f_i(\boldsymbol{x}^*)=0,\quad i=1,2,\cdots,m$$

由此能推导出 KKT 条件，若要对偶函数的最大值即为原问题的最小值，需要满足 KKT 条件，KKT 条件是必要条件，即

$$f_i(\boldsymbol{x})\leqslant 0$$

$$h_j(\boldsymbol{x})=0$$

$$\lambda_i\geqslant 0$$

$$\lambda_i f_i(\boldsymbol{x})=0$$

$$\nabla\left(f_0(\boldsymbol{x})+\sum_{i=1}^{m}\lambda_i f_i(\boldsymbol{x})+\sum_{j=1}^{p}\nu_j h_j(\boldsymbol{x})\right)=0 \text{ 有驻点}$$

综上所述，得到鞍点定理

设$(\boldsymbol{x}^*,\boldsymbol{\lambda}^*,\boldsymbol{\nu}^*)$是凸优化问题的 KKT 点，则$(\boldsymbol{x}^*,\boldsymbol{\lambda}^*,\boldsymbol{\nu}^*)$为对应拉格朗日函数的鞍点，同时 $\boldsymbol{x}^*$ 也是该凸优化问题的最小点。

鞍点的存在性条件，即是满足 $f_i(\boldsymbol{x})$是凸函数，$h_j(\boldsymbol{x})$是仿射的，原问题 $f_0(\boldsymbol{x})$为凸函数则拉格朗日函数一定存在鞍点。

2.2.5　对偶上升法

对于优化问题(2.4)，其原问题的拉格朗日函数为

$$L(\boldsymbol{x},\boldsymbol{\lambda},\boldsymbol{\nu})=f_0(\boldsymbol{x})+\boldsymbol{\lambda}^{\mathrm{T}}(\boldsymbol{Ax}-\boldsymbol{b})+\boldsymbol{\nu}^{\mathrm{T}}(\boldsymbol{Cx}-\boldsymbol{d})$$

对偶函数为

$$\begin{aligned}g(\boldsymbol{\lambda},\boldsymbol{\nu})&=\inf_{\boldsymbol{x}\in D}(f_0(\boldsymbol{x})+\boldsymbol{\lambda}^{\mathrm{T}}(\boldsymbol{Ax}-\boldsymbol{b})+\boldsymbol{\nu}^{\mathrm{T}}(\boldsymbol{Cx}-\boldsymbol{d}))\\&=-\boldsymbol{b}^{\mathrm{T}}\boldsymbol{\lambda}-\boldsymbol{d}^{\mathrm{T}}\boldsymbol{\nu}-f^*(-\boldsymbol{A}^{\mathrm{T}}\boldsymbol{\lambda}-\boldsymbol{C}^{\mathrm{T}}\boldsymbol{\nu})\end{aligned}$$

假设满足强对偶性，则原问题与对偶问题的最优值相等，设原问题最优解为 $\boldsymbol{x}^*$，对偶问题最优解为$(\boldsymbol{\lambda}^*,\boldsymbol{\nu}^*)$，则

$$\boldsymbol{x}^*=\underset{\boldsymbol{x}}{\operatorname{argmin}}\,L(\boldsymbol{x},\boldsymbol{\lambda}^*,\boldsymbol{\nu}^*)$$

在对偶上升法中，对偶问题通过梯度上升法求解，对偶上升迭代更新为

$$\boldsymbol{x}^{k+1}=\underset{\boldsymbol{x}}{\operatorname{argmin}}\,L(\boldsymbol{x},\boldsymbol{\lambda}^k,\boldsymbol{\nu}^k)$$

$$\boldsymbol{\lambda}^{k+1}=\boldsymbol{\lambda}^k+\alpha_k(\boldsymbol{Ax}^{k+1}-\boldsymbol{b})$$

$$\boldsymbol{\nu}^{k+1}=\boldsymbol{\nu}^k+\beta_k(\boldsymbol{Cx}^{k+1}-\boldsymbol{d})$$

其中 $\alpha_k, \beta_k > 0$ 为梯度上升的步长，为标量。

2.2.6 对偶分解性

假设目标可分解，即

$$f(\boldsymbol{x}) = \sum_{i=1}^{N} f_i(\boldsymbol{x}_i)$$

其中 $\boldsymbol{x}_i = (\boldsymbol{x}_1, \boldsymbol{x}_2, \cdots, \boldsymbol{x}_N)$，$\boldsymbol{x}_i \in \Re^{n_i}$，划分矩阵 $\boldsymbol{A} = [\boldsymbol{A}_1, \boldsymbol{A}_2, \cdots, \boldsymbol{A}_N]$，此时 $\boldsymbol{A}\boldsymbol{x} = \sum_{i=1}^{n} \boldsymbol{A}_i \boldsymbol{x}_i$，同理 $\boldsymbol{C}\boldsymbol{x} = \sum_{i=1}^{n} \boldsymbol{C}_i \boldsymbol{x}_i$ 其拉格朗日函数为

$$\begin{aligned} L(\boldsymbol{x}, \boldsymbol{\lambda}, \boldsymbol{\nu}) &= \sum_{i=1}^{N} L_i(\boldsymbol{x}_i, \boldsymbol{\lambda}, \boldsymbol{\nu}) \\ &= \sum_{i=1}^{N} \left(f_i(\boldsymbol{x}_i) + \left(\boldsymbol{\lambda}^{\mathrm{T}} \boldsymbol{A}_i \boldsymbol{x}_i - \left(\frac{1}{N}\right) \boldsymbol{\lambda}^{\mathrm{T}} \boldsymbol{b} \right) + \left(\boldsymbol{\nu}^{\mathrm{T}} \boldsymbol{C}_i \boldsymbol{x}_i - \left(\frac{1}{N}\right) \boldsymbol{\nu}^{\mathrm{T}} \boldsymbol{d} \right) \right) \end{aligned}$$

对偶上升的迭代更新为

$$\boldsymbol{x}_i^{k+1} = \underset{\boldsymbol{x}_i}{\operatorname{argmin}}\, L_i(\boldsymbol{x}_i, \boldsymbol{\lambda}^k, \boldsymbol{\nu}^k)$$

$$\boldsymbol{\lambda}^{k+1} = \boldsymbol{\lambda}^k + \alpha_k (\boldsymbol{A}\boldsymbol{x}^{k+1} - \boldsymbol{b})$$

$$\boldsymbol{\nu}^{k+1} = \boldsymbol{\nu}^k + \beta_k (\boldsymbol{C}\boldsymbol{x}^{k+1} - \boldsymbol{d})$$

2.3 交替方向乘子法

ADMM 作为一种求解优化问题的计算框架，适用于求解凸优化问题。ADMM 算法的思想根源可以追溯到 20 世纪 50 年代，在 20 世纪八九十年代中期存在大量的文章分析这种方法的性质，但是当时 ADMM 主要用于解决偏微分方程问题。1970 年由 R. Glowinski 和 D. Gabay 等提出的一种适用于可分离凸优化的简单有效方法，并在统计机器学习、数据挖掘和计算机视觉等领域中得到了广泛应用。ADMM 算法主要解决带有等式约束的关于两个变量的目标函数的最小化问题，可以看作在增广拉朗格朗日算法基础上发展的算法，混合了对偶上升算法(Dual Ascent)的可分解性和乘子法(Method of Multipliers)的算法优越的收敛性。相对于乘子法，ADMM 算法最大的优势在于其能够充分利用目标函数的可分解性，对目标函数中的多变量进行交替优化。在解决大规模问题上，利用 ADMM 算法可以将原问题的目标函数等价地分解成若干个可求解的子问题，然后并行求解每一个子问题，最后协调子问题的解得到原问题的全局解。

2.3.1 增广拉格朗日乘子法

形如简单的优化问题

$$\begin{aligned}&\text{minimize } f(\boldsymbol{x})\\&\text{subject to } \boldsymbol{Ax}=\boldsymbol{b}\end{aligned}$$

其拉格朗日函数为

$$L(\boldsymbol{x},\boldsymbol{\lambda})=f(\boldsymbol{x})+\boldsymbol{\lambda}^{\mathrm{T}}(\boldsymbol{Ax}-\boldsymbol{b})$$

为了增加对偶上升法的鲁棒性和放松目标强凸的要求，引入了增广拉格朗日乘子法(Augmented Lagrange Method)，其增广拉格朗日函数为

$$L_{\rho}(\boldsymbol{x},\boldsymbol{\lambda})=f(\boldsymbol{x})+\boldsymbol{\lambda}^{\mathrm{T}}(\boldsymbol{Ax}-\boldsymbol{b})+\frac{\rho}{2}\|\boldsymbol{Ax}-\boldsymbol{b}\|_2^2$$

其中惩罚参数 $\rho>0$。增广拉格朗日函数相较于拉格朗日函数，相当于给原约束问题增加了一个强凸的惩罚项

$$\begin{aligned}&\text{minimize } f(\boldsymbol{x})+\frac{\rho}{2}\|\boldsymbol{Ax}-\boldsymbol{b}\|_2^2\\&\text{subject to } \boldsymbol{Ax}=\boldsymbol{b}\end{aligned}$$

用对偶上升法来迭代更新求解增广拉格朗日函数

$$\begin{aligned}\boldsymbol{x}^{k+1}&=\underset{\boldsymbol{x}}{\operatorname{argmin}}\, L_{\rho}(\boldsymbol{x},\boldsymbol{\lambda}^{k})\\\boldsymbol{\lambda}^{k+1}&=\boldsymbol{\lambda}^{k}+\rho(\boldsymbol{Ax}^{k+1}-\boldsymbol{b})\end{aligned}$$

从迭代的过程来分析，增广拉格朗日乘子法求解时与对偶上升法不同点在于 $\boldsymbol{x}^{k+1}$ 的更新使用了增广拉格朗日，并且使用惩罚参数 ρ 替代了更新步长 α_k。虽然乘子法相较于对偶上升法能在更一般的条件下收敛，但是由于增加了二次惩罚项，使得原问题失去了可分解性，因此重新引入了交替方向乘子法。

2.3.2 交替方向乘子法

优化问题

$$\begin{aligned}&\text{minimize } f(\boldsymbol{x})+g(\boldsymbol{z})\\&\text{subject to } \boldsymbol{Ax}+\boldsymbol{Bz}=\boldsymbol{c}\end{aligned}$$

其中 $\boldsymbol{x}\in\Re^{n}$，$\boldsymbol{z}\in\Re^{m}$，$\boldsymbol{A}\in\Re^{p\times n}$，$\boldsymbol{B}\in\Re^{p\times m}$，$\boldsymbol{c}\in\Re^{p}$，其增广拉格朗日函数为

$$L_{\rho}(\boldsymbol{x},\boldsymbol{z},\boldsymbol{\lambda})=f(\boldsymbol{x})+g(\boldsymbol{z})+\boldsymbol{\lambda}^{\mathrm{T}}(\boldsymbol{Ax}+\boldsymbol{Bz}-\boldsymbol{c})+\frac{\rho}{2}\|\boldsymbol{Ax}+\boldsymbol{Bz}-\boldsymbol{c}\|_2^2$$

对偶上升法迭代更新

$$\begin{aligned}(\boldsymbol{x}^{k+1},\boldsymbol{z}^{k+1})&=\underset{\boldsymbol{x},\boldsymbol{z}}{\operatorname{argmin}}\, L_{\rho}(\boldsymbol{x},\boldsymbol{z},\boldsymbol{\lambda}^{k})\\\boldsymbol{\lambda}^{k+1}&=\boldsymbol{\lambda}^{k}+\rho(\boldsymbol{Ax}^{k+1}+\boldsymbol{Bz}^{k+1}-\boldsymbol{c})\end{aligned}$$

交替方向乘子法则是在$(\boldsymbol{x},\boldsymbol{z})$一起迭代的基础上将$\boldsymbol{x},\boldsymbol{z}$分别固定单独交替迭代，即

$$\boldsymbol{x}^{k+1}=\underset{\boldsymbol{x}}{\operatorname{argmin}}\, L_\rho(\boldsymbol{x},\boldsymbol{z}^k,\boldsymbol{\lambda}^k)$$

$$\boldsymbol{z}^{k+1}=\underset{\boldsymbol{z}}{\operatorname{argmin}}\, L_\rho(\boldsymbol{x}^{k+1},\boldsymbol{z},\boldsymbol{\lambda}^k)$$

$$\boldsymbol{\lambda}^{k+1}=\boldsymbol{\lambda}^k+\rho(\boldsymbol{A}\boldsymbol{x}^{k+1}+\boldsymbol{B}\boldsymbol{z}^{k+1}-\boldsymbol{c})$$

交替方向乘子法的另一种等价形式，将残差定义为$\boldsymbol{r}^k=\boldsymbol{A}\boldsymbol{x}^k+\boldsymbol{B}\boldsymbol{z}^k-\boldsymbol{c}$，同时定义$\boldsymbol{u}^k=\left(\frac{1}{\rho}\right)\boldsymbol{\lambda}^k$作为缩放的对偶变量，有

$$(\boldsymbol{\lambda}^k)^{\mathrm{T}}\boldsymbol{r}^k+\frac{\rho}{2}\|\boldsymbol{r}^k\|_2^2=\frac{\rho}{2}\|\boldsymbol{r}^k+\boldsymbol{u}^k\|_2^2-\frac{\rho}{2}\|\boldsymbol{u}^k\|_2^2$$

则改写 ADMM 迭代过程

$$\boldsymbol{x}^{k+1}=\underset{\boldsymbol{x}}{\operatorname{argmin}}\left\{f(\boldsymbol{x})+\frac{\rho}{2}\|\boldsymbol{A}\boldsymbol{x}+\boldsymbol{B}\boldsymbol{z}^k-\boldsymbol{c}+\boldsymbol{u}^k\|_2^2\right\}$$

$$\boldsymbol{z}^{k+1}=\underset{\boldsymbol{z}}{\operatorname{argmin}}\left\{g(\boldsymbol{z})+\frac{\rho}{2}\|\boldsymbol{A}\boldsymbol{x}^{k+1}+\boldsymbol{B}\boldsymbol{z}-\boldsymbol{c}+\boldsymbol{u}^k\|_2^2\right\}$$

$$\boldsymbol{u}^{k+1}=\boldsymbol{u}^k+\boldsymbol{A}\boldsymbol{x}^{k+1}+\boldsymbol{B}\boldsymbol{z}^{k+1}-\boldsymbol{c}$$

给出两个假设。

假设 1：$f(\boldsymbol{x})$和$g(\boldsymbol{z})$都是适当的闭凸函数。即$\arg\min\limits_{\boldsymbol{x}} L_\rho(\boldsymbol{x},\boldsymbol{z}^k,\boldsymbol{\lambda}^k)$和$\underset{\boldsymbol{z}}{\operatorname{argmin}}\, L_\rho(\boldsymbol{x}^{k+1},\boldsymbol{z},\boldsymbol{\lambda}^k)$的解一定存在。

假设 2：拉格朗日函数(非增广形式)$L(\boldsymbol{x},\boldsymbol{z},\boldsymbol{\lambda})$至少有一个鞍点，即拉格朗日函数强对偶性成立。

假设 1 可以表示为上境图形式，即

$$\mathrm{eipf}=\{(\boldsymbol{X},t)\in\Re^n\times\Re \mid f(\boldsymbol{X})\leqslant t\}$$

是一个非空闭凸集合。假设 1 表明在 ADMM 算法求解时，$\boldsymbol{x}^{k+1}$和$\boldsymbol{z}^{k+1}$迭代步骤都是可行的，即$\boldsymbol{x}^{k+1}$和$\boldsymbol{z}^{k+1}$的极小化问题有解(不一定唯一)。

由假设 1 可知标准 Lagrange 函数$L_0(\boldsymbol{x}^*,\boldsymbol{z}^*,\boldsymbol{\lambda}^*)$在任意鞍点$(\boldsymbol{x}^*,\boldsymbol{z}^*,\boldsymbol{\lambda}^*)$处都是有限的，这表明$(\boldsymbol{x}^*,\boldsymbol{z}^*)$是原问题的解并且对偶间隙为 0 且$f(\boldsymbol{x}^*)\leqslant\infty, g(\boldsymbol{z}^*)\leqslant\infty$。

交替方向乘子法在同时满足这两个不太强的假设下能证明

(1) 残差收敛，即$k\to\infty$时$\boldsymbol{r}^k\to 0$；

(2) 对偶变量收敛，即$k\to\infty$时$\boldsymbol{\lambda}^k\to\boldsymbol{\lambda}^*$；

(3) 目标函数收敛，即$k\to\infty$时$f(\boldsymbol{x}^k)+g(\boldsymbol{z}^k)\to p^*$。

证明过程及收敛速率的求解可以参考文献[2]和[3]，本章就不再详细解释。

2.3.3 全局变量一致性优化

广义优化问题，全局一致性问题

$$\begin{aligned}&\text{minimize}\sum_{i=1}^{N}f_i(\boldsymbol{x}_i)\\&\text{subject to } \boldsymbol{x}_i-\boldsymbol{z}=0,\quad i=1,2,\cdots,N\end{aligned}$$

其中 $\boldsymbol{x}_i$ 是局部向量，$\boldsymbol{z}$ 是全局一致向量，每一个局部向量都需要保持一致性。其增广拉格朗日函数为

$$L_\rho(\boldsymbol{x}_1,\cdots,\boldsymbol{x}_N,\boldsymbol{z},\boldsymbol{\lambda})=\sum_{i=1}^{N}\left(f_i(\boldsymbol{x}_i)+\boldsymbol{\lambda}_i^{\mathrm{T}}(\boldsymbol{x}_i-\boldsymbol{z})+\frac{\rho}{2}\|\boldsymbol{x}_i-\boldsymbol{z}\|_2^2\right)$$

ADMM 迭代过程

$$\begin{aligned}&\boldsymbol{x}_i^{k+1}=\underset{\boldsymbol{x}_i}{\operatorname{argmin}}\left\{f_i(\boldsymbol{x}_i)+(\boldsymbol{\lambda}_i^k)^{\mathrm{T}}(\boldsymbol{x}_i-\boldsymbol{z}^k)+\frac{\rho}{2}\|\boldsymbol{x}_i-\boldsymbol{z}^k\|_2^2\right\}\\&\boldsymbol{z}^{k+1}=\underset{\boldsymbol{z}}{\operatorname{argmin}}\frac{1}{N}\sum_{i=1}^{N}\left(\boldsymbol{x}_i^{k+1}+\frac{1}{\rho}\boldsymbol{\lambda}_i^k\right)\\&\boldsymbol{\lambda}_i^{k+1}=\boldsymbol{\lambda}_i^k+\rho(\boldsymbol{x}_i^{k+1}-\boldsymbol{z}^{k+1})\end{aligned}$$

推广到带正则的全局一致性优化问题，将 ADMM 应用到机器学习算法分布式计算中，问题如下

$$\begin{aligned}&\text{minimize}\sum_{i=1}^{N}f_i(\boldsymbol{x}_i)+g(\boldsymbol{z})\\&\text{subject to } \boldsymbol{x}_i-\boldsymbol{z}=0,\quad i=1,2,\cdots,N\end{aligned}$$

其 ADMM 迭代求解过程

$$\begin{aligned}&\boldsymbol{x}_i^{k+1}=\underset{\boldsymbol{x}_i}{\operatorname{argmin}}\left\{f_i(\boldsymbol{x}_i)+(\boldsymbol{\lambda}_i^k)^{\mathrm{T}}(\boldsymbol{x}_i-\boldsymbol{z}^k)+\frac{\rho}{2}\|\boldsymbol{x}_i-\boldsymbol{z}^k\|_2^2\right\}\\&\boldsymbol{z}^{k+1}=\underset{\boldsymbol{z}}{\operatorname{argmin}}\left\{g(\boldsymbol{z})+\sum_{i=1}^{N}(-(\boldsymbol{\lambda}_i^k)^{\mathrm{T}}\boldsymbol{z}^k+\frac{\rho}{2}\|\boldsymbol{x}_i^{k+1}-\boldsymbol{z}\|_2^2)\right\}\\&\boldsymbol{\lambda}_i^{k+1}=\boldsymbol{\lambda}_i^k+\rho(\boldsymbol{x}_i^{k+1}-\boldsymbol{z}^{k+1})\end{aligned}$$

2.4 参考文献

[1] Boyd s, Vandenberghe L. Convex Optimization[M]. Cambridge, UK: Cambridge University Press, 2004.

[2] Boyd S, Parikh N, Chu E, et al. Distributed Optimization and Statistical Learning via the Alternating Direction Method of Multipliers [J]. Foundations & Trends in Machine Learning,2010,3(1):1-122.

[3] He, B S, Yuan, X M. On the $O\left(\frac{1}{n}\right)$ Convergence Rate of the Douglas-Rachford Alternating Direction Method[J]. Siam Journal on Numerical Analysis,2012,50(2):700-709.

[4] He, B S, Yuan, X M. On non-ergodic convergence rate of Douglas-Rachford alternating direction method of multipliers[J]. Numerische Mathematik,2014,130(3):567-577.

第3章

稀疏回归

3.1 Lasso 问题

Lasso(Least absolute shrinkage and selection operator)是 1996 年由 Robert Tibshirani 首次提出的一种压缩估计方法。它通过强制系数绝对值之和小于某个固定值来压缩一些回归系数,因此 Lasso 可以通过构造惩罚项来得到一个较为精炼的模型,使得它在压缩一些系数的同时还能设定一些系数为零,保留了子集收缩的优点。区别于岭回归惩罚项中的平方值,Lasso 回归的惩罚项中有用于约束估计的绝对值之和,此值会使一些参数估计结果等于零,因此增加了算法的稀疏性,所以也称作稀疏回归。除此之外,Lasso 还能够对变量进行筛选,降低模型的复杂度。这里的变量筛选是指不把所有的变量都放入模型中进行拟合,而是有选择地把变量放入模型,从而得到更好的性能参数。复杂度调整是指通过一系列参数控制模型的复杂度,从而避免过度拟合(Overfitting)。对于线性模型来说,复杂度与模型的变量数有直接关系,变量数越多,模型复杂度就越高。Lasso 的复杂程度由正则惩罚项参数 λ 来控制,λ 越大,对变量较多的线性模型的惩罚力度就越大,从而最终获得一个变量较少的精炼模型。

l_1 正则项化思想已经有数十年的历史了,其主要涉及全变分去噪、软阈值、Lasso、基追踪方法、压缩感知和稀疏图形模型的结构学习等。对于含有 l_1 正则项的优化算法研究也有很多,主要包括坐标下降法、最小角回归法、梯度投影法、迭代软阈值法、近端梯度法和内点法等。而 Lasso 问题,就是含有 l_1 正则项的线性回归问题,其主要基本思想是在回归系数的绝对值之和小于一个常数的约束条件下,使残差平方和最小化,从而能够产生某些严格等于 0 的回归系数,最终得到可以解释的模型。

3.2 ADMM 求解 Lasso 问题

相比于其他的凸优化算法,ADMM 之所以能够解决 Lasso 问题,主要是因为 ADMM

可以很明确地把目标函数分为两个不同部分，即 f 函数和 g 函数，通过对目标函数解耦合成不平滑的 l_1 正则项和平滑的损失项，从而可以分别进行处理。在机器学习中，大量存在需要最小化损失函数和正则化项的问题，因此 ADMM 在这方面能得到很好的应用。对于 Lasso 回归问题，目标函数可以写成以下形式

$$\underset{x}{\operatorname{argmin}} \frac{1}{2}\|\boldsymbol{Ax}-\boldsymbol{b}\|_2^2+\lambda\|\boldsymbol{x}\|_1$$

这里 $\lambda>0$ 是正则化参数（标量），一般可以通过交叉验证确定。$\boldsymbol{A}$ 为样本矩阵，$\boldsymbol{x}$ 为待拟合回归系数，$\boldsymbol{b}$ 为回归目标。

3.3 Lasso 问题的一般求解

利用 ADMM 框架求解 Lasso 回归，考虑到一般性问题，我们的目标函数如下，

$$\underset{\boldsymbol{x}}{\operatorname{argmin}} \frac{1}{2}\|\boldsymbol{Ax}-\boldsymbol{b}\|_2^2+\lambda\|\boldsymbol{x}\|_1$$

为了方便描述，令 $f(\boldsymbol{x})=\|\boldsymbol{Ax}-\boldsymbol{b}\|_2^2$，$g(\boldsymbol{z})=\lambda\|\boldsymbol{z}\|_1$，约束条件则为 $\boldsymbol{x}=\boldsymbol{z}$，即 $\boldsymbol{x}-\boldsymbol{z}=0$。对于约束性的问题，自然地引入增广拉格朗日函数，于是有

$$L_\rho(\boldsymbol{x},\boldsymbol{z},\boldsymbol{y})=\frac{1}{2}\|\boldsymbol{Ax}-\boldsymbol{b}\|_2^2+\lambda\|\boldsymbol{z}\|_1+\boldsymbol{y}^{\mathrm{T}}(\boldsymbol{x}-\boldsymbol{z})+\frac{\rho}{2}\|\boldsymbol{x}-\boldsymbol{z}\|_2^2$$

其中，λ 为 l_1 正则惩罚项，$\boldsymbol{y}$ 为拉格朗日乘子，ρ 为给定参数值（标量）。

接着，令 $\boldsymbol{r}=\boldsymbol{x}-\boldsymbol{z}$，于是有

$$L_\rho(\boldsymbol{x},\boldsymbol{z},\boldsymbol{y})=\frac{1}{2}\|\boldsymbol{Ax}-\boldsymbol{b}\|_2^2+\lambda\|\boldsymbol{z}\|_1+\boldsymbol{y}^{\mathrm{T}}\boldsymbol{r}+\frac{\rho}{2}\boldsymbol{r}^2$$

通过一系列的配方变形后，便得到另外的形式

$$L_\rho(\boldsymbol{x},\boldsymbol{z},\boldsymbol{y})=\frac{1}{2}\|\boldsymbol{Ax}-\boldsymbol{b}\|_2^2+\frac{\rho}{2}\left(\boldsymbol{r}+\frac{1}{\rho}\boldsymbol{y}\right)^2-\frac{1}{2\rho}\boldsymbol{y}^2+\lambda\|\boldsymbol{z}\|_1$$

再次令 $\boldsymbol{u}=\frac{1}{\rho}\boldsymbol{y}$，于是便有

$$L_\rho(\boldsymbol{x},\boldsymbol{z},\boldsymbol{u})=\frac{1}{2}\|\boldsymbol{Ax}-\boldsymbol{b}\|_2^2+\frac{\rho}{2}(\boldsymbol{x}-\boldsymbol{z}+\boldsymbol{u})^2-\frac{\rho}{2}\|\boldsymbol{u}\|_2^2+\lambda\|\boldsymbol{z}\|_1$$

最终，按照交替方向乘子法则，第 $k+1$ 次（k 为标量）迭代的值可以写成以下形式

$$\boldsymbol{x}^{k+1}=\underset{\boldsymbol{x}}{\operatorname{argmin}}\left(\frac{1}{2}\|\boldsymbol{Ax}-\boldsymbol{b}\|_2^2+\frac{\rho}{2}\|\boldsymbol{x}-\boldsymbol{z}^k+\boldsymbol{u}^k\|_2^2\right)$$

$$\boldsymbol{z}^{k+1}=\underset{\boldsymbol{z}}{\operatorname{argmin}}\left(\frac{\rho}{2}\|\boldsymbol{x}^{k+1}-\boldsymbol{z}+\boldsymbol{u}^k\|_2^2+\boldsymbol{\lambda}\|\boldsymbol{z}\|_1\right)$$

$$\boldsymbol{u}^{k+1}=\boldsymbol{u}^k+\boldsymbol{x}^{k+1}-\boldsymbol{z}^{k+1}$$

对于$\boldsymbol{x}^{k+1}$的更新，由于需要求解的式子里只包含了与$\boldsymbol{x}$的相关项，并且最小化的$\|\boldsymbol{A}\boldsymbol{x}-\boldsymbol{b}\|_2^2$是凸二次函数，于是可以通过待优化函数一阶导数直接得到更新公式。将其对于$\boldsymbol{x}$的导数写成矩阵形式并令其等于零则有

$$\boldsymbol{A}^{\mathrm{T}}(\boldsymbol{A}\boldsymbol{x}-\boldsymbol{b})+\rho(\boldsymbol{x}-\boldsymbol{z}^k+\boldsymbol{u}^k)=0$$

于是通过变形可以得到$\boldsymbol{x}$的更新方式

$$\boldsymbol{x}^{k+1}=(\boldsymbol{A}^{\mathrm{T}}\boldsymbol{A}+\rho\boldsymbol{I})^{-1}(\boldsymbol{A}^{\mathrm{T}}\boldsymbol{b}+\rho(\boldsymbol{z}^k-\boldsymbol{u}^k))$$

同理，对于$\boldsymbol{z}^{k+1}$的更新，可以通过求次梯度得到

$$\boldsymbol{z}^{k+1}=S_{\frac{\lambda}{\rho}}(\boldsymbol{u}^k+\boldsymbol{x}^{k+1})$$

其中，Shrinkage 公式为

$$S_{\frac{\lambda}{\rho}}(a)=\begin{cases} a-\dfrac{\lambda}{\rho}, & a>\dfrac{\lambda}{\rho} \\ 0, & |a|\leqslant\dfrac{\lambda}{\rho} \\ a+\dfrac{\lambda}{\rho}, & a<\dfrac{\lambda}{\rho} \end{cases}$$

最后，通过$\boldsymbol{x}^{k+1}$和$\boldsymbol{z}^{k+1}$，可以得到$\boldsymbol{u}^{k+1}$的值。

3.4 Lasso 问题的全局一致性求解

利用 ADMM 框架主要从样本划分和特征划分两个方向来解决 Lasso 回归的分布式求解问题。

3.4.1 基于样本划分的 Lasso 问题

首先考虑到全局变量问题，将目标函数根据数据样本分解成N个子目标函数（子系统），每个子系统和子数据都可以获得一个参数解$\boldsymbol{x}_i$，但是全局解只有一个$\boldsymbol{z}$，具体划分方式如图 3.1 所示。

于是就可以写成如下优化命题形式

$$\text{minimize } f(\boldsymbol{x})=\sum_{i=1}^{N}f_i(\boldsymbol{x})$$

这里$\boldsymbol{x}\in\Re^n$，并且$f_i:\Re^n\rightarrow\Re\cup\{+\infty\}$是凸函数。而$\boldsymbol{x}_i$并不是对参数空间进行划分，这里是对数据而言，因此，所有$\boldsymbol{x}_i$的维度都一样，且$\boldsymbol{x}_i,\boldsymbol{z}_i\in\Re^n$，$i=1,2,\cdots,N$。这种问题其实就是所谓的并行化处理，或分布式处理，希望从多个分块的数据集中获取相同的全局参数解。

因此，对于基于样本划分的 Lasso 回归问题，在 ADMM 算法框架下我们可以写成

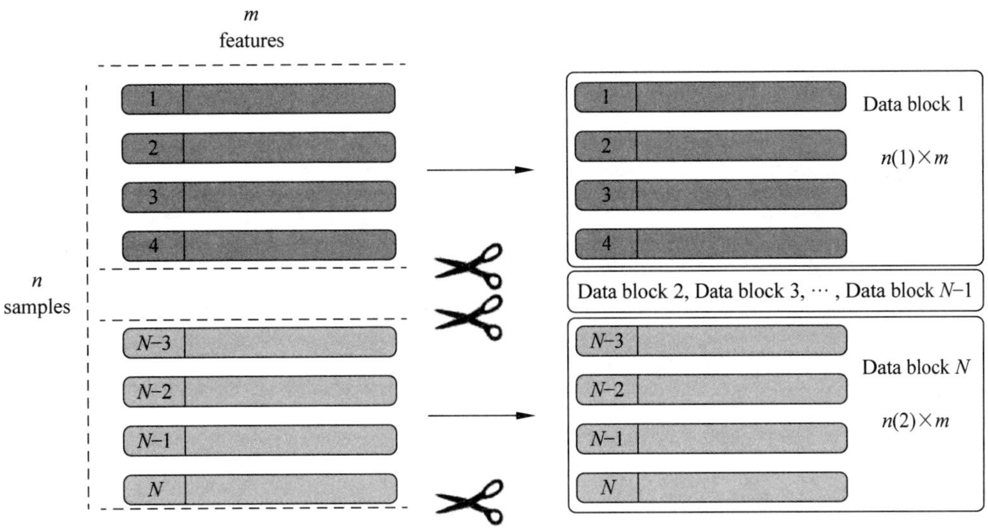

图 3.1 样本划分策略流程示意图

$$\text{minimize } \frac{1}{2}\sum_{i=1}^{N}\|\boldsymbol{A}\boldsymbol{x}_i-\boldsymbol{b}\|_2^2+\lambda\|\boldsymbol{z}\|_1$$

$$\text{subject to } \boldsymbol{x}_i-\boldsymbol{z}=0,\quad i=1,2,\cdots,N$$

这也被称为全局一致性问题，其中$\boldsymbol{x}_i$ 是局部向量，$\boldsymbol{z}$ 是全局一致向量，从约束条件可以看出所有局部向量应当保持一致。同理，引入增广拉格朗日乘子，于是便有

$$L_\rho(\boldsymbol{x}_1,\cdots,\boldsymbol{x}_N,\boldsymbol{z},\boldsymbol{y})=\frac{1}{2}\sum_{i=1}^{N}\|\boldsymbol{A}x_i-\boldsymbol{b}_i\|_2^2+\lambda\|\boldsymbol{z}\|_1+\boldsymbol{y}_i^{\mathrm{T}}(\boldsymbol{x}_i-\boldsymbol{z})+\frac{\rho}{2}\|\boldsymbol{x}_i-\boldsymbol{z}\|_2^2$$

最终，利用 ADMM 框架求解的结果为

$$\boldsymbol{x}_i^{k+1}=\underset{x_i}{\operatorname{argmin}}\left(\frac{1}{2}\|\boldsymbol{A}_i\boldsymbol{x}_i-\boldsymbol{b}_i\|_2^2+\frac{\rho}{2}\|\boldsymbol{x}_i-\boldsymbol{z}^k+\boldsymbol{u}^k\|_2^2\right)$$

$$\boldsymbol{z}^{k+1}=\underset{z}{\operatorname{argmin}}\left(\frac{\rho}{2}\sum_{i=1}^{N}\|\boldsymbol{x}_i^{k+1}-\boldsymbol{z}+\boldsymbol{u}^k\|_2^2+\lambda\|z\|_1\right)$$

$$\boldsymbol{u}_i^{k+1}=\boldsymbol{u}_i^k+\boldsymbol{x}_i^{k+1}-\boldsymbol{z}^{k+1}$$

对于$\boldsymbol{x}_i^{k+1}$ 的更新，同样可以通过对$\boldsymbol{x}_i$ 求导等于零得到，于是便有

$$\boldsymbol{x}_i^{k+1}=(\boldsymbol{A}_i^{\mathrm{T}}\boldsymbol{A}_i+\rho\boldsymbol{I})^{-1}(\boldsymbol{A}_i^{\mathrm{T}}\boldsymbol{b}_i+\rho(\boldsymbol{z}^k-\boldsymbol{u}_i^k))$$

而对于$\boldsymbol{z}^{k+1}$ 的更新如下

$$\boldsymbol{z}^{k+1}=S_{\frac{\lambda}{\rho}}\left(\sum_{i=1}^{N}\boldsymbol{u}_i^k+\boldsymbol{x}_i^{k+1}\right)$$

对于$\boldsymbol{z}^{k+1}$ 的更新，需要分别求一个平均，所以就有

$$z^{k+1}=\overline{x}^{k+1}+\frac{1}{\rho}u^{k}$$

类似的，对于u^{k+1} 的更新，也有

$$\overline{u}^{k+1}=\overline{u}^{k}+\frac{1}{\rho}(\overline{x}^{k+1}-z^{k+1})$$

最终，通过以上的迭代公式就可以实现并行化求解了。对各个子数据分别并行求最小化，然后将各个子数据的解汇集起来求均值，整体更新对偶变量z^k，然后再继续带回去求最小值直至收敛。

3.4.2 基于特征划分的 Lasso 问题

对于 Lasso 问题除了上面提到的基于样本划分的 ADMM 框架可以用于分布式并行化求解外，还可以利用 ADMM 框架对 Lasso 进行特征上的划分，从而也可以达到并行求解的目的。具体划分方式如图 3.2 所示。

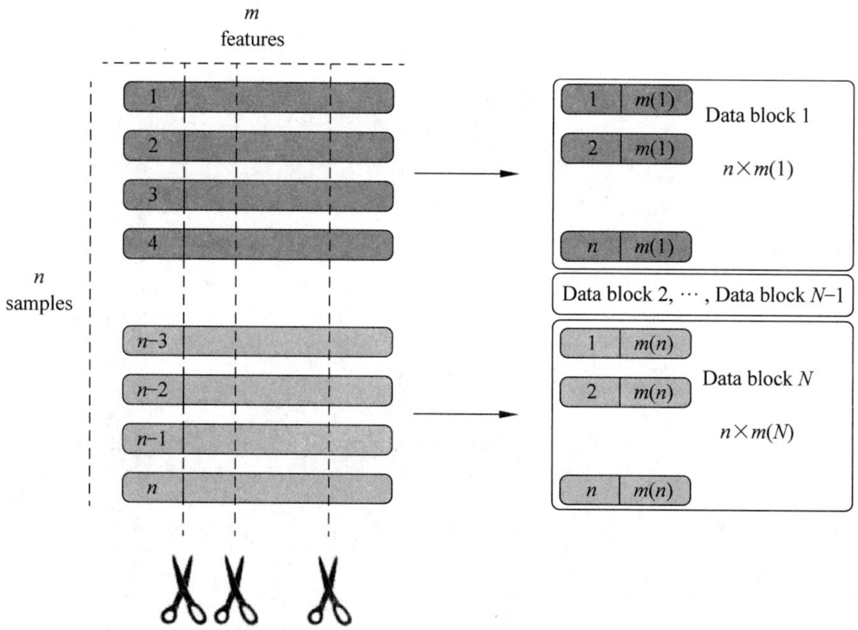

图 3.2 特征划分策略流程示意图

其具体形式如下

$$\begin{aligned}&\text{minimize } \frac{1}{2}\sum_{i=1}^{N}\|Ax_i-b\|_2^2+\lambda\sum_{i=1}^{N}\|z_i\|_1\\&\text{subject to } x_i-z_i=0,\ i=1,2,\cdots,N\end{aligned}$$

其中$x_i,z_i\in\Re^n$，$i=1,2,\cdots,N$，

这里的第一部分局部损失$\|\boldsymbol{A}\boldsymbol{x}_i-\boldsymbol{b}\|_2^2$与全局一致性优化是一样的，即所有的$\boldsymbol{x}_i\in\Re^n$，$i=1,2,\cdots,N$，并且都是同维度，其共享的目标函数则为$\|\boldsymbol{z}_i\|_1$。在实际中，常常需要优化每个子数据集上的损失函数，同时还要加上全局数据所带来的损失，或者需要优化每个子系统的部分变量，同时还要优化整个变量。因此 Lasso 问题的缩放形式为

$$\boldsymbol{x}_i^{k+1}=\underset{\boldsymbol{x}_i}{\operatorname{argmin}}\left(\frac{1}{2}\|\boldsymbol{A}\boldsymbol{x}_i-\boldsymbol{b}\|_2^2+\frac{\rho}{2}\|\boldsymbol{x}_i-\boldsymbol{z}_i^k+\boldsymbol{u}^k\|_2^2\right)$$

$$\boldsymbol{z}^{k+1}=\underset{\boldsymbol{z}}{\operatorname{argmin}}\left(\frac{\rho}{2}\|\boldsymbol{x}_i^{k+1}-\boldsymbol{z}_i+\boldsymbol{u}^k\|_2^2+\lambda\|\boldsymbol{z}_i\|_1\right)$$

$$\boldsymbol{u}_i^{k+1}=\boldsymbol{u}_i^k+\boldsymbol{x}_i^{k+1}-\boldsymbol{z}_i^{k+1}$$

所以，基于特征划分的 Lasso 问题可以切分特征到低维度中去求解，然后再合并起来，从而达到分布式并行求解的目的，最终能够解决大样本和高纬度特征数据的并行化问题。

3.5 参考文献

[1] Boyd S, Parikh N, Chu E, et al. Distributed optimization and statistical learning via the alternating direction method of multipliers[J]. Foundations and Trends in Machine learning, 2011, 3(1): 1-122.

[2] Ramdas A, Tibshirani R J. Fast and flexible admm algorithms for trend filtering[J]. Journal of Computational and Graphical Statistics, 2016, 25(3): 839-858.

[3] Zhang Z, Xu Y, Yang J, et al. A survey of sparse representation: algorithms and applications[J]. IEEE Access, 2015, 3: 490-530.

[4] 刘建伟，崔立鹏，刘泽宇，等. 正则化稀疏模型[J]. 计算机学报，2015，38(7)：1307-1325.

[5] 周雁舟，乔辉，吴晓萍，等. 基于 LASSO-LARS 的软件复杂性度量属性特征选择研究[J]. 计算机科学，2013，40(11)：169-173.

[6] Tibshirani R. Regression shrinkage and selection via the lasso[J]. Journal of the Royal Statistical Society: Series B (Methodological), 1996, 58(1): 267-288.

第 4 章

Huber 回归

4.1 Huber 损失在稀疏鲁棒性编码中的应用

4.1.1 基于回归分析的一般分类框架

在一般分类问题中，训练样本表示为字典矩阵 $\boldsymbol{X}=[\boldsymbol{X}_1,\boldsymbol{X}_2,\cdots,\boldsymbol{X}_c]\in\Re^{m\times n}$，$c$ 是样本类别；$\boldsymbol{X}_i=[X_{i1},X_{i2},\cdots,X_{in_i}]\in\Re^{m\times n_i}$ $(i=1,2,\cdots,c)$是样本全集 $\boldsymbol{X}$ 的各类别样本子集；$\boldsymbol{n}_i$ 是第 i 类训练样本的数量，$n=\sum_{i=1}^{c}n_i$ 是总样本数。在回归中，训练样本 $\boldsymbol{X}$ 线性表示查询样本

$$\boldsymbol{y}=\boldsymbol{X}_1\boldsymbol{\theta}_1+\boldsymbol{X}_2\boldsymbol{\theta}_2+\cdots+\boldsymbol{X}_c\boldsymbol{\theta}_c=X_{11}\theta_{11}+X_{12}\theta_{12}+\cdots+X_{cn_c}\theta_{cn_c}=\boldsymbol{X\theta}$$

其中，$\boldsymbol{\theta}=[\theta_{11},\theta_{12},\cdots,\theta_{cn_c}]^{\mathrm{T}}\in\Re^n$ 是待确定的查询样本在训练样本上的编码系数。图 4.1 是人脸图像的回归分析示意图，其中 j 表示人脸图像拉伸成向量的长度。

基于回归的分类是确定查询样本 $\boldsymbol{y}\in\Re^m$ 在给定训练样本中的所属类别。通过计算查询样本与各个类别中的残差 $e_i=\boldsymbol{y}-\boldsymbol{X}_i\boldsymbol{\theta}_i$，将最小的 e_i 的所属类别作为查询样本的类别。

$$\Rightarrow\quad \boldsymbol{X}_{in_i}^{\mathrm{T}}=[X_{in_i1},X_{in_i2},\cdots,X_{in_ij}]\in\Re^{m\times 1}$$

$$\boldsymbol{y}=\theta_{11}\begin{bmatrix}X_{i11}\\X_{i12}\\\cdots\\X_{i1j}\end{bmatrix}+\theta_{12}\begin{bmatrix}X_{i21}\\X_{i22}\\\cdots\\X_{i2j}\end{bmatrix}+\cdots+\theta_{cn_c}\begin{bmatrix}X_{cn_c1}\\X_{cn_c2}\\\cdots\\X_{cn_cj}\end{bmatrix}$$

图 4.1　人脸图像的回归分析示意图

4.1.2 稀疏编码

稀疏编码是一种模拟哺乳动物视觉系统主视皮层 V1 区简单细胞感受野的人工神经网络方法，在图像处理和自然语言处理中已经被广泛使用。一些人类视觉的研究中提出，在低级和中级人类视觉中，视觉神经中的许多神经元对于各种特定刺激物是有选择的，例如颜色、质地、方向、尺度等。这些神经元给定的输入图像通常很稀疏，它可以通过凸优化有效计算。由于 l_0 范数是 NP 难问题，通常使用 l_1 范数作为 l_0 范数最小化问题的最近似解。一般来说，稀疏编码问题可以表达为

$$\begin{aligned}&\min_{\boldsymbol{\theta}}\|\boldsymbol{y}-\boldsymbol{X}\boldsymbol{\theta}\|_2^2+\lambda\|\boldsymbol{\alpha}\|_1\\&\text{subjectto }\boldsymbol{\alpha}=\boldsymbol{\theta}\end{aligned}\tag{4.1}$$

其中 λ 是 l_1 范数的惩罚系数，式(4.1)的本质是当残差遵循高斯分布时，稀疏约束的最小二乘估计问题。当残差遵循拉普拉斯分布时，稀疏编码问题为

$$\begin{aligned}&\min_{\boldsymbol{\theta}}\|\boldsymbol{y}-\boldsymbol{X}\boldsymbol{\theta}\|_1+\lambda\|\boldsymbol{\alpha}\|_1\\&\text{subject to }\boldsymbol{\alpha}=\boldsymbol{\theta}\end{aligned}$$

稀疏编码模型主要有两个问题，第一个是正则项 l_1 范数约束 $\|\boldsymbol{\alpha}\|_1$ 是否足够好，以达到信号足够稀疏。第二个是保真项 $\|\boldsymbol{y}-\boldsymbol{X}\boldsymbol{\theta}\|_2^2$ 或 $\|\boldsymbol{y}-\boldsymbol{X}\boldsymbol{\theta}\|_1$ 是否足够有效来描述信号的保真度，特别是当信号具有噪声或异常值时。在近几年的研究中，很多学者通过引入更多的约束规则或重新设计正则化项来修改稀疏约束，从而对第一个问题进行改进；对于第二个问题，从最大后验概率(Maximum A posteriori Probability, MAP)的角度来看，用 l_1 或 l_2 范数定义保真项，实际上是假定编码残差遵循高斯或拉普拉斯分布。但在实际中，单一的假设残差遵循某一分布可能不太好，特别是当面部图像存在遮挡变化时，因此稀疏编码模型中单一使用 l_1 或 l_2 范数的保真项在这些情况下可能不够健壮。

在实际应用中，当训练样本数量很多时，或多或少地会包含一些遮挡点。在线性编码中，假设训练样本与查询样本的编码残差总和为 $\sum_{i=1}^{m}e_i$，异常值对 $\sum_{i=1}^{m}e_i$ 有很大的贡献度。所以，一定程度上减小异常值的编码残差，会极大减小 $\sum_{i=1}^{m}e_i$。图 4.2(a)和图 4.2(b)是同一人的两张图片，图 4.2(c)是图 4.2(a)与图 4.2(b)差值的 l_1 范数和 l_2 范数编码残差图像。图 4.2(c)中横坐标为 10 的像素点，l_1 范数和 l_2 范数呈现出两种差异较大的编码残差。当编码残差等于 1 时，l_1 范数和 l_2 范数相同；小于 1 时，l_1 范数比 l_2 范数大；大于 1 时，l_1 范数比 l_2 范数小。因此，为了降低异常值带来的影响，查询样本不同像素点使用不同的保真项($\|\boldsymbol{y}-\boldsymbol{X}\boldsymbol{\theta}\|_2^2$ 或 $\|\boldsymbol{y}-\boldsymbol{X}\boldsymbol{\theta}\|_1$)是很重要的。

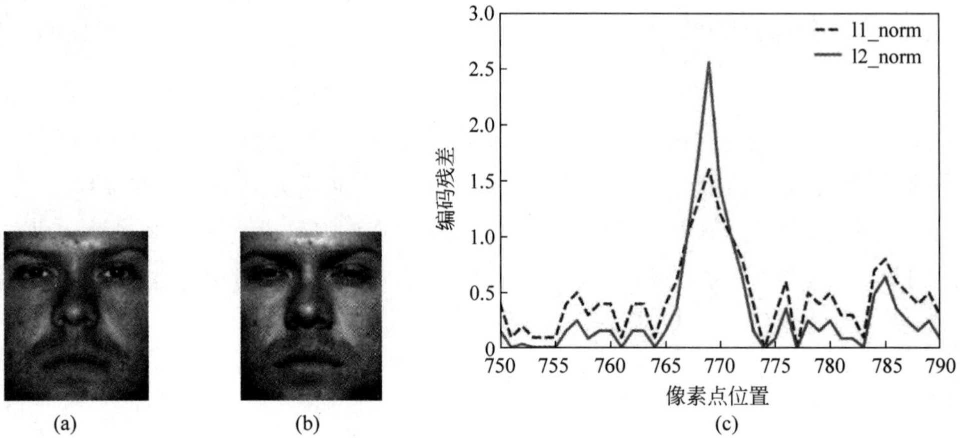

图 4.2 同一人的两张图片的差值的 l_1 范数和 l_2 范数编码残差图像

4.1.3 Huber 损失函数

在统计学习角度，Huber 损失函数是一种鲁棒性回归的损失函数，它相比均方误差来说，它对异常值不敏感，常常被用于分类问题上。Huber 损失函数表示为

$$g(z)=\begin{cases}\dfrac{z^2}{2} & |z|\leqslant \eta \\ \eta|z|-\dfrac{\eta^2}{2} & |z|>\eta\end{cases} \tag{4.2}$$

其中，z 是残差，η 是 Huber 阈值。

Huber 函数中混合使用了 l_1 范数和 l_2 范数(如图 4.3 所示)，如果残差的绝对值 $|z|$ 小于阈值 η，式(4.2)就变成了 l_2 范数；如果残差的绝对值 $|z|$ 大于阈值 η，式(4.2)就变成了 l_1 范数。为了与 l_2 范数平滑连接，在 l_1 范数中减去常数 $\frac{\eta^2}{2}$。Huber 函数通过对 l_1 范数和 l_2 范数进行优化组合，使得有效性和鲁棒性达到平衡。

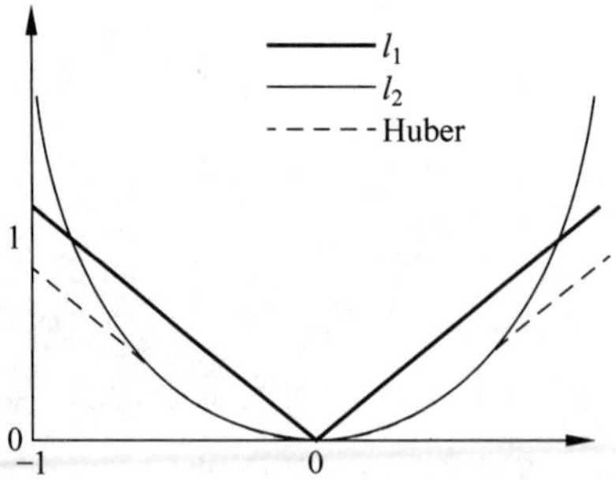

图 4.3 Huber 损失函数示意图

为了提高稀疏编码的鲁棒性和有效性，根据上述的 Huber 损失函数提出了稀疏 Huber 模型(Sparse Huber，SH)。

当 Huber 函数对应于 ADMM 模型的标准形式 $\min f(\boldsymbol{\theta})+g(\boldsymbol{z})$时，可以表示为

$$\min_{\boldsymbol{\theta}} g(\boldsymbol{z})$$
$$\text{subject to } \boldsymbol{z}=\boldsymbol{X}\boldsymbol{\theta}-\boldsymbol{y}$$

其中

$$f(\boldsymbol{\theta})=0,\ g(\boldsymbol{z})=\begin{cases}\dfrac{1}{2}\|\boldsymbol{z}\|_2^2 & |\boldsymbol{z}|\leqslant\eta\\ \eta\|\boldsymbol{z}\|_1-\dfrac{\eta^2}{2} & |\boldsymbol{z}|>\eta\end{cases}$$

并且 $g(\boldsymbol{z})$被等式 $\boldsymbol{z}=\boldsymbol{y}-\boldsymbol{X}\boldsymbol{\theta}$ 约束。

所以，SH 可以被表示为

$$\min_{\boldsymbol{\theta}} g(\boldsymbol{z})+\lambda\|\boldsymbol{\alpha}\|_1$$
$$\text{subject to } \boldsymbol{z}=\boldsymbol{X}\boldsymbol{\theta}-\boldsymbol{y}$$
$$\boldsymbol{\alpha}=\boldsymbol{\theta}$$

其中，$g(\boldsymbol{z})$是 Huber 损失函数，并由 $\boldsymbol{z}=\boldsymbol{y}-\boldsymbol{X}\boldsymbol{\theta}$ 对$\boldsymbol{\theta}$ 进行约束。$\lambda\|\boldsymbol{\alpha}\|_1$ 是 l_1 范数惩罚项，并有$\boldsymbol{\alpha}=\boldsymbol{\theta}$ 约束。在一定范围内，λ 值越大，$\boldsymbol{\theta}$ 越稀疏。

4.2 Huber 损失的一般化求解

对于优化问题

$$\text{minimize } \lambda\|\boldsymbol{x}\|_1+g(\boldsymbol{z})$$
$$\text{subject to } \boldsymbol{z}=\boldsymbol{A}\boldsymbol{x}-\boldsymbol{b}$$

其中，$g(\boldsymbol{z})=\begin{cases}\dfrac{\|\boldsymbol{z}\|_2^2}{2},|\boldsymbol{z}|\leqslant\eta\\ \eta|\boldsymbol{z}|-\dfrac{\eta^2}{2},|\boldsymbol{z}|>\eta\end{cases}$，$\eta$ 为对残差约束的阈值，其增广拉格朗日函数为

$$L_\rho(\boldsymbol{x},\boldsymbol{z},\boldsymbol{y})=\lambda\|\boldsymbol{x}\|_1+g(\boldsymbol{z})+\boldsymbol{y}^{\mathrm{T}}(\boldsymbol{A}\boldsymbol{x}-\boldsymbol{b}-\boldsymbol{z})+\frac{\rho}{2}\|\boldsymbol{A}\boldsymbol{x}-\boldsymbol{b}-\boldsymbol{z}\|_2^2$$

ADMM 迭代过程

$$\boldsymbol{x}^{k+1}=\underset{\boldsymbol{x}}{\operatorname{argmin}}\left\{\lambda\|\boldsymbol{x}\|_1+(\boldsymbol{y}^k)^{\mathrm{T}}\boldsymbol{A}\boldsymbol{x}+\frac{\rho}{2}\|\boldsymbol{A}\boldsymbol{x}-\boldsymbol{b}-\boldsymbol{z}^k\|_2^2\right\}$$

$$\boldsymbol{z}^{k+1}=\underset{\boldsymbol{z}}{\operatorname{argmin}}\left\{g(\boldsymbol{z})-(\boldsymbol{y}^k)^{\mathrm{T}}\boldsymbol{z}+\frac{\rho}{2}\|\boldsymbol{A}\boldsymbol{x}^{k+1}-\boldsymbol{b}-\boldsymbol{z}\|_2^2\right\}$$

$$\boldsymbol{y}^{k+1}=\boldsymbol{y}^k+\rho(\boldsymbol{A}\boldsymbol{x}^{k+1}-\boldsymbol{b}-\boldsymbol{z}^{k+1})$$

令$\boldsymbol{u}^k=\left(\frac{1}{\rho}\right)\boldsymbol{y}^k$，有

$$\begin{cases}\boldsymbol{x}^{k+1}=\underset{\boldsymbol{x}}{\operatorname{argmin}}\left\{\lambda\|\boldsymbol{x}\|_1+\frac{\rho}{2}\|\boldsymbol{A}\boldsymbol{x}-\boldsymbol{b}-\boldsymbol{z}^k+\boldsymbol{u}^k\|_2^2\right\}\\ \boldsymbol{z}^{k+1}=\underset{\boldsymbol{z}}{\operatorname{argmin}}\left\{g(\boldsymbol{z})+\frac{\rho}{2}\|\boldsymbol{A}\boldsymbol{x}^{k+1}-\boldsymbol{b}-\boldsymbol{z}+\boldsymbol{u}^k\|_2^2\right\}\\ \boldsymbol{u}^{k+1}=\boldsymbol{u}^k+\boldsymbol{A}\boldsymbol{x}^{k+1}-\boldsymbol{b}-\boldsymbol{z}^{k+1}\end{cases}\tag{4.3}$$

迭代更新时$\boldsymbol{z}$的取值受阈值影响

$$\boldsymbol{z}=\begin{cases}\frac{\rho}{1+\rho}(\boldsymbol{A}\boldsymbol{x}-\boldsymbol{b}+\boldsymbol{u}), & |\boldsymbol{z}|\leqslant\eta\\ \boldsymbol{A}\boldsymbol{x}-\boldsymbol{b}+\boldsymbol{u}-\frac{\eta}{\rho}, & \boldsymbol{z}>\eta\\ \boldsymbol{A}\boldsymbol{x}-\boldsymbol{b}+\boldsymbol{u}+\frac{\eta}{\rho}, & \boldsymbol{z}<-\eta\end{cases}$$

在求解时，可以看到式(4.3)也是一个 *Lasso* 求解问题，参考第3章，通过再引入一次拉格朗日函数得

$$L(\boldsymbol{x},\boldsymbol{t},\boldsymbol{S})=\frac{\rho}{2}\left\|\boldsymbol{A}\boldsymbol{x}-\boldsymbol{b}-\boldsymbol{z}+\boldsymbol{u}\right\|_2^2+\lambda\left\|\boldsymbol{t}\right\|_1+\frac{q}{2}\left\|\boldsymbol{x}-\boldsymbol{t}+\boldsymbol{S}\right\|_2^2+\frac{q}{2}\left\|\boldsymbol{S}\right\|_2^2$$

$$\boldsymbol{x}^{k+1}=(\rho\boldsymbol{A}^{\mathrm{T}}\boldsymbol{A}+q\boldsymbol{I})^{-1}[\rho\boldsymbol{A}^{\mathrm{T}}(\boldsymbol{b}+\boldsymbol{z}-\boldsymbol{u})+q(\boldsymbol{t}-\boldsymbol{S})]$$

令$\boldsymbol{x}^{k+1}+\boldsymbol{S}^k=\boldsymbol{\alpha}$，有

$$\boldsymbol{t}^{k+1}=\begin{cases}\boldsymbol{\alpha}-\frac{\lambda}{q}, & \boldsymbol{\alpha}>\frac{\lambda}{q}\\ 0, & |\boldsymbol{a}|\leqslant\frac{\lambda}{q}\\ \boldsymbol{\alpha}+\frac{\lambda}{q}, & \alpha<-\frac{\lambda}{q}\end{cases}$$

$$\boldsymbol{S}^{k+1}=\boldsymbol{S}^k+\boldsymbol{x}^{k+1}-\boldsymbol{t}^{k+1}$$

4.3 Huber 损失的并行求解

4.3.1 基于特征划分的 Huber 函数

基于特征划分的 Huber 损失问题可以描述为如下形式

$$\begin{aligned}&\text{minimize}\sum_{i=1}^{N}f_i(\boldsymbol{x}_i)+g(\boldsymbol{z})\\&\text{subject to}\sum_{i=1}^{N}\boldsymbol{A}_i\boldsymbol{x}_i-\boldsymbol{b}=\boldsymbol{z}\end{aligned}$$

其中 $g(\boldsymbol{z})=\begin{cases}\dfrac{\|\boldsymbol{z}\|_2^2}{2}, |\boldsymbol{z}|\leqslant\eta \\ \eta|\boldsymbol{z}|-\dfrac{\eta^2}{2}, |\boldsymbol{z}|>\eta\end{cases}$，其增广拉格朗日函数为

$$L_\rho(\boldsymbol{x}_1,\boldsymbol{x}_2,\cdots,\boldsymbol{x}_N,\boldsymbol{z},\boldsymbol{u})=\lambda\sum_{i=1}^{N}\|\boldsymbol{x}_i\|_1+g(\boldsymbol{z})+\frac{\rho}{2}\left\|\sum_{i=1}^{N}\boldsymbol{A}_i\boldsymbol{x}_i-\boldsymbol{b}-\boldsymbol{z}+\boldsymbol{u}\right\|_2^2-\frac{\rho}{2}\|\boldsymbol{u}\|_2^2$$

ADMM 迭代更新过程

$$\boldsymbol{x}_i^{k+1}=\underset{\boldsymbol{x}_i}{\operatorname{argmin}}\left\{\lambda\|\boldsymbol{x}_i\|_1+\frac{\rho}{2}\left\|\sum_{i=1}^{N}\boldsymbol{A}_i\boldsymbol{x}_i-\boldsymbol{b}-\boldsymbol{z}^k+\boldsymbol{u}^k\right\|_2^2\right\}$$

$$\boldsymbol{z}^{k+1}=\underset{\boldsymbol{z}}{\operatorname{argmin}}\left\{g(\boldsymbol{z})+\frac{\rho}{2}\left\|\sum_{i=1}^{N}\boldsymbol{A}_i\boldsymbol{x}_i^{k+1}-\boldsymbol{b}-\boldsymbol{z}+\boldsymbol{u}^k\right\|_2^2\right\}$$

$$\boldsymbol{u}^{k+1}=\boldsymbol{u}^k+\sum_{i=1}^{N}\boldsymbol{A}_i\boldsymbol{x}_i^{k+1}-\boldsymbol{b}-\boldsymbol{z}^{k+1}$$

对于$\boldsymbol{x}_i$ 的迭代更新，将其可以看作优化问题

$$\begin{aligned}&\text{minimize}\ \frac{\rho_1}{2}\|\boldsymbol{A}_i\boldsymbol{x}_i-\boldsymbol{b}-\boldsymbol{z}+\boldsymbol{u}\|_2^2+\lambda\|\boldsymbol{S}\|_1\\&\text{subject to}\ \boldsymbol{x}_i-\boldsymbol{S}=0\end{aligned}$$

再引入一组乘子，有

$$L_{\rho_2}(\boldsymbol{x}_i,\boldsymbol{z},\boldsymbol{t})=\lambda\|\boldsymbol{S}\|_1+\frac{\rho_2}{2}\|\boldsymbol{x}_i-\boldsymbol{S}+\boldsymbol{t}\|_2^2-\frac{\rho_2}{2}\|\boldsymbol{t}\|_2^2$$

则

$$\boldsymbol{x}_i^{k+1}=\underset{\boldsymbol{x}_i}{\operatorname{argmin}}\left\{\frac{\rho_1}{2}\|\boldsymbol{A}_i\boldsymbol{x}_i-\boldsymbol{b}-\boldsymbol{z}+\boldsymbol{u}^k\|_2^2+\frac{\rho_2}{2}\|\boldsymbol{x}_i-\boldsymbol{S}^k+\boldsymbol{t}^k\|_2^2\right\}$$

$$\boldsymbol{S}^{k+1}=\underset{\boldsymbol{S}}{\operatorname{argmin}}\left\{\frac{\rho_2}{2}\|\boldsymbol{x}_i^{k+1}-\boldsymbol{S}+\boldsymbol{t}^k\|_2^2+\lambda\|\boldsymbol{S}\|_1\right\}$$

$$\boldsymbol{t}^{k+1}=\boldsymbol{t}^k+\boldsymbol{x}_i^{k+1}-\boldsymbol{S}^{k+1}$$

解出得

$$\boldsymbol{x}_i^{k+1}=(\rho_1\boldsymbol{A}_i^{\mathrm{T}}\boldsymbol{A}_i+\rho_2\boldsymbol{I})^{-1}[\rho_1\boldsymbol{A}_i^{\mathrm{T}}(\boldsymbol{b}+\boldsymbol{z}^k-\boldsymbol{u}^k)+\rho_2(\boldsymbol{S}^k-\boldsymbol{t}^k)]$$

$$\boldsymbol{\alpha}=\boldsymbol{x}_i^{k+1}+\boldsymbol{t}^k$$

$$\boldsymbol{S}^{k+1}=\begin{cases}\boldsymbol{\alpha}-\dfrac{\lambda}{\rho_2}, & \alpha>\dfrac{\lambda}{\rho_2}\\ 0, & |\boldsymbol{\alpha}|\leqslant\dfrac{\lambda}{\rho_2}\\ \boldsymbol{\alpha}+\dfrac{\lambda}{\rho_2}, & \boldsymbol{\alpha}<-\dfrac{\lambda}{\rho_2}\end{cases}$$

$$z^{k+1}=\begin{cases}\frac{\rho_1}{1+\rho_1}(\boldsymbol{\alpha}-\boldsymbol{b}+\boldsymbol{u}), & |z|\leqslant\eta\\ \boldsymbol{\alpha}-\boldsymbol{b}+\boldsymbol{u}, & z>\eta\\ \boldsymbol{\alpha}-\boldsymbol{b}+\boldsymbol{u}+\frac{\eta}{\rho_1}, & z<-\eta\end{cases}$$

4.3.2 基于样本划分的 Huber 函数

基于样本划分的 Huber 损失问题可以描述为如下形式

$$\begin{aligned}&\text{minimize}\sum_{i=1}^{N}g(\boldsymbol{z}_i)+\lambda\|\boldsymbol{S}\|_1\\&\text{subject to } \boldsymbol{A}_i\boldsymbol{x}_i-\boldsymbol{b}_i-\boldsymbol{z}_i=0\\&\boldsymbol{x}_i-\boldsymbol{S}=0\end{aligned}$$

其中

$$g(\boldsymbol{z})=\begin{cases}\frac{\|\boldsymbol{z}\|_2^2}{2}, & |\boldsymbol{z}|\leqslant\eta\\ \eta|\boldsymbol{z}|-\frac{\eta^2}{2}, & |\boldsymbol{z}|>\eta\end{cases}$$

其增广拉格朗日函数为

$$\begin{aligned}&L_\rho(\boldsymbol{x}_1,\boldsymbol{x}_2,\cdots,\boldsymbol{x}_N,\boldsymbol{z}_1,\boldsymbol{z}_2,\cdots,\boldsymbol{z}_N,\boldsymbol{S},\boldsymbol{t})\\=&\sum_{i=1}^{N}\left(\boldsymbol{g}_i(\boldsymbol{z}_i)+\frac{\rho_1}{2}\|\boldsymbol{A}_i\boldsymbol{x}_i-\boldsymbol{b}_i-\boldsymbol{z}_i+\boldsymbol{u}_i\|_2^2-\frac{\rho_1}{2}\|\boldsymbol{u}_i\|_2^2+\frac{\rho_2}{2}\|\boldsymbol{x}_i-\boldsymbol{S}+\boldsymbol{t}_i\|_2^2-\frac{\rho_2}{2}\|\boldsymbol{t}_i\|_2^2\right)+\\&\lambda\|\boldsymbol{S}\|_1\end{aligned}$$

ADMM 迭代更新过程

$$\begin{aligned}\boldsymbol{x}_i^{k+1}&=\underset{\boldsymbol{x}_i}{\operatorname{argmin}}\left(\frac{\rho_1}{2}\|\boldsymbol{A}_i\boldsymbol{x}_i-\boldsymbol{b}_i-\boldsymbol{z}_i+\boldsymbol{u}_i\|_2^2+\frac{\rho_2}{2}\|\boldsymbol{x}_i-\boldsymbol{S}+\boldsymbol{t}_i\|_2^2\right)\\\boldsymbol{z}^{k+1}&=\underset{\boldsymbol{z}}{\operatorname{argmin}}\left(g_i(\boldsymbol{z}_i)+\frac{\rho_1}{2}\|\boldsymbol{A}_i\boldsymbol{x}_i-\boldsymbol{b}_i-\boldsymbol{z}_i+\boldsymbol{u}_i\|_2^2\right)\\\boldsymbol{S}^{k+1}&=\underset{\boldsymbol{S}}{\operatorname{argmin}}\left(\sum_{i=1}^{N}\left(\frac{\rho_2}{2}\|\boldsymbol{x}_i-\boldsymbol{S}+\boldsymbol{t}_i\|_2^2\right)+\lambda\|\boldsymbol{S}\|_1\right)\\&=\underset{\boldsymbol{S}}{\operatorname{argmin}}\left(\lambda\|\boldsymbol{S}\|_1+\frac{N\rho_2}{2}\|\boldsymbol{S}-\boldsymbol{x}^{k+1}-\boldsymbol{t}^k\|_2^2\right)\\\boldsymbol{u}_i^{k+1}&=\boldsymbol{u}_i^k+\boldsymbol{A}_i\boldsymbol{x}_i^{k+1}-\boldsymbol{b}_i-\boldsymbol{z}_i^{k+1}\\\boldsymbol{t}_i^{k+1}&=\boldsymbol{t}_i^k+\boldsymbol{x}_i^{k+1}-\boldsymbol{S}^{k+1}\end{aligned}$$

令$\boldsymbol{\alpha}=\bar{\boldsymbol{x}}^{k+1}+\bar{\boldsymbol{t}}^{k}$，求解得

$$\boldsymbol{x}_i^{k+1}=(\rho_1\boldsymbol{A}_i^{\mathrm{T}}\boldsymbol{A}_i+\rho_2\boldsymbol{I})^{-1}[\rho_1\boldsymbol{A}_i^{\mathrm{T}}(\boldsymbol{b}_i+\boldsymbol{z}_i-\boldsymbol{u}_i)+\rho_2(\boldsymbol{S}-\boldsymbol{t}_i)]$$

$$\boldsymbol{z}_i^{k+1}=\begin{cases}\dfrac{\rho_1}{1+\rho_1}(\boldsymbol{A}_i\boldsymbol{x}_i^{k+1}-\boldsymbol{b}_i+\boldsymbol{u}_i^k), & |\boldsymbol{z}_i^k|\leqslant\eta\\ \boldsymbol{A}_i\boldsymbol{x}_i^{k+1}-\boldsymbol{b}_i+\boldsymbol{u}_i^k-\dfrac{\eta}{\rho_1}, & \boldsymbol{z}_i^k>\eta\\ \boldsymbol{A}_i\boldsymbol{x}_i^{k+1}-\boldsymbol{b}_i+\boldsymbol{u}_i^k+\dfrac{\eta}{\rho_1}, & \boldsymbol{z}_i^k<-\eta\end{cases}$$

$$\boldsymbol{S}^{k+1}=\begin{cases}\boldsymbol{\alpha}-\dfrac{\lambda}{N\rho_2}, & \boldsymbol{\alpha}>\dfrac{\lambda}{N\rho_2}\\ 0, & |\boldsymbol{\alpha}|<\dfrac{\lambda}{N\rho_2}\\ \boldsymbol{\alpha}+\dfrac{\lambda}{N\rho_2}, & \boldsymbol{\alpha}<-\dfrac{\lambda}{N\rho_2}\end{cases}$$

最终，按上述步骤就能完成基于样本划分的 Huber 回归分布式求解。

4.4 参考文献

[1] 余家林，孙季丰，李万益. 基于多核稀疏编码的三维人体姿态估计[J]. 电子学报，2016，44(8)：1899-1908.

[2] 王宪保，章国琼，姚明海. 稀疏编码改进方法及其在缺陷检测中的应用研究[J]. 小型微型计算机系统，2017，38(1)：165-168.

[3] 赵玉兰，苑全德，孟祥萍. 基于稀疏编码和机器学习的多姿态人脸识别算法[J]. 吉林大学学报(理学版)，2018，40(2)：340-346.

[4] Yanan L，Fei W，Zhihua Z，et al. Sparse Representation Using Nonnegative Curds and Whey [C]//IEEE Conference on Computer Vision and Pattern Recognition. IEEE，2010：3578-3585.

[5] Shenghua G，Wai Hung T，Liang Tien C，et al. Local features are not lonely—Laplacian sparse coding for image classification [C]//IEEE Computer Society Conference on Computer Vision and Pattern Recognition. San Francisco，California，USA：IEEE，2010：3555-3561.

[6] Wang J，Yang J，Yu K，et al. Locality-constrained Linear Coding for image classification [C]//IEEE Computer Society Conference on Computer Vision and Pattern Recognition. San Francisco，California，USA：IEEE，2010：3360-3367.

[7] Ramírez I，Lecumberry F，Sapiro G. Universal priors for sparse modeling [C]//2009 3rd IEEE International Workshop on Computational Advances in Multi-Sensor Adaptive Processing. IEEE，2009：197-200.

第5章 交替方向乘子法在图像处理中的应用

5.1 基于交替方向乘子法的全变差模糊图像恢复

图像恢复中的图像降噪去模糊是图像处理技术中的一个重要研究方向，图像恢复的主要目的是通过修正已有模糊或者噪声图像的退化现象来获得更为清晰的图像，用以解决实际生产中出现的问题。这些问题主要包括我们使用的成像系统可能存在的漏洞和缺陷；图像在成像的过程中和传输时产生的噪声会对图像的质量产生干扰；还有图像录取装置和实际目标之间由于出现相对运动而产生的运动模糊，比如摄影技术中的手抖、捕捉前进的目标抓拍等。图像的质量通过图像降噪去模糊技术可以得到有效的，能用眼睛直接观察到的提高，原始图像中携带的有效信息能够充分地体现出来。本章主要研究交替方向乘子法在图像降噪去模糊中的应用，ADMM算法通过对每一个像素点进行迭代收敛求解，最终得到与原始图像像素点相近似的准确值。

5.1.1 图像退化模型

图像退化的主要表现形式为图像模糊和图像受到噪声干扰。由于成像系统产生的图像退化的主要现象是图像模糊，所以图像恢复的基础工作就是去模糊[1]。在进行图像恢复时的详细思路主要包括，首先根据已知的退化图像建立出图像退化的模糊数学模型，然后根据已建立的退化模型对已有的模糊图像进行拟合，最终通过拟合得到恢复图像。

图像退化过程的数学模型可以看作是一个退化函数和一个加性噪声项，最开始输入的原始图像为 $f(x,y)$，经过退化函数处理后得到的退化图像 $g(x,y)$，其中退化函数为 $h(x,y)$，加性噪声项 $n(x,y)$。图像恢复的目的是通过已有的退化图像和已知的退化函数和加性噪声来求得关于原始图像的近似估计 $\hat{f}(x,y)$。在求解的过程最初，得到越多关于退化函数 $h(x,y)$ 和加性噪声 $n(x,y)$ 的信息，例如函数矩阵表达式，噪声种类等，我们所估计得到的复原图像 $\hat{f}(x,y)$ 就会越接近原始图像 $f(x,y)$。

如果图像退化模型中的退化函数 $h(x,y)$ 是一个线性的、退化过程中像素点位置不变

的过程，那么根据分析可以得到退化图像表达式

$$g(x,y)=h(x,y)*f(x,y)+n(x,y)$$

其中“$*$”表示空间卷积。在不失一般性的情况下，可以将图像恢复的线性退化模型改写为

$$\boldsymbol{f}=\boldsymbol{K}\boldsymbol{u}+\boldsymbol{\delta} \tag{5.1}$$

其中 $\boldsymbol{f}\in\Re^{n^2}$ 表示经过处理后的退化图像，$\boldsymbol{K}\in\Re^{n^2\times n^2}$ 表示退化过程中的模糊退化算子，$\boldsymbol{u}\in\Re^{n^2}$ 表示原始图像转化后的列向量，$\boldsymbol{\delta}\in\Re^{n^2}$ 表示加性噪声。

对于式(5.1)表示的图像降噪去模糊问题有很多解法，其中最基础的方法是用最大似然估计模型来进行求解，将其转换为求解一个最小二乘问题[2]

$$\min_{\boldsymbol{u}}\|\boldsymbol{K}\boldsymbol{u}-\boldsymbol{f}\|_2^2$$

但是该模型不实用，因为图像的恢复问题中大多数退化图像都是存在噪声的，实际处理中都是病态的，不可微分的。因此，常见的方式是在最优化的模型中引入相应的正则项，将模型变更为

$$\min_{\boldsymbol{u}}\frac{\mu}{2}\|\boldsymbol{K}\boldsymbol{u}-\boldsymbol{f}\|_2^2+\Phi(\boldsymbol{u})$$

其中，μ 是正则化参数，特殊地，当 $\Phi(\boldsymbol{u})=TV(\boldsymbol{u})$ 时，即为 Rudin 等提出的图像全变差模型[3]

$$\min_{\boldsymbol{u}}\frac{\mu}{2}\|\boldsymbol{K}\boldsymbol{u}-\boldsymbol{f}\|_2^2+\sum_{i=1}^{n^2}\|\nabla_i\boldsymbol{u}\|$$

其中$\nabla=(\nabla_v;\nabla_h)$表示水平和垂直两个方向的一阶差分算子，$\nabla_i\boldsymbol{u}=[(\nabla_v\boldsymbol{u})_i;(\nabla_h\boldsymbol{u})_i]\in\Re^2$ 表示 $\boldsymbol{u}$ 在 i 像素点两个方向的离散梯度，$\sum\|\nabla_i\boldsymbol{u}\|$ 表示 $\boldsymbol{u}$ 的离散全变差（Total Variation，TV）。$\|\nabla_i\boldsymbol{u}\|$ 取 l_1 范数时表示图像各向异性的离散全变差，取 l_2 范数时表示图像各向同性的离散全变差。

5.1.2　ADMM 算法图像恢复推导过程

各向同性全变差情况下，目标函数如下，

$$\min_{\boldsymbol{u}}\frac{\mu}{2}\|\boldsymbol{K}\boldsymbol{u}-\boldsymbol{f}\|_2^2+\sum_{i=1}^{n^2}\|\nabla_i\boldsymbol{u}\|_2 \tag{5.2}$$

根据交替方向乘子法的推导，对每个像素点引入 $\boldsymbol{\omega}_i=[(\omega_v)_i;(\omega_h)_i]\in\Re^2$ 将 $\nabla_i\boldsymbol{u}$ 从不可微分的部分转换出来[4]，式(5.2)的增广拉格朗日函数为

$$L_\rho(\boldsymbol{u},\boldsymbol{\omega},\boldsymbol{e})=\underset{\boldsymbol{u},\boldsymbol{\omega},\boldsymbol{e}}{\operatorname{argmin}}\frac{\mu}{2}\|\boldsymbol{K}\boldsymbol{u}-\boldsymbol{f}\|_2^2+\sum_{i=1}^{n^2}\|\omega_i\|_2+\frac{\beta}{2}\sum_{i=1}^{n^2}\|\nabla_i\boldsymbol{u}-\omega_i+\boldsymbol{e}_i\|_2^2$$

利用 ADMM 框架求解的结果为

$$\boldsymbol{\omega}_i^{k+1}=\operatorname*{argmin}_{\boldsymbol{\omega}_i}\sum_{i=1}^{n^2}\|\boldsymbol{\omega}_i^k\|_2+\frac{\beta}{2}\sum_{i=1}^{n^2}\|\nabla_i\boldsymbol{u}^k-\boldsymbol{\omega}_i^k+\boldsymbol{e}_i^k\|_2^2$$

$$\boldsymbol{e}_i^{k+1}=\boldsymbol{e}_i^k+\boldsymbol{u}_i^k-\boldsymbol{\omega}_i^{k+1}$$

$$\boldsymbol{u}_i^{k+1}=\operatorname*{argmin}_{\boldsymbol{u}_i}\frac{\mu}{2}\|\boldsymbol{K}\boldsymbol{u}^k-\boldsymbol{f}\|_2^2+\frac{\beta}{2}\sum_{i=1}^{n^2}\|\nabla_i\boldsymbol{u}^k-\boldsymbol{\omega}_i^{k+1}+\boldsymbol{e}_i^{k+1}\|_2^2)$$

对于$\boldsymbol{\omega}_i^{k+1}$的更新，各向同性全变差时可以参考 2D(two-dimensional)-shrinkage 式

$$\boldsymbol{\omega}_i^{k+1}=\max\left\{\|\nabla_i\boldsymbol{u}^k+\boldsymbol{e}_i^k\|-\frac{1}{\beta},0\right\}\frac{\nabla_i\boldsymbol{u}^k+\boldsymbol{e}_i^k}{\|\nabla_i\boldsymbol{u}^k+\boldsymbol{e}_i^k\|},\quad i=1,2,\cdots,n^2$$

在各向异性全变差时，

$$\boldsymbol{\omega}_i^{k+1}=\max\left\{|\nabla_i\boldsymbol{u}^k+\boldsymbol{e}_i^k|-\frac{1}{\beta},0\right\}\operatorname{sgn}(\nabla_i\boldsymbol{u}^k+\boldsymbol{e}_i^k),\quad i=1,2,\cdots,n^2$$

对于$\boldsymbol{u}_i^{k+1}$的更新，在$\boldsymbol{\omega}_i^{k+1}$固定时，令

$$q(\boldsymbol{u})=\frac{\mu}{2}\|\boldsymbol{K}\boldsymbol{u}^k-\boldsymbol{f}\|_2^2+\frac{\beta}{2}\sum_{i=1}^{n^2}\|\nabla_i\boldsymbol{u}^k-\boldsymbol{\omega}_i^{k+1}+\boldsymbol{e}_i^{k+1}\|_2^2)$$

其最小值在驻点处取得

$$\left(\sum_i\nabla_i^{\mathrm{T}}\nabla_i+\frac{\mu}{\beta}\boldsymbol{K}^{\mathrm{T}}\boldsymbol{K}\right)\boldsymbol{u}^{k+1}=\sum_i\nabla_i^{\mathrm{T}}(\boldsymbol{\omega}_i^{k+1}-\boldsymbol{e}_i^{k+1})+\frac{\mu}{\beta}\boldsymbol{K}^{\mathrm{T}}\boldsymbol{f}$$

简化得到

$$\left(\nabla_v^{\mathrm{T}}\nabla_v+\nabla_h^{\mathrm{T}}\nabla_h+\frac{\mu}{\beta}\boldsymbol{K}^{\mathrm{T}}\boldsymbol{K}\right)\boldsymbol{u}^{k+1}=\nabla_v^{\mathrm{T}}(\boldsymbol{\omega}_v^{k+1}-\boldsymbol{e}_v^{k+1})+\nabla_h^{\mathrm{T}}(\boldsymbol{\omega}_h^{k+1}-\boldsymbol{e}_h^{k+1})+\frac{\mu}{\beta}\boldsymbol{K}^{\mathrm{T}}\boldsymbol{f}$$

参考文献[5]和文献[6]可知$\nabla_v^{\mathrm{T}}\nabla_v$，$\nabla_h^{\mathrm{T}}\nabla_h$和$\boldsymbol{K}^{\mathrm{T}}\boldsymbol{K}$在二维空间中，可用离散傅里叶变换将其进行对角化处理

$$\boldsymbol{u}^{k+1}=\mathcal{F}^{-1}\left(\frac{\mathcal{F}(\nabla_v)^*\circ\mathcal{F}(\boldsymbol{\omega}_v^{k+1}-\boldsymbol{e}_v^{k+1})+\mathcal{F}(\nabla_h)^*\circ\mathcal{F}(\boldsymbol{\omega}_h^{k+1}-\boldsymbol{e}_h^{k+1})+(\mu/\beta)\mathcal{F}(\boldsymbol{K})^*\circ\mathcal{F}(\boldsymbol{f})}{\mathcal{F}(\nabla_v)^*\circ\mathcal{F}(\nabla_v)+\mathcal{F}(\nabla_h)^*\circ\mathcal{F}(\nabla_h)+(\mu/\beta)\mathcal{F}(\boldsymbol{K})^*\circ\mathcal{F}(\boldsymbol{K})}\right)$$

其中“$*$”为复共轭函数，“$\circ$”为矩阵对应元素相乘，$\mathcal{F}(\cdot)$表示各函数的傅里叶变换。一组图像恢复的简单效果如图 5.1 所示。

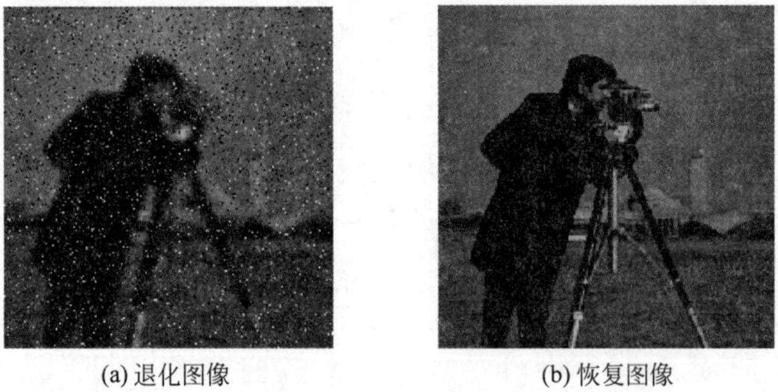

(a) 退化图像　　(b) 恢复图像

图 5.1　交替方向乘子法图像去噪简单示例

5.2 基于交替方向乘子法的遥感图像融合

21世纪前后，随着多颗遥感卫星 IKONOS、QuickBird、Landsat-8、WorldView-3 等发射升空，现在能获得丰富的关于同一地区的不同光谱分辨率、时间分辨率和空间分辨率的遥感图像，遥感图像已经在许多领域广泛使用，例如，目标跟踪、特征提取、植被制图、气候变化评估、环境监测等。由于传感器技术及成本的限制，不同传感器在不同波段的成像原理及工作环境需求存在差距[7]，单一传感器获取的遥感信息的光谱波段、时间效应和空间分辨率都存在局限性和差异性，通常单一传感器最后的成像都不能提取足够的特征和信息来满足某种应用的需要。遥感卫星通常只能获得具有高分辨率的全色图像(Panchromatic image, Pan image)和低分辨率的多光谱图像(Low Resolution MultiSpectral image, LRMS image)。为了更好的应用效果，实际应用中都是将两者融合产生高分辨率的多光谱图像(High Resolution MultiSpectral image, HRMS image)，这一融合过程也称作全锐化(Pan-sharpening)，自2000年以来，Pan-sharpening 也成为一个研究热点[8]。

5.2.1 基于变分框架的图像融合方法

传统的遥感图像融合算法主要是基于成分置换[9-12]和基于多分辨率分析的方法[13-16]，基于成分置换的方法计算效率高，但是融合的结果具有严重的光谱扭曲；而基于多分辨率分析的方法在经过多分辨率分解后，全色图像将丢失部分细节。为了解决成分替换和多分辨率分析方法在图像融合时更注重空间结构信息或光谱信息的情况，参照图像模糊处理的思想，研究者们提出使用变分框架来求解遥感图像融合问题。在图像处理中，获得的图像经常会出现噪声、模糊等病态问题，将图像的先验信息引入作为正则化约束，通过求解最小化的反问题来获得清晰的图像。在遥感图像融合领域，通过假设理想高空间分辨率融合图像与低空间分辨率多光谱图像及全色图像之间的关系来建立能量函数，使用优化算法来求解能量函数，利用权重参数来调整光谱信息和空间结构信息的比重，最终获得高质量的融合图像。由 Ballester 等[17]提出了第一个基于变分模型的遥感图像融合算法“P+XS”，其目标函数包含光谱保真项、结构保真项以及正则化项，后续基于变分模型的遥感图像融合算法大多参照了“P+XS”的框架，这类方法的目标函数可以总结为

$$\mathcal{L}(\boldsymbol{X})=\lambda_1 f_1(\boldsymbol{X},\boldsymbol{Y})+\lambda_2 f_2(\boldsymbol{X},\boldsymbol{P})+\beta f_3(\boldsymbol{X}) \tag{5.3}$$

其中，λ_1、λ_2 和 β 是权重参数，$\boldsymbol{X}$ 表示融合的多光谱图像，$\boldsymbol{Y}$ 表示原始的多光谱图像，$\boldsymbol{P}$ 表示全色图像，$f_1(\boldsymbol{X},\boldsymbol{Y})$ 表示融合图像的光谱信息与原始多光谱图像的光谱信息之间的约束关系，$f_2(\boldsymbol{X},\boldsymbol{P})$ 表示融合图像的空间结构信息与全色图像的空间结构信息之间的约束关系，$f_3(\boldsymbol{X})$ 表示对解空间进行约束的先验信息。针对空间结构信息保真项，通常假设融合图像

的所有波段的线性组合与全色图像相近，图像的空间结构信息可以用梯度信息来表示[18]，即

$$\nabla \boldsymbol{P}=\sum_{b=1}^{B}\omega_b\ \nabla \boldsymbol{X}_b+\boldsymbol{\varepsilon} \tag{5.4}$$

其中，ω_b 表示调制传递函数(Modulation Transfer Function，MTF)系数[19]，是通过对不同卫星数据进行分析，使用概率模型去求解各个卫星中多光谱图像每一层通道与全色图像之间的关系得到的系数。MTF 系数得到了广泛认可，并且实际应用时能有效减少误差。∇表示求取图像的梯度信息的算子，$\boldsymbol{\varepsilon}$ 表示服从高斯分布$\mathcal{N}(0,\sigma_1^2)$的噪声或者误差，实际中希望这个误差越小越好。从式(5.4)可以看出，由于图像中噪声的随机性，不同提取梯度信息的算子可以取得不同的效果[20,21]。基于变分模型的算法能有效解决光谱信息或结构信息单一侧重的问题，但是其求解的过程中大量的权重参数以及迭代次数的优化致使模型很难取得最优值。

Zeng 等在通过大量统计实验确定了 $l_{1/2}$ 范数即拉普拉斯分布更加适用于遥感图像梯度信息的约束，由于 $l_{1/2}$ 范数不便于求解，所以在文中适用 $l_1-\alpha l_2$ 来估计 $l_{1/2}$ 范数的先验信息[22]。在此基础上，结合凸函数插值法[23]的收敛性，利用交替方向乘子法求解模型。

模型在光谱保真项假设融合图像通过一个卷积核模糊后与原始多光谱图像上采样产生的模糊一致，在结构保真项使用了水平、垂直和两个对角方向的梯度信息。由于引入了模糊产生了噪声，最后还需要增加一项正则化项，根据众多图像梯度角的分析，最后确定并使用拉普拉斯范数约束作为先验信息，且 α 取 0.5，其目标函数如式(5.5)所示

$$\begin{aligned}\mathcal{L}(\boldsymbol{X})=&\frac{\lambda_1}{2}\sum_{b=1}^{B}\|\boldsymbol{k}*\boldsymbol{X}_b-\boldsymbol{Y}_b\uparrow\|_2^2+\frac{\lambda_2}{2}\left\|G\left(\sum_{b=1}^{B}\boldsymbol{\omega}_b\boldsymbol{X}_b-\boldsymbol{P}\right)\right\|_1+\\&\frac{\eta}{2}\sum_{b=1}^{B}\left(\|\nabla_h\boldsymbol{X}_b\|_1+\|\nabla_v\boldsymbol{X}_b\|_1-0.5\sqrt{\|\nabla_h\boldsymbol{X}_b\|^2+\|\nabla_v\boldsymbol{X}_b\|^2}\right)\end{aligned} \tag{5.5}$$

其中，$\boldsymbol{k}$ 表示 5×5 的均值卷积核，$\boldsymbol{\omega}_b$ 为各个波段的权重，在文献[22]中取值为$\frac{1}{B}$，最后利用 ADMM 算法求解即可。由于权重取的平均数，没有充分考虑到卫星之间的差异，只能在部分卫星数据得到出色的效果，理论上使用 MTF 系数替换能取得更好的融合图像结果。

5.2.2 基于增强稀疏结构一致性的遥感图像融合

变分模型通过各类梯度算子获得图像的先验信息，将包含合适先验信息的能量函数融入遥感图像融合问题的求解中，将全锐化问题转化为优化问题。变分模型的一阶前向差分算子在提取图像结构信息时的具体表现如图 5.2 所示，从图 5.2(b)和图 5.2(c)可以看见垂直和水平方向的梯度算子能够完整地提取出图像的边缘轮廓，而从图 5.2(d)可以发现采用叠加梯度信息较之水平和垂直能够获得更丰富的结构信息。

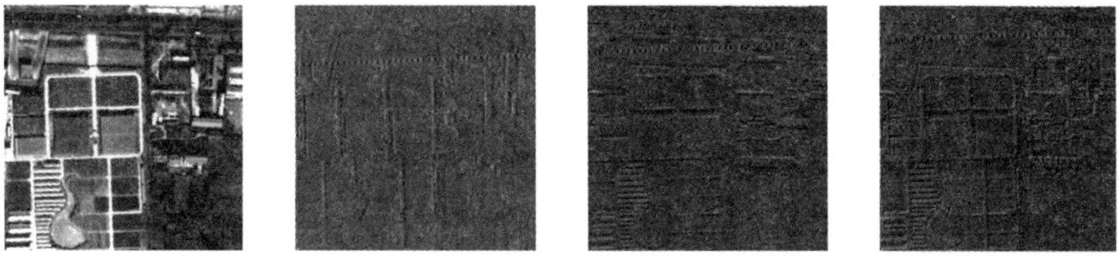

(a) 全色图像PAN　　(b) ∇_h PAN　　(c) ∇_vPAN　　(d) $(\nabla_h+\nabla_v)$PAN

图 5.2　全色图像不同方向的梯度结构信息对比图

变分模型通过梯度算子提取全色图像的结构信息，并假设已有的 LRMS 图像上采样后与融合图像经过模糊算子处理后一致，将对光谱信息的假设及提取全色图像结构信息的两步分别用能量函数表示，本章参考式(5.3)构建待求解优化模型，对于叠加梯度信息的变分融合模型表示为

$$\boldsymbol{X}_b^{j+1}=\arg\min_{\boldsymbol{X}_b}\frac{1}{2}\sum_{b=1}^{B}\|\boldsymbol{k}*\boldsymbol{X}_b-\boldsymbol{Y}_b\|_2^2+\lambda\left\|\sum_{b=1}^{B}\omega_b(\nabla_v+\nabla_h)\boldsymbol{X}_b-(\nabla_v+\nabla_h)\boldsymbol{P}\right\|_1+\sum_{b=1}^{B}\|\nabla_v\boldsymbol{X}_b\|_1+\sum_{b=1}^{B}\|\nabla_h\boldsymbol{X}_b\|_1$$

其中 $b=1,2,\cdots,B$ 表示 LRMS 图像的通道数，$\boldsymbol{k}$ 表示模糊算子，$\boldsymbol{X}_b=(\boldsymbol{X}_1,\boldsymbol{X}_2,\cdots,\boldsymbol{X}_B)$表示融合图像，$\boldsymbol{Y}_b=(\boldsymbol{Y}_1,\boldsymbol{Y}_2,\cdots,\boldsymbol{Y}_B)$表示 LRMS 图像，$\lambda$ 是优化参数，∇_h，∇_v 分别表示在水平和垂直方向的梯度算子。模型最后求解得到的 $\boldsymbol{X}$ 就是需要的融合图像。引入增广拉格朗日乘子后等于是求一个最小化问题，表示为

$$\begin{aligned}\boldsymbol{X}_b^{j+1}=&\arg\min_{\boldsymbol{X}_b,\boldsymbol{S}_b,\boldsymbol{e}_b,\boldsymbol{w}_{b,v},\boldsymbol{w}_{b,h},\boldsymbol{u}_{b,v},\boldsymbol{u}_{b,h}}\frac{1}{2}\sum_{b=1}^{B}\|\boldsymbol{k}*\boldsymbol{X}_b-\boldsymbol{Y}_b\|_2^2+\lambda\|\boldsymbol{S}_b\|_1+\\&\frac{\beta}{2}\left\|\sum_{b=1}^{B}\omega_b(\nabla_v+\nabla_h)\boldsymbol{X}_b-(\nabla_v+\nabla_h)\boldsymbol{P}-\boldsymbol{S}_b+\boldsymbol{e}_b\right\|_2^2+\\&\frac{\eta}{2}\|\nabla_v\boldsymbol{X}_b-\boldsymbol{w}_{b,v}+\boldsymbol{u}_{b,v}\|_2^2+\frac{\eta}{2}\|\nabla_h\boldsymbol{X}_b-\boldsymbol{w}_{b,h}+\boldsymbol{u}_{b,h}\|_2^2+\\&\|\boldsymbol{w}_{b,v}\|_1+\|\boldsymbol{w}_{b,h}\|_1\end{aligned}$$

其中$\boldsymbol{S}_b$，$\boldsymbol{e}_b$，$\boldsymbol{w}_{b,v}$，$\boldsymbol{w}_{b,h}$，$\boldsymbol{u}_{b,v}$，$\boldsymbol{u}_{b,h}$ 为拉格朗日乘子，β 和 η 表示正则化参数，ω_b 为 MTF 系数。交替方向乘子法求解过程如下。

(1) 结构保真项求解

$$\boldsymbol{S}_b^{j+1}=\text{shrink}\left(\sum_{b=1}^{B}\omega_b(\nabla_v+\nabla_h)\boldsymbol{X}_b^j-(\nabla_v+\nabla_h)\boldsymbol{P}+\boldsymbol{e}_b^j,\frac{\lambda}{2\beta}\right)$$

$$\boldsymbol{e}_b^{j+1}=\boldsymbol{e}_b^j+\sum_{b=1}^{B}\omega_b(\nabla_v+\nabla_h)\boldsymbol{X}_b^j-(\nabla_v+\nabla_h)\boldsymbol{P}-\boldsymbol{S}_b^{j+1}$$

其中 shrink($*$)表示收缩算子，其一维形式表示为(此时 x 为标量)

$$\text{shrink}(x,\lambda)=\frac{x}{|x|}*\max(|x|-\lambda,0)$$

（2）先验项求解

$$\boldsymbol{w}_b^{j+1}=\text{shrink}\left(\nabla\boldsymbol{X}_b^j+\boldsymbol{u}_b^j,\frac{1}{\eta}\right)$$

$$\boldsymbol{u}_b^{j+1}=\boldsymbol{u}_b^j+\nabla\boldsymbol{X}_b^j-\boldsymbol{w}_b^{j+1}$$

（3）求解还原高分辨率多光谱图像 $\boldsymbol{X}$

利用增广拉格朗日乘子函数对$\boldsymbol{X}_b$ 求偏导，其他变量都当作常数，令导数为 0，得到等式

$$\begin{aligned}&[\boldsymbol{K}^{\mathrm{T}}\boldsymbol{K}+\lambda(\nabla_h^{\mathrm{T}}\nabla_h+\nabla_v^{\mathrm{T}}\nabla_v+\nabla_v^{\mathrm{T}}\nabla_h+\nabla_h^{\mathrm{T}}\nabla_v)+\eta(\nabla_h^{\mathrm{T}}\nabla_h+\nabla_v^{\mathrm{T}}\nabla_v)]\boldsymbol{X}_b^{j+1}\\&=\boldsymbol{K}^{\mathrm{T}}\boldsymbol{Y}_b+\lambda\omega_b\sum_q\nabla_q^{\mathrm{T}}\left[(\nabla_v+\nabla_h)\left(\boldsymbol{P}-\sum_{i\neq b}\omega_i\boldsymbol{X}_i^j\right)+\boldsymbol{S}_b^{j+1}-\boldsymbol{e}_b^{j+1}\right]+\eta\sum_q\nabla_q^{\mathrm{T}}(\boldsymbol{w}_b^{j+1}-\boldsymbol{u}_b^{j+1})\end{aligned}$$

其中，q 包含 v、h 两个方向，其中 $\boldsymbol{K}$ 是由模糊卷积核 $\boldsymbol{k}$ 的点扩散函数得到的模糊矩阵。为了表示的方便，将等式右边的部分令为$\boldsymbol{\xi}_b$，在周期边界条件下，借助傅里叶变换，可得

$$\boldsymbol{X}_b^{j+1}=\mathcal{F}^{-1}\left(\frac{\mathcal{F}\boldsymbol{\xi}_b}{\boldsymbol{\Lambda}_1+(\lambda+\eta)\boldsymbol{\Lambda}_2+\lambda\boldsymbol{\Lambda}_3}\right)$$

其中

$$\begin{aligned}\mathcal{F}\boldsymbol{\xi}_b=&\mathcal{F}(\boldsymbol{K})^*\circ\mathcal{F}(\boldsymbol{Y}_b)+\lambda\omega_b\mathcal{F}(\nabla_v)^*\circ\mathcal{F}\left((\nabla_v+\nabla_h)\left(\boldsymbol{P}-\sum_{i\neq b}\omega_i\boldsymbol{X}_i^j\right)+\boldsymbol{S}_b^{j+1}-\boldsymbol{e}_b^{j+1}\right)+\\&\lambda\omega_b\mathcal{F}(\nabla_h)^*\circ\mathcal{F}\left((\nabla_v+\nabla_h)\left(\boldsymbol{P}-\sum_{i\neq b}\omega_i\boldsymbol{X}_i^j\right)+\boldsymbol{S}_b^{j+1}-\boldsymbol{e}_b^{j+1}\right)+\\&\eta\mathcal{F}(\nabla_v)^*\circ\mathcal{F}(\boldsymbol{w}_{b,v}^{j+1}-\boldsymbol{u}_{b,v}^{j+1})+\eta\mathcal{F}(\nabla_h)^*\circ\mathcal{F}(\boldsymbol{w}_{b,h}^{j+1}-\boldsymbol{u}_{b,h}^{j+1})\end{aligned}$$

$$\boldsymbol{\Lambda}_1=\mathcal{F}(\boldsymbol{K})^*\circ\mathcal{F}(\boldsymbol{K})$$

$$\boldsymbol{\Lambda}_2=\mathcal{F}(\nabla_v)^*\circ\mathcal{F}(\nabla_v)+\mathcal{F}(\nabla_h)^*\circ\mathcal{F}(\nabla_h)$$

$$\boldsymbol{\Lambda}_3=2*\mathcal{F}(\nabla_v)^*\circ\mathcal{F}(\nabla_h)$$

5.2.3 实验结果与分析

为了简单地验证本章提出的算法能有效提升融合图像的质量，采用 WorldView-3 卫星的遥感图像和几种传统的方法进行一组快速的仿真实验，在遥感图像融合中的质量评价中常用的指标有评价光谱质量的 SAM 和 ERGAS、评价空间信息质量的 SCC、图像整体质量相关的 Q_n。实现及结果的比较都使用 MATLAB 2018 平台，具有 CPU Intel i7、16GB RAM 的计算机上进行，直接采用大小为 128×128 的 LRMS 图像和 512×512 的 PAN 图像进行融合。融合图像如图 5.3 所示。

如图 5.3 所示是基于 WorldView-3 卫星的实测图像及各种算法仿真实验的融合结果，其中低分辨率的 LRMS 图像和高分辨率的 PAN 图像分别对应于图 5.3(a)和图 5.3(b)，其分辨率大小分别为 128×128 和 512×512，提供参考的高分辨率的 HRMS 图像对应图 5.3(c)，

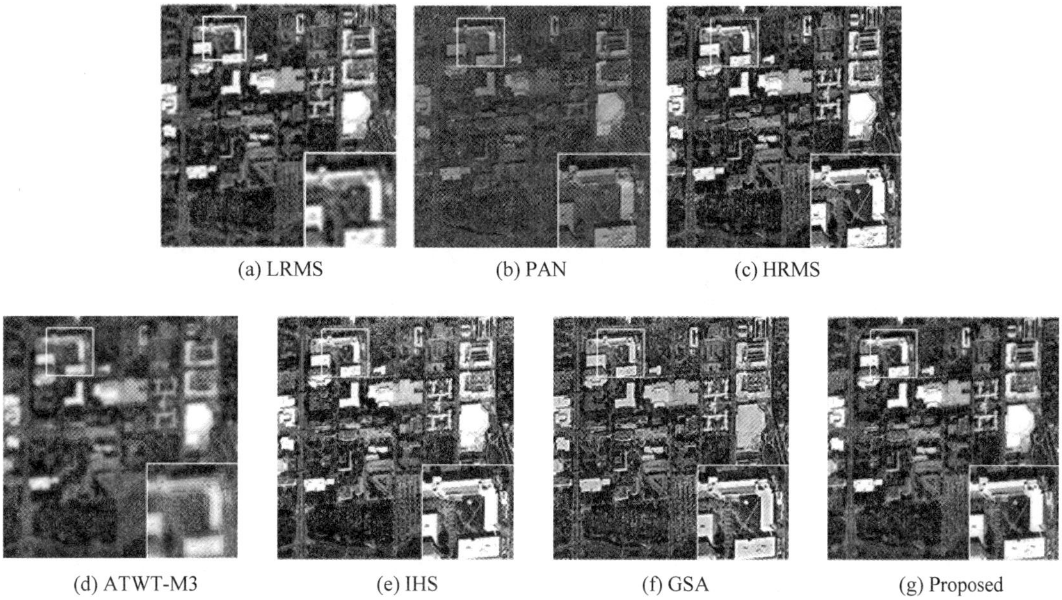

图 5.3 WorldView-3 图像仿真实验融合结果对比(512×512 像素)

各种算法的融合结果直观图像展示对应图 5.3(d)～图 5.3(g)。所有需要上采样的算法融合时都采用双三次样条插值算法将 LRMS 图像上采样到 512×512 的大小来进行仿真实验。同时我们将图 5.3(a)～图 5.3(g)中小框选取的区域进行放大显示在各个图像的右下角。

从小框选取的区域放大后的图像能直接看出在本章算法更加优异,树枝阴影等细节部分光谱信息也更加完整。IHS 算法在部分深色区域如停车场处与原图相比有一定的空间结构信息丢失;GSA 在空间结构信息的保存中引入了过多的噪声;ATWT-M3 直观上建筑物的空间结构是还原了,但是有过度锐化的表现。同样在表 5.1 的指标评估上也能得出对应的结论。

表 5.1 基于 WorldView-3 卫星的仿真实验融合结果评价

方法	SAM	ERGAS	Q_4	SCC
ATWT-M3	8.0478	6.5208	0.7137	0.7717
IHS	9.0484	7.5376	0.7967	0.8067
GSA	9.0663	8.0416	0.7540	0.7763
提出算法	**7.3570**	**6.2200**	**0.8053**	**0.8404**
参考	0	0	1	1

5.3 参考文献

[1] 贺兴华. MATLAB 7.X 图像处理[M]. 北京：人民邮电出版社，2006.

[2] 张峥嵘，孙玉宝，黄丽丽，等. 全变差图像恢复的交替方向乘子法[J]. 计算机工程与应用 2010，46(14)：8-11.

[3] Rudin L I, Osher S. Total variation based image restoration with free local constraints[C]//IEEE International Conference on Image Precessing. IEEE Xplore, 1994:31-35.

[4] Wang Y, Yang J, Yin W, et al. A New Alternating Minimization Algorithm for Total Variation Image Reconstruction[J]. SIAM Journal on Imaging Sciences, 2008, 1(3): 248-272.

[5] Rafael C. Gonzalez, Richard E. Woods. Digital Image Processing[J]. prentice hall international, 2008, 28(4): 484 - 486.

[6] Ng M K, Chan R H, Tang W C. A Fast Algorithm for Deblurring Models with Neumann Boundary Conditions[J]. Siam Journal on Scientific Computing, 1999, 21(3): 851-866.

[7] Thomas C, Ranchin T, Wald L, et al. Synthesis of multispectral images to high spatial resolution: A critical review of fusion methods based on remote sensing physics [J]. IEEE Transactions on Geoscience and Remote Sensing, 2008, 46(5): 1301-1312.

[8] Liu Y, Liu S, Wang Z. A general framework for image fusion based on multi-scale transform and sparse representation[J]. Information Fusion, 2015, 24:147-164.

[9] Ji F, Li Z R, Chang X, et al. Remote Sensing Image Fusion Method Based on PCA and NSCT Transform [J]. Journal of Graphics, 2017, 38(2): 247-252.

[10] Choi M. A new intensity-hue-saturation fusion approach to image fusion with a tradeoff parameter [J]. IEEE Transactions on Geoscience and Remote Sensing, 2006, 44(6): 1672-1682.

[11] Rahmani S, Strait M, Merkurjev D, et al. An Adaptive IHS Pan-Sharpening Method[J]. IEEE Geoscience and Remote Sensing Letters, 2010, 7(4): 746-750.

[12] Xu L, Zhang Y M, Gao Y N, et al. Using guided filtering to improve gram-schmidt based Pansharpening method for GeoEye-1 satellite images[C]//International Conference on Information Systems and Computing Technology. Paris, France: Atlantis Press, 2016: 33-37.

[13] Ranchin T, Wald L. Fusion of high spatial and spectral resolution images: The ARSIS concept and its implementation [J]. Photogrammetric Engineering & Remote Sensing, 2000, 66(2): 49-61.

[14] Otazu X, Gonzalez-Audicana M, Fors O, et al. Introduction of sensor spectral response into image fusion methods. Application to wavelet-based methods[J]. IEEE Transactions on Geoscience and Remote Sensing, 2005, 43(10): 2376-2385.

[15] Aiazzi B, Alparone L, Baronti S, et al. MTF-tailored Multiscale Fusion of High-resolution MS and Pan Imagery[J]. Photogrammetric Engineering & Remote Sensing, 2006, 72(5): 591-596.

[16] Khan M M, Alparone L, Chanussot J. Pansharpening quality assessment using the modulation transfer functions of instruments[J]. IEEE transactions on geoscience and remote sensing, 2009, 47(11): 3880-3891.

[17] Ballester C, Caselles V, Igual L, et al. A variational model for P + XS image fusion [J]. International Journal of Computer Vision, 2006, 69(1): 43-58.

[18] Piella G. Image fusion for enhanced visualization: A variational approach[J]. International journal of

computer vision, 2009, 83(1): 1-11.

[19] Aiazzi B, Alparone L, Baronti S, et al. MTF-tailored Multiscale Fusion of High-resolution MS and Pan Imagery[J]. Photogrammetric Engineering & Remote Sensing, 2006, 72(5): 591-596.

[20] Baronti S, Aiazzi B, Selva M, et al. A theoretical analysis of the effects of aliasing and misregistration on pansharpened imagery[J]. IEEE Journal of Selected Topics in Signal Processing, 2011, 5(3): 446-453.

[21] Shan Q, Jia J Y, Agarwala A. High-quality motion deblurring from a single image[J]. Acm transactions on graphics (tog), 2008, 27(3): 1-10.

[22] Zeng D L, Hu Y W, Huang Y, et al. Pan-sharpening with structural consistency and $l1/2$ gradient prior [J]. Remote Sensing Letters, 2016, 7(12): 1170-1179.

[23] Tao P D, An L T H. A DC optimization algorithm for solving the trust-region subproblem[J]. SIAM Journal on Optimization, 1998, 8(2): 476-505.

第 6 章

加权 Huber 约束稀疏表达的鲁棒性算法

本章内容以人脸识别场景为例，展示 ADMM 在创新中及其学习算法中的应用。在真实的人脸图像中，存在复杂的遮挡环境变化。如何降低人脸图像的噪声和离群值对编码残差的影响是回归分析中鲁棒性研究的基本问题。另外，基于回归分析的分类器需要有效利用人脸图像中存在的类间变化和类内变化，使得分类更加容易。对算法添加权重是一种抑制噪声和离群值的有效方式。同时，Huber 函数根据阈值自动匹配保真项，可以使得编码系数更符合真实分布，提高算法鲁棒性。

6.1 Sigmoid 权重

人脸识别中的类间变化和类内变化旨在降低类内变化和增大类间变化，从而更容易区分人脸图像的类别。特征权重的学习为此提供了一种解决思路[1,2]。设计一种针对训练样本的权重，使噪声或离群值获得低权重值，从而降低训练样本中噪声或异常值的影响[3]。从这个角度出发，许多加权回归算法被开发出来。Z. Fan 和 M. Yang 等在 SRC 基础上提出加权 SRC(Weighted Sparse Representation based Classification, WSRC)[4]和迭代重新加权分类器(Iterative Re-weighted Sparse Representation based Classification, RSRC)[2]。另外包括加权 CRC(Weighted Collaborative Representation based Classification, WCRC)[5]和自适应权重学习的迭代重约束稀疏人脸识别(IRGSC)。

在人脸图像识别领域，众多学者提出了各种各样的权重模型，但是权重系数作用于图像像素点的本质是消除噪声区域对编码残差计算的贡献。

在实际分类中，可以认为遮挡点完全是干扰作用，并且应该被消除。图 6.1(c)、图 6.1(e)和图 6.1(g)是权重约束的线性拟合图像。可以观察到图 6.1(c)～图 6.1(g)看起来像是从图 6.1(a)中剔除噪声后保留有效像素点的人脸图像。图 6.1(g)看起来比较特别，因为白色块噪声的权重系数为零，使得这些像素点灰度值为零，对应[0,255]灰度图像中的黑色。

将查询样本与不同类别的训练样本比较，噪声像素点都会被赋予一个极小的非负权重系数。所以，权重的目的是消除噪声区，保留有效信息区域。例如在图 6.1 中，对于查询样

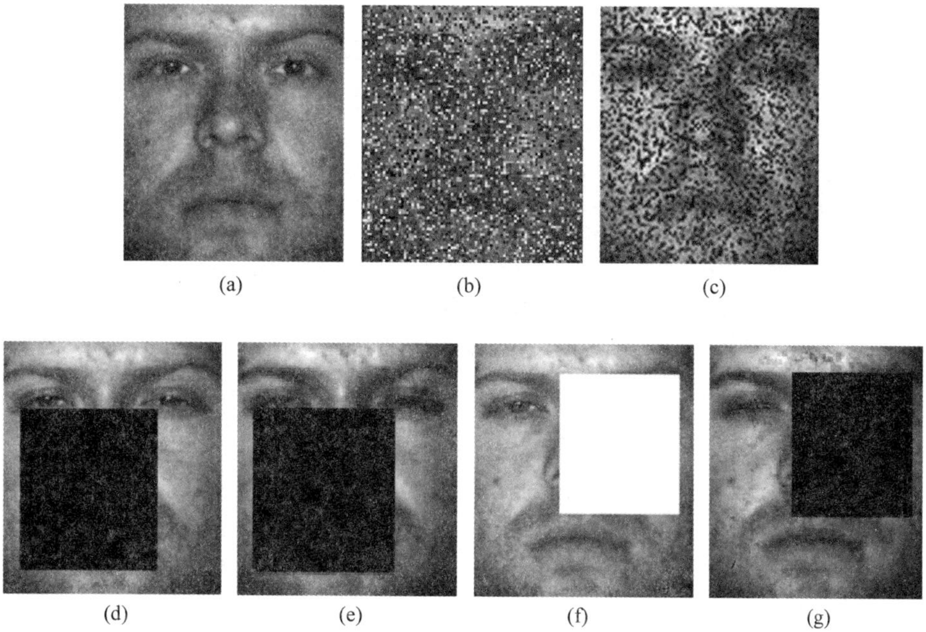

图 6.1　加权的拟合图像与真实图像的对比图

注：(a)是训练样本，(b)、(d)、(f)分别是 50%高斯噪声、30%黑色块遮挡和 30%白色块遮挡的查询样本，(c)、(e)、(g)分别是 50%高斯噪声、30%黑色块遮挡和 30%白色块遮挡的拟合图像。

本(d)和拟合图像(e)，黑色块区域的权重系数为零，其线性拟合图像在该区域任意灰度值都变成零，同时对应的编码残差也是零。同理，(f)和(g)也不会受到白色块区域的影响。

Sigmoid 权重 $\boldsymbol{w}=[w_1,w_2,\cdots,w_m]\in\Re^{m\times 1}$。$\boldsymbol{w}_m$ 是训练样本 $\boldsymbol{X}\in\Re^{m\times n}$ 中的第 m 个权重，e_m 是第 m 个像素点的残差，w_m 设置为以下 Sigmoid 函数[2]

$$w_m(e_m)=\frac{1}{1+\exp\left(-q\left(\frac{\delta-e_m^2}{\delta}\right)\right)} \tag{6.1}$$

其中，δ 是残差阈值。$\delta-e_m^2$ 表示残差与残差阈值的距离，并对这个距离统一量纲，即$(\delta-e_m^2)/\delta$。q 影响权重的惩罚率，使得权重取值分布更加平滑。Sigmoid 函数可以将权重取值约束在[0,1]之间，避免具有非常小残差的像素获得几乎无限的权重值，这降低了迭代初期，编码系数的波动，提高了编码过程的鲁棒性。所以，当残差大于 δ 时，权重小于 0.5；等于 δ 时，权重等于 0.5；小于 δ 时，权重大于 0.5。

令$\boldsymbol{\Psi}=[e_1^2,e_2^2,\cdots,e_m^2]$，对$\boldsymbol{\Psi}$ 进行升序排序得到$\boldsymbol{\Psi}_a$。令 $k=\lfloor\tau m\rfloor$，其中 $\tau\in(0,1]$，$\lfloor\tau m\rfloor$是小于 τm 的整数。则 δ 可以表示为

$$\delta=\boldsymbol{\Psi}_a(k) \tag{6.2}$$

为了便于计算，整理式(6.2)得到

$$w_m(e_m)=\frac{\exp(-\mu e_m^2+\mu\delta)}{1+\exp(-\mu e_m^2+\mu\delta)} \tag{6.3}$$

其中 $\mu=\frac{q}{\delta}$。

Sigmoid 权重使得噪声点(通常是具有大残差的像素点)将被赋予低权重以减少其对回归估计的影响,从而可以大大降低对噪声点的敏感性。

6.2 加权 Huber 约束稀疏编码

结合第 4 章的稀疏 Huber 编码和 6.11 节的 Sigmoid 权重,加权的 Huber 约束稀疏编码可以表示为

$$\begin{aligned}&\min_{\boldsymbol{\theta}} g(\boldsymbol{z})+\lambda\|\boldsymbol{\alpha}\|_1\\&\text{s.t. } \boldsymbol{z}=\boldsymbol{w}\odot(\boldsymbol{X\theta}-\boldsymbol{y}),\ \boldsymbol{\alpha}=\boldsymbol{\theta}\end{aligned} \tag{6.4}$$

其中 $f(\boldsymbol{\theta})=0, g(\boldsymbol{z})=\begin{cases}\frac{1}{2}\|\boldsymbol{z}\|_2^2 & |\boldsymbol{z}|\leqslant \boldsymbol{w}\eta\\ \eta\|\boldsymbol{w}\odot\boldsymbol{z}\|_1-\frac{1}{2}\boldsymbol{w}^{\mathrm{T}}\boldsymbol{w}\eta^2 & |\boldsymbol{z}|>\boldsymbol{w}\eta\end{cases}$。$\boldsymbol{w}=[w_1,w_2,\cdots,w_m]$是样本权重向量,$w_m=\frac{\exp(-\mu e_m^2+\mu\delta)}{1+\exp(-\mu e_m^2+\mu\delta)}, \mu=\frac{q}{\delta}$。$\eta$ 是一个常数阈值,可以判断残差的保真项采用$\|\boldsymbol{y}-\boldsymbol{X\theta}\|_2^2$或$\|\boldsymbol{y}-\boldsymbol{X\theta}\|_1$。对阈值 η 的确定,在很多论文中有不同的方法,此处介绍一种结合权重的阈值,即 $\boldsymbol{w}\eta$。$\boldsymbol{w}\eta$ 使得阈值更符合权重 $\boldsymbol{w}$ 约束的编码残差分布。$\boldsymbol{a}\odot\boldsymbol{b}$ 表示向量 $\boldsymbol{a}$ 和 $\boldsymbol{b}$ 对应元素相乘。

6.2.1 权重的初始值

一个好的初始值会使得算法更容易获得好的性能。为了初始化权重,首先应估计查询样本的编码残差。可以设置初始残差为 $\boldsymbol{e}=\boldsymbol{y}-\boldsymbol{y}_{mn_i}$,$\boldsymbol{y}$ 为查询样本,$\boldsymbol{y}_{mn_i}$ 为第 n_i 类样本所有图像的均值。因为 WHCSC 分类别计算权重,所以可以合理地将$\boldsymbol{y}_{mn_i}$ 设置为当前训练样本子集相同像素点平均值

$$\begin{aligned}\boldsymbol{y}_{mn_i}&=[m(\boldsymbol{y}_1),m(\boldsymbol{y}_2),\cdots,m(\boldsymbol{y}_k)]\\&=[m([y_{11},y_{12},\cdots,y_{1j}]),m([y_{21},y_{22},\cdots,y_{2j}]),\cdots,m([y_{k1},y_{k2},\cdots,y_{kj}])]\\&\qquad k=1,2,\cdots,m;\ j=1,2,\cdots,n_i\end{aligned} \tag{6.5}$$

其中 $m(\boldsymbol{x})$表示 $\boldsymbol{x}$ 的均值,y_{kj} 表示第 j 个样本的第 k 个像素值。对于参数 τ 和 q,通常 $\tau=0.8, q=1$。在比较复杂的环境,如遮挡、伪装、腐蚀等,可设置更小的 τ。

6.2.2 迭代条件

在每次迭代中，式(6.4)将逐渐减小，其下界为 0，WHCSC 会逐渐收敛。当相邻迭代之间$\boldsymbol{\theta}$差异足够小时，WHCSC 收敛，迭代终止。终止条件如下

$$\|\boldsymbol{\theta}^{t}-\boldsymbol{\theta}^{t-1}\|_2^2<\gamma \tag{6.6}$$

其中，γ 是一个足够小的正数，t 是迭代次数。

6.2.3 查询样本类别判断

计算查询样本在各个类别中的编码残差，即

$$\boldsymbol{e}=[\boldsymbol{e}_1,\boldsymbol{e}_2,\cdots,\boldsymbol{e}_i],\quad i=1,2,\cdots,c \tag{6.7}$$

其中$\boldsymbol{e}_i=y-\boldsymbol{X}_i\theta_i$。以最小$\|\boldsymbol{e}_i\|_2^2$所属类别作为查询样本的类别。

6.3 算法鲁棒性分析

加权的 Huber 约束稀疏编码的鲁棒性在于精度和抗噪性。首先，WHCSC 利用 Sigmoid 权重赋予噪声较低的权重，赋予离群值几乎为零的权重。这降低了噪声和离群值对算法的干扰，增强算法抗噪性。

其次，WHCSC 利用 Huber 函数的特性，在每次迭代更新中，对不同编码残差使用不同的保真项。编码系数更加符合在当前权重的约束下的真实编码残差分布。

另外，本书设计两种分类方式和两种幂指数权重来分析 WHCSC 在人脸图像的类间变化和类内变化的作用。

基于线性表达的分类目的是通过具有最优编码系数$\boldsymbol{\theta}$的线性表达来获得最小的编码残差，从而区分测试图像所属类别。定义$\boldsymbol{y}_i=F_i(\boldsymbol{X})=\boldsymbol{X}_1\theta_1+\boldsymbol{X}_2\theta_2+\cdots+\boldsymbol{X}_i\theta_i+\cdots+\boldsymbol{X}_c\theta_c$，其中$\boldsymbol{y}_i=F_i(\boldsymbol{X})$表示样本全集对第 i 类测试样本的线性表达。由于人脸的易变性，所以不会出现同一个人在不同时间生成的两张人脸图像完全相同，这就产生类内变化，即$\boldsymbol{y}_i-\boldsymbol{X}_i\theta_i>0$。同理，类间变化是不同人之间产生的差异，即$\|\boldsymbol{y}_i-\boldsymbol{X}_j\theta_j\|_2^2>0(j\neq i)$。稀疏编码具有特征选择作用，其目的是选择与测试样本最相似的训练样本线性组合成测试样本。首先，选择属于同类别的样本来线性组合测试样本，而排斥其他类别样本的干扰。这使非同类的编码系数 θ_j 足够小。其次，对于同类别的样本，选择对测试样本干扰小的同类训练样本。另一方面，在实际测试中会计算测试样本在每一个类别中的线性表达，所以希望同类别线性表达的编码残差小，而不同类别的编码残差大。下面将分别详细介绍降低类内变化，避免类间干扰的方法和增大类间变化的方法。

首先是降低类内变化，去除类间干扰。图 6.2(a)是分类模式一；图 6.2(b)是分类模式

二。两个图中“different category”曲线是查询样本和不同类别训练样本的拟合图像残差分布，“Linear fitting(different category)”是对应的残差分布拟合直线。“same category”曲线是查询样本与相同类别训练样本的拟合图像残差分布，“Linear fitting(same category)”是与此对应的残差分布拟合直线。图 6.2 中假设查询样本属于第 i 类别，查询样本与各类别训练样本残差为 $\boldsymbol{e}=[e_{i,1},e_{i,2},\cdots,e_{i,i},\cdots,e_{i,c}]=[(\boldsymbol{X}_1\theta_1-\boldsymbol{y}_i),(\boldsymbol{X}_2\theta_2-\boldsymbol{y}_i),\cdots,(\boldsymbol{X}_i\theta_i-\boldsymbol{y}_i),\cdots,(\boldsymbol{X}_c\theta_c-\boldsymbol{y}_i)]$，其中 $e_{i,i}$ 表示查询样本与同类别训练样本的编码残差，即类内变化，$e_{i,j}$ 表示查询样本与不同类别训练样本的编码残差，即类间变化。在 RSRC 中，权重 $\boldsymbol{w}$ 是基于样本全集 $\boldsymbol{X}\in\Re^{m\times n}$ 与查询样本的残差来定义，并且所有类别的样本使用相同权重向量。为了方便表达，令 $\boldsymbol{W}=\mathrm{diag}(\boldsymbol{w})$，则权重约束的训练样本集为 $\boldsymbol{WX}=[\boldsymbol{WX}_1,\boldsymbol{WX}_2,\cdots,\boldsymbol{WX}_c]$。此处定义为分类模式一，如图 6.2(a)表示采用样本全集定义的权重时，同类别编码残差和不同类别编码残差的分布。然而在 WHCSC 中，权重 $\boldsymbol{W}$ 是基于样本子集 $\boldsymbol{X}_i\in\Re^{m\times n_i}$ 与查询样本的残差定义，即 $\boldsymbol{WX}=[\boldsymbol{W}_1\boldsymbol{X}_1,\boldsymbol{W}_2\boldsymbol{X}_2,\cdots,\boldsymbol{W}_c\boldsymbol{X}_c]$。此处定义为分类模式二，如图 6.2(b)表示采用样本子集定义的权重时，同类别编码残差和不同类别编码残差的分布。

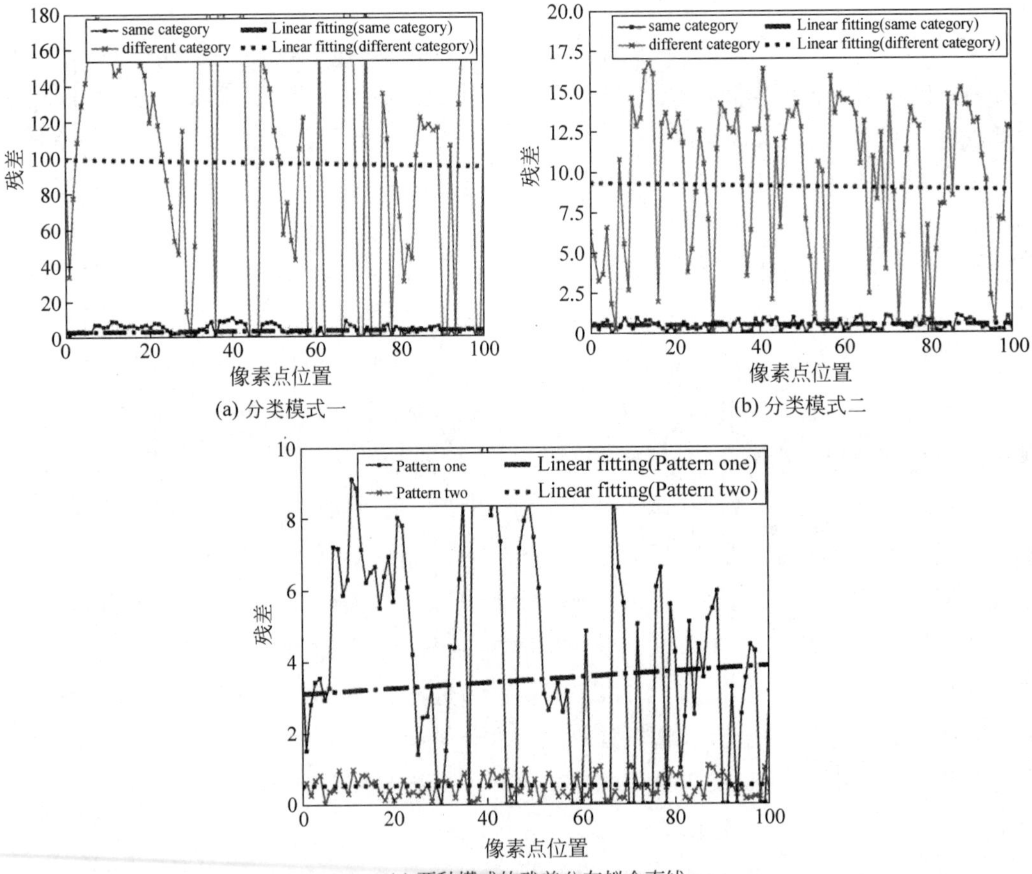

(a) 分类模式一　(b) 分类模式二

(c) 两种模式的残差分布拟合直线

图 6.2　分类模式一和分类模式二比较

观察图 6.2(a)～(c)，使用样本子集与查询样本的残差定义权重可以大幅降低同类别的编码残差，虽然不同类别的编码残差也会同时降低，但是同类别和不同类别的残差拟合直线依然存在明显区别。

所以在分类模式二中，WHCSC 的权重可以获得更合适该类别样本子集的独立权重，进而获得此权重下更好的编码系数 θ_i，降低类内变化。

其次是增大类间变化和类内变化的相对差异。首先，假设 $\boldsymbol{e}=[e_{i,1},e_{i,2},\cdots,e_{i,i},\cdots,e_{i,c}]=[(\boldsymbol{X}_1\theta_1-\boldsymbol{y}_i),(\boldsymbol{X}_2\theta_2-\boldsymbol{y}_i),\cdots,(\boldsymbol{X}_i\theta_i-\boldsymbol{y}_i),\cdots,(\boldsymbol{X}_c\theta_c-\boldsymbol{y}_i)]$。则不同类别编码残差与第 i 类编码残差的差值，即类间变化与类内变化的相对差异大小，表示为

$$\Delta\boldsymbol{e}=\left[\frac{e_{i,1}-e_{i,i}}{e_{i,i}},\frac{e_{i,2}-e_{i,i}}{e_{i,i}},\cdots,\frac{e_{i,i-1}-e_{i,i}}{e_{i,i}},\frac{e_{i,i+1}-e_{i,i}}{e_{i,i}},\cdots,\frac{e_{i,c}-e_{i,i}}{e_{i,i}},\right]$$

$$\Delta\boldsymbol{e}\in\Re^{c-1}$$

其中，$\Delta\boldsymbol{e}$ 越大，类间变化相对于类内变化越大，查询样本与其他类别样本区分越容易。反之，$\Delta\boldsymbol{e}$ 越小，类间变化相对于类内变化越小，查询样本与其他类别样本区分越困难。

在 RSRC 中，权重作用于残差表现为$\boldsymbol{w}^{\frac{1}{2}}\odot(\boldsymbol{X\theta}-\boldsymbol{y})$，定义$\boldsymbol{w}^{\frac{1}{2}}$为 0.5 次幂权重，残差相对差异大小为 $\Delta\boldsymbol{e}_{\boldsymbol{w}^{\frac{1}{2}}}$。然而在 WHCSC 中，权重作用于残差表现为 $\boldsymbol{w}\odot(\boldsymbol{X\theta}-\boldsymbol{y})$，定义 $\boldsymbol{w}$ 为 1 次幂权重，残差相对差异大小为$\Delta\boldsymbol{e}_{\boldsymbol{w}}$。如图 6.3 是$\boldsymbol{w}^{\frac{1}{2}}$和 $\boldsymbol{w}$ 在 WHCSC 中实验结果，纵坐标是 $\Delta\boldsymbol{e}_{\boldsymbol{w}^{\frac{1}{2}}}$ 和$\Delta\boldsymbol{e}_{\boldsymbol{w}}$ 的分布，横坐标是样本类别。

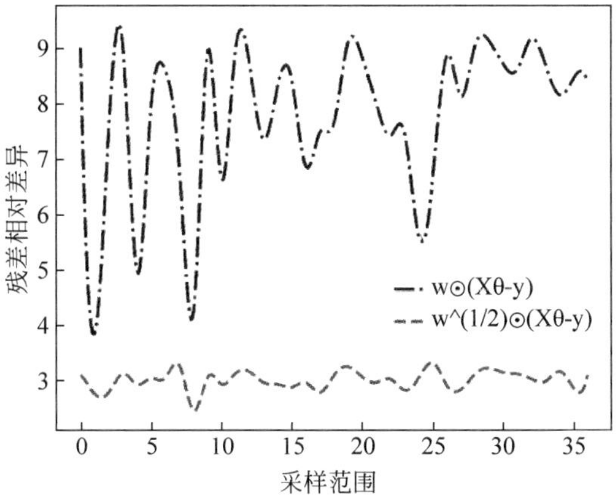

图 6.3 两种权重系数中类内变化与类间变化的相对差异

可以观察到，1 次幂权重让 $e_{i,j}$ 相对于 $e_{i,i}$ 差值的增大，也就是说类间变化与类内变化的差异更大，即增大了类间变化。

综上所述，在计算编码系数时，分类模式二可以降低类内变化，并消除类间变化。同时，1 次幂权重对人脸图像遮挡点的抑制更强，从而使得人脸图像中有效信息区域获得相对更

大的权重值。WHCSC 认为查询样本与样本子集属于相同类别进行计算时，人脸图像存在更多有效的信息区域，所以 1 次幂权重会进一步扩大类间变化和类内变化的相对差异，使分类更容易。WHCSC 一方面有效抑制噪声、离群点对编码残差的影响，另一方面利用分类模式二和 1 次幂权重处理人脸图像类间变化和类内变化来获得更符合真实分布的编码系数。所以，WHCSC 保证了算法鲁棒性。

6.4 算法的迭代步骤及其子问题划分

加权的 Huber 约束稀疏编码的主要迭代步骤如算法 6.1 所示。

算法 6.1：加权的 Huber 约束稀疏编码(WHCSC)

输入：测试样本 $\boldsymbol{y}$，训练样本子集 $\boldsymbol{X}_i$，初始化 $\boldsymbol{y}_{\text{rec}}^1$ 为 $\boldsymbol{y}_{mn_i}$，参数 τ 和 q，阈值 η。

输出：$\boldsymbol{\theta}$

1: $i=1\in[1,2,\cdots,c]$

2: $t=1$

3: 计算残差 $\boldsymbol{e}_{im}^t=\boldsymbol{y}-\boldsymbol{y}_{\text{rec}}^t$

权重计算为

4: $$w_i(\boldsymbol{e}_{im}^t)=\frac{\exp(-\mu^t(e_{im}^t)^2+\mu^t\delta^t)}{1+\exp(-\mu^t(e_{im}^t)^2+\mu^t\delta^t)}$$

编码系数更新，子问题的具体求解方法在 6.4.1 节介绍

5: $\boldsymbol{\theta}_i^t=\min\limits_{\theta_i} g(\boldsymbol{z})+\lambda\|\boldsymbol{\alpha}\|_1 \quad \text{s.t. } \boldsymbol{z}=\boldsymbol{w}_i^t\odot(\boldsymbol{X}_i\theta_i-\boldsymbol{y}),\boldsymbol{\alpha}=\theta_i$

6: 重构图像，令 $\boldsymbol{y}_{\text{rec}}^t=\boldsymbol{X}_i\theta_i^t$，并使 $t=t+1$。

7: $\boldsymbol{\theta}_i=\theta_i^t$

8: 返回到步骤 3，直到满足条件，或达到最大迭代次数。

9: 第 i 类 θ_i 更新完后，使 $i=i+1$，直到更新所有类别 θ。

6.4.1 ADMM 求解子问题

由于加权的 Huber 约束稀疏编码算法存在 l_1 范数正则项，如算法 6.1 中步骤 5，所以使用 ADMM 框架解决 l_1 范数最小化问题。

ADMM 求解子问题

$$\min_{\boldsymbol{\theta}} g(\boldsymbol{z})+\lambda\|\boldsymbol{\alpha}\|_1 \quad \text{s.t. } \boldsymbol{z}=\boldsymbol{w}\odot(\boldsymbol{X\theta}-\boldsymbol{y}),\boldsymbol{\alpha}=\boldsymbol{\theta} \tag{6.8}$$

子问题的拉格朗日表达式为

$$\mathcal{L}(\theta,z,\boldsymbol{\alpha},\boldsymbol{h}_z,\boldsymbol{h}_\alpha)=g(z)+\lambda\|\boldsymbol{\alpha}\|_1+\langle\boldsymbol{h}_z,\boldsymbol{w}\odot(\boldsymbol{X\theta}-\boldsymbol{y})-z\rangle+\langle\boldsymbol{h}_\alpha,\boldsymbol{\theta}-\boldsymbol{\alpha}\rangle \tag{6.9}$$

ADMM 是一个旨在将对偶上升法的可分解性和乘子法的上界收敛属性融合在一起的算法。为了增加对偶上升法的鲁棒性及放松函数的强凸约束，引入式(6.9)的增广拉格朗日表达式

$$\begin{aligned}\mathcal{L}_{\rho_1,\rho_2}(\boldsymbol{\theta},z,\boldsymbol{\alpha},\boldsymbol{h}_z,\boldsymbol{h}_\alpha)=g(z)+\lambda\|\boldsymbol{\alpha}\|_1+\langle\boldsymbol{h}_z,\boldsymbol{w}\odot(\boldsymbol{X\theta}-\boldsymbol{y})-z\rangle+\\ \frac{\rho_1}{2}\|\boldsymbol{w}\odot(\boldsymbol{X\theta}-\boldsymbol{y})-\boldsymbol{z}\|_2^2+\langle\boldsymbol{h}_\alpha,\boldsymbol{\theta}-\boldsymbol{\alpha}\rangle+\\ \frac{\rho_2}{2}\|\boldsymbol{\theta}-\boldsymbol{\alpha}\|_2^2\end{aligned} \tag{6.10}$$

其中 ρ_1、ρ_2 大于 0。ADMM 迭代组成为

$$\boldsymbol{\theta}^{k+1}:=\underset{\boldsymbol{x}}{\operatorname{argmin}}\mathcal{L}_{\rho_1,\rho_2}(\boldsymbol{\theta}^k,\boldsymbol{z}^k,\boldsymbol{\alpha}^k,\boldsymbol{h}_z^k,\boldsymbol{h}_\alpha^k) \tag{6.11}$$

$$\boldsymbol{z}^{k+1}:=\underset{\boldsymbol{z}}{\operatorname{argmin}}\mathcal{L}_{\rho_1}(\boldsymbol{\theta}^{k+1},\boldsymbol{z}^k,\boldsymbol{h}_z^k) \tag{6.12}$$

$$\boldsymbol{\alpha}^{k+1}:=\underset{\boldsymbol{\alpha}}{\operatorname{argmin}}\mathcal{L}_{\rho_2}(\boldsymbol{\theta}^{k+1},\boldsymbol{\alpha}^k,\boldsymbol{h}_\alpha^k) \tag{6.13}$$

$$\boldsymbol{h}_z^{k+1}:=\boldsymbol{h}_z^k+\rho_1(\boldsymbol{w}\odot(\boldsymbol{X\theta}^{k+1}-\boldsymbol{y})-\boldsymbol{z}^{k+1}) \tag{6.14}$$

$$\boldsymbol{h}_\alpha^{k+1}:=\boldsymbol{h}_\alpha^k+\rho_2(\boldsymbol{\theta}^{k+1}-\boldsymbol{\alpha}^{k+1}) \tag{6.15}$$

将式(6.10)代入式(6.11)～式(6.15)中，ADMM 的迭代公式为

$$\begin{aligned}\boldsymbol{\theta}^{k+1}:=\underset{\boldsymbol{x}}{\operatorname{argmin}}\Big(\frac{\rho_1}{2}\|\boldsymbol{w}\odot(\boldsymbol{X\theta}^k-\boldsymbol{y})-\boldsymbol{z}^k+\boldsymbol{u}^k\|_2^2+\\ \frac{\rho_2}{2}\|\boldsymbol{\theta}^k-\boldsymbol{\alpha}^k+\boldsymbol{u}^k\|_2^2\Big)\end{aligned} \tag{6.16}$$

$$\boldsymbol{z}^{k+1}:=\underset{\boldsymbol{z}}{\operatorname{argmin}}\Big(g(\boldsymbol{z}^k)+\frac{\rho_2}{2}\|\boldsymbol{w}\odot(\boldsymbol{X\theta}^{k+1}-\boldsymbol{y})-\boldsymbol{z}^k+\boldsymbol{u}^k\|_2^2\Big) \tag{6.17}$$

$$\boldsymbol{\alpha}^{k+1}:=\underset{\boldsymbol{z}}{\operatorname{argmin}}\Big(\lambda\|\boldsymbol{\alpha}^k\|_1+\frac{\rho_2}{2}\|\boldsymbol{\theta}^{k+1}-\boldsymbol{\alpha}^k+\boldsymbol{u}^k\|_2^2\Big) \tag{6.18}$$

$$\boldsymbol{u}_z^{k+1}:=\boldsymbol{u}_z^k+\boldsymbol{w}\odot(\boldsymbol{X\theta}^{k+1}-\boldsymbol{y})-\boldsymbol{z}^{k+1} \tag{6.19}$$

$$\boldsymbol{u}_\alpha^{k+1}:=\boldsymbol{u}_\alpha^k+\boldsymbol{\theta}^{k+1}-\boldsymbol{\alpha}^{k+1} \tag{6.20}$$

其中 $\boldsymbol{u}$ 是 $\boldsymbol{u}=\dfrac{h}{\rho}$ 的替换量。由式(6.16)～式(6.20)解得

$$\boldsymbol{\theta}^{k+1}:=(\rho_1\boldsymbol{X}^{\mathrm{T}}\boldsymbol{W}^{\mathrm{T}}\boldsymbol{WX}+\rho_2)^{-1}[\rho_1\boldsymbol{X}^{\mathrm{T}}\boldsymbol{W}^{\mathrm{T}}(\boldsymbol{z}^k-\boldsymbol{u}^k+\boldsymbol{y})+\rho_2(\boldsymbol{\alpha}^k-\boldsymbol{u}^k)] \tag{6.21}$$

$$\begin{aligned}\boldsymbol{z}^{k+1}:=\frac{\rho_1}{1+\rho_1}(\boldsymbol{W}(\boldsymbol{X\theta}^{k+1}-\boldsymbol{y})+\boldsymbol{u}^k)+S_{\frac{w_\eta}{\rho_1}}(1/(1+\rho_1)[\boldsymbol{W}(\boldsymbol{X\theta}^{k+1}-\\ \boldsymbol{y})+\boldsymbol{u}^k])\end{aligned} \tag{6.22}$$

$$\boldsymbol{\alpha}^{k+1} := S_{\frac{\lambda}{\rho_2}}(\boldsymbol{\theta}^{k+1} + \boldsymbol{u}^k) \tag{6.23}$$

$$\boldsymbol{u}_z^{k+1} := \boldsymbol{u}_z^k + \boldsymbol{w} \odot (\boldsymbol{X}\boldsymbol{\theta}^{k+1} - \boldsymbol{y}) - \boldsymbol{z}^{k+1} \tag{6.24}$$

$$\boldsymbol{u}_{\boldsymbol{\alpha}}^{k+1} := \boldsymbol{u}_\alpha^k + \boldsymbol{\theta}^{k+1} - \boldsymbol{\alpha}^{k+1} \tag{6.25}$$

其中 $\boldsymbol{W}=\mathrm{diag}(\boldsymbol{w})$。$S$ 运算符定义为

$$S_k(a) = \begin{cases} a-k, & a>k \\ 0, & |a| \leqslant k \\ a+k, & a<-k \end{cases} \tag{6.26}$$

6.4.2 计算复杂度分析

算法的计算成本主要用于更新权重 $\boldsymbol{w}$ 和编码系数 $\boldsymbol{\theta}$。给定一个类别的人脸数据集有 m 张图像，每张图像大小为 $p \times q$，一共有 c 类人脸数据集，并令 $n = p \times q$。步骤 2 的算法迭代次数记为 k_1。步骤 4 中权重 $\boldsymbol{w} \in \Re^{n \times 1}$ 的计算复杂度为 $O(n)$。$\boldsymbol{WX}$ 和 $\boldsymbol{Wy}$ 可以提前计算并缓存。公式(6.16)～(6.20)中 $\boldsymbol{\theta}$、$\boldsymbol{z}$、$\boldsymbol{\alpha}$、$\boldsymbol{u}_z$、$\boldsymbol{u}_\alpha$ 的计算复杂度分别为 $O(nm^2)$、$O(nm)$、$O(m)$、$O(nm)$、$O(m)$。所以步骤 5 中编码系数 θ 的计算复杂度为 $O(k_2 nm^2)$，其中 k_2 是 ADMM 算法的迭代次数。因此，WHCSC 的计算复杂度为 $O(k_1(n + k_2 nm^2))$[6-7]。经过多次实验，k_1 和 k_2 通常小于 10。

6.4.3 收敛性和收敛率分析

在证明收敛性之前，针对式(6.4)给出 ADMM 目标函数的标准形式，如下

$$\begin{aligned} &\min f(\boldsymbol{\theta}) + g(\boldsymbol{z}) + l(\boldsymbol{\alpha}) \\ &\text{s.t.}\ \boldsymbol{z} = \boldsymbol{w} \odot (\boldsymbol{X}\boldsymbol{\theta} - \boldsymbol{y}),\ \boldsymbol{\alpha} = \boldsymbol{\theta} \end{aligned} \tag{6.27}$$

其中 $f(\boldsymbol{\theta})=0$，$l(\boldsymbol{\alpha})=\lambda\|\boldsymbol{\alpha}\|_1$，$g(\boldsymbol{z}) = \begin{cases} \frac{1}{2}\|\boldsymbol{z}\|_2^2 & |z| \leqslant w\eta \\ \eta\|\boldsymbol{w}\odot\boldsymbol{z}\|_1 - \frac{1}{2}\boldsymbol{w}^{\mathrm{T}}\boldsymbol{w}\eta^2 & |\boldsymbol{z}| > \boldsymbol{w}\eta \end{cases}$。下面证明关于函数 $f(\boldsymbol{\theta})$，$g(z)$，$l(\boldsymbol{\alpha})$的两个定理。

定理 6.1：函数 $f(\boldsymbol{\theta})$，$g(z)$，$l(\boldsymbol{\alpha})$都是正常的闭凸函数。

证明：显然，$f(\boldsymbol{\theta})=0$ 一定是正常的闭凸函数。因为 $\lambda>0$，范数满足三角不等式，所以 $l(\boldsymbol{\alpha})$是凸函数。对于 $g(z)$的上境图可以表示为以下形式，即

$$\mathrm{epi}\ g = \{(\boldsymbol{z}, \boldsymbol{t}_z) \in \Re^m \times \Re \mid g(\boldsymbol{z}) \leqslant t_z\} \tag{6.28}$$

显然 $g(\boldsymbol{z})$的上境图是非空闭凸集合。由上境图的性质可知，当 epi g 是非空的闭凸函数时，$g(\boldsymbol{z})$是正常的闭凸函数。ADMM 算法下的迭代步骤是求解每个子问题的最优解，显然子问题的最优解 $\boldsymbol{\theta}^{k+1}$、$\boldsymbol{z}^{k+1}$、$\boldsymbol{\alpha}^{k+1}$ 都是可行的。$\boldsymbol{\theta}^{k+1}$、$\boldsymbol{z}^{k+1}$、$\boldsymbol{\alpha}^{k+1}$ 的最小化问题有解

（不一定唯一）。因此，$f(\boldsymbol{\theta})$，$g(\boldsymbol{z})$，$l(\boldsymbol{\alpha})$都是正常的闭凸函数，同时 $f(\boldsymbol{\theta})+g(\boldsymbol{z})+l(\boldsymbol{\alpha})$也是正常的闭凸函数。证毕。

定理 6.2：标准拉格朗日函数

$$\mathcal{L}_0(\boldsymbol{\theta},\boldsymbol{z},\boldsymbol{\alpha},\boldsymbol{h}_z,\boldsymbol{h}_\alpha)=g(\boldsymbol{z})+l(\boldsymbol{\alpha})+\langle \boldsymbol{h}_z,\boldsymbol{w}\odot(\boldsymbol{X\theta}-\boldsymbol{y})-\boldsymbol{z}\rangle+\langle \boldsymbol{h}_\alpha,\boldsymbol{\theta}-\boldsymbol{\alpha}\rangle \tag{6.29}$$

有一个鞍点，即存在鞍点$(\boldsymbol{\theta}^*,\boldsymbol{z}^*,\boldsymbol{\alpha}^*,\boldsymbol{h}_z^*,\boldsymbol{h}_{\boldsymbol{\alpha}}^*)$，不一定唯一，使得有下式

$$\mathcal{L}_0(\boldsymbol{\theta}^*,\boldsymbol{z}^*,\boldsymbol{\alpha}^*,\boldsymbol{h}_z,\boldsymbol{h}_\alpha)\leqslant\mathcal{L}_0(\boldsymbol{\theta}^*,\boldsymbol{z}^*,\boldsymbol{\alpha}^*,\boldsymbol{h}_z^*,\boldsymbol{h}_\alpha^*)\leqslant\mathcal{L}_0(\boldsymbol{\theta},\boldsymbol{z},\boldsymbol{\alpha},\boldsymbol{h}_z^*,\boldsymbol{h}_{\boldsymbol{\alpha}}^*) \tag{6.30}$$

对所有的$\boldsymbol{\theta}$，$\boldsymbol{z}$，$\boldsymbol{\alpha}$，$\boldsymbol{h}_z$，$\boldsymbol{h}_{\boldsymbol{\alpha}}$都成立。

证明：原问题$\min\limits_{\boldsymbol{\theta},\boldsymbol{z},\boldsymbol{\alpha}}\sup\limits_{\boldsymbol{h}_z,\boldsymbol{h}_{\boldsymbol{\alpha}}}\mathcal{L}_0(\boldsymbol{\theta},\boldsymbol{z},\boldsymbol{\alpha},\boldsymbol{h}_z,\boldsymbol{h}_{\boldsymbol{\alpha}})$，由 P^L 表示，对偶问题是$\max\limits_{\boldsymbol{h}_z,\boldsymbol{h}_\alpha}\inf\limits_{\boldsymbol{\theta},\boldsymbol{z},\boldsymbol{\alpha}}\mathcal{L}_0(\boldsymbol{\theta},\boldsymbol{z},\boldsymbol{\alpha},\boldsymbol{h}_z,\boldsymbol{h}_{\boldsymbol{\alpha}})$，由 D^L 表示。对于$\mathcal{L}_0(\boldsymbol{\theta},\boldsymbol{z},\boldsymbol{\alpha},\boldsymbol{h}_z,\boldsymbol{h}_{\boldsymbol{\alpha}})$，因为 $f(\boldsymbol{\theta})+g(\boldsymbol{z})+l(\boldsymbol{\alpha})$是正常的闭凸函数，$\boldsymbol{w}\odot(\boldsymbol{X\theta}-\boldsymbol{y})-\boldsymbol{z}=0$ 和$\boldsymbol{\theta}-\boldsymbol{\alpha}=0$ 都是仿射函数，且存在点$(\boldsymbol{\theta}^*,\boldsymbol{z}^*,\boldsymbol{\alpha}^*,\boldsymbol{h}_z^*,\boldsymbol{h}_{\boldsymbol{\alpha}}^*)$满足 KKT 条件，所以根据拉格朗日乘子法的强弱对偶性及最优性条件可以得到以下结论[9]：

原问题 P^L 和对偶问题 D^L 的最优值相等。即 $\mathrm{val}(P^l)=\mathrm{val}(D^L)$，原问题与对偶问题的对偶间隙为零，满足强对偶条件，P^L 和 D^L 有相同的最优解，其中 $\mathrm{val}(\boldsymbol{x})$表示 $\boldsymbol{x}$ 的值。

在$\mathcal{L}_0(\boldsymbol{\theta},\boldsymbol{z},\boldsymbol{\alpha},\boldsymbol{h}_z,\boldsymbol{h}_{\boldsymbol{\alpha}})$中的满足 KKT 条件的任一点$(\boldsymbol{\theta}^*,\boldsymbol{z}^*,\boldsymbol{\alpha}^*,\boldsymbol{h}_z^*,\boldsymbol{h}_{\boldsymbol{\alpha}}^*)$有

$$\mathcal{L}_0(\boldsymbol{\theta}^*,\boldsymbol{z}^*,\boldsymbol{\alpha}^*,\boldsymbol{h}_z^*,\boldsymbol{h}_{\boldsymbol{\alpha}}^*)=\inf_{\boldsymbol{\theta},\boldsymbol{z},\boldsymbol{\alpha}}\mathcal{L}_0(\boldsymbol{\theta},\boldsymbol{z},\boldsymbol{\alpha},\boldsymbol{h}_z^*,\boldsymbol{h}_{\boldsymbol{\alpha}}^*)\leqslant\mathcal{L}_0(\boldsymbol{\theta},\boldsymbol{z},\boldsymbol{\alpha},\boldsymbol{h}_z^*,\boldsymbol{h}_{\boldsymbol{\alpha}}^*)$$
$$\forall\ \boldsymbol{\theta},\boldsymbol{z},\boldsymbol{\alpha}\in\Re^n \tag{6.31}$$

即

$$\mathrm{val}(D^L)\leqslant\mathcal{L}_0(\boldsymbol{\theta}^*,\boldsymbol{z}^*,\boldsymbol{\alpha}^*,\boldsymbol{h}_z^*,\boldsymbol{h}_{\boldsymbol{\alpha}}^*)\leqslant\mathrm{val}(P^L) \tag{6.32}$$

当原问题 P^L 和对偶问题 D^L 的对偶间隙为 0 时，$\mathrm{val}(P^L)=\mathrm{val}(D^L)$，并可以得到

$$\mathcal{L}_0(\boldsymbol{\theta}^*,\boldsymbol{z}^*,\boldsymbol{\alpha}^*,\boldsymbol{h}_z^*,\boldsymbol{h}_{\boldsymbol{\alpha}}^*)=\inf_{\boldsymbol{\theta},\boldsymbol{z},\boldsymbol{\alpha}}\mathcal{L}_0(\boldsymbol{\theta},\boldsymbol{z},\boldsymbol{\alpha},\boldsymbol{h}_z^*,\boldsymbol{h}_{\boldsymbol{\alpha}}^*)\leqslant\mathcal{L}_0(\boldsymbol{\theta},\boldsymbol{z},\boldsymbol{\alpha},\boldsymbol{h}_z^*,\boldsymbol{h}_{\boldsymbol{\alpha}}^*)$$
$$\forall\ \boldsymbol{\theta},\boldsymbol{z},\boldsymbol{\alpha}\in\Re^n \tag{6.33}$$

同理可得

$$\begin{aligned}\mathcal{L}_0(\boldsymbol{\theta}^*,\boldsymbol{z}^*,\boldsymbol{\alpha}^*,\boldsymbol{h}_z^*,\boldsymbol{h}_{\boldsymbol{\alpha}}^*)&=\sup_{\boldsymbol{h}_z,\boldsymbol{h}_{\boldsymbol{\alpha}}}\mathcal{L}_0(\boldsymbol{\theta}^*,\boldsymbol{z}^*,\boldsymbol{\alpha}^*,h_z,h_{\boldsymbol{\alpha}})\\&\geqslant\mathcal{L}_0(\boldsymbol{\theta}^*,\boldsymbol{z}^*,\boldsymbol{\alpha}^*,\boldsymbol{h}_z,\boldsymbol{h}_{\boldsymbol{\alpha}})\\&\forall\,\boldsymbol{h}_z,\boldsymbol{h}_{\boldsymbol{\alpha}}\in\Re^n\end{aligned} \tag{6.34}$$

综上可得

$$\begin{aligned}\mathcal{L}_0(\boldsymbol{\theta}^*,\boldsymbol{z}^*,\boldsymbol{\alpha}^*,\boldsymbol{h}_z,\boldsymbol{h}_{\boldsymbol{\alpha}})&\leqslant\mathcal{L}_0(\boldsymbol{\theta}^*,\boldsymbol{z}^*,\boldsymbol{\alpha}^*,\boldsymbol{h}_z^*,\boldsymbol{h}_{\boldsymbol{\alpha}}^*)\\&\leqslant\mathcal{L}_0(\boldsymbol{\theta},\boldsymbol{z},\boldsymbol{\alpha},\boldsymbol{h}_z^*,\boldsymbol{h}_{\boldsymbol{\alpha}}^*)\end{aligned} \tag{6.35}$$

即$\mathcal{L}_0(\boldsymbol{\theta},\boldsymbol{z},\boldsymbol{\alpha},\boldsymbol{h}_z,\boldsymbol{h}_{\boldsymbol{\alpha}})$存在一个鞍点$(\boldsymbol{\theta}^*,\boldsymbol{z}^*,\boldsymbol{\alpha}^*,\boldsymbol{h}_z^*,\boldsymbol{h}_{\boldsymbol{\alpha}}^*)$，不一定唯一。式(6.27)的标准拉格朗日函数满足定理 2 得证。

文献[8]的附录A中已证明在满足定理1和定理2时，ADMM迭代满足以下条件：

(1) 残余收敛。当 $r^k \to \infty, k \to \infty$ 时，迭代方法的可行性。

(2) 目标收敛。当 $f(\boldsymbol{\theta}^k)+g(\boldsymbol{z}^k)+l(\boldsymbol{\alpha}^k) \to f(\boldsymbol{\theta}^*)+g(\boldsymbol{z}^*)+l(\boldsymbol{\alpha}^*), k \to \infty$ 时，迭代的目标函数逼近最优值。

(3) 对偶变量收敛。当 $\boldsymbol{h}_z^k \to \boldsymbol{h}_z^*, \boldsymbol{h}_{\boldsymbol{\alpha}}^k \to \boldsymbol{h}_{\boldsymbol{\alpha}}^*, k \to \infty$ 时，$\boldsymbol{h}_z^*$、$\boldsymbol{h}_{\boldsymbol{\alpha}}^*$ 是一个对偶最优点。

众所周知收敛率是另一个重要的概念，它反映了迭代算法的收敛速度。参考文献[9, 10]的作者已经证明在函数强凸性假设下，ADMM可以实现 $O(1/k)$ 的全局收敛，k 是迭代次数。在没有这种强凸性假设的情况下，参考文献[11]的作者给出了ADMM收敛速度的最一般结果，证明只需要目标函数项都是凸的(不一定是平滑的)。由于这里 $f(\boldsymbol{\theta})$、$g(\boldsymbol{z})$ 和 $l(\boldsymbol{\alpha})$ 都是凸的，WHCSC可以实现 $O(1/k)$ 收敛。

6.5 加权Huber约束稀疏编码算法实验

在本节中，将基于几个公开的人脸数据库进行实验，以验证WHCSC的性能。

6.5.1 实验设置

将WHCSC与现有的相关方法进行比较，包括NMR，RSRC，SH，RCRC，IRGSC。对于RSRC，参数 p 默认为1，τ 取(0,1)之间的最佳。在 SH 中，参数 η 默认为10。IRGSC中参数 p 默认为1，需要注意的是在IRGSC原文中公式(21)有错误，应该改为

$$\min_{s}\sum_{i=1}^{m}\{s_i e_i^2+\gamma s_i^2\}=\min_{s}\left\|\boldsymbol{s}+\frac{\boldsymbol{E}}{2\gamma}\right\|_2^2$$
$$\text{s.t.}\quad \boldsymbol{s}^{\mathrm{T}}\boldsymbol{I}=1,\quad s_i \geqslant 0,\quad i=1,2,\cdots,m \tag{6.36}$$

其中，$\boldsymbol{E}=[e_1^2,e_2^2,\cdots,e_m^2]$，同时参考文献[12]中的作者也有相同的观点，按照IRGSC原文参数设置对比实验。对于WHCSC，参数 p 默认为1，τ 取(0,1)之间最佳。

本章叙述了如何降低类内变化(分类模式一和分类模式二)和增大类间变化(1次幂权重和0.5次幂权重)，在本节中将用WHCSC、RSRC、RCRC及其改进算法对两种方法进行实验测试，未具体说明的其他算法按照原论文的方法进行辅助对比。对WHCSC分别测试1次幂权重和0.5次幂权重，对应名称为WHCSC_1和WHCSC_0.5，以证明6.3节鲁棒性分析的有效性。RSRC分别测试分类模式一和分类模式二，对应名称为RSRC_1和RSRC_2。RCRC也分别测试分类模式一和分类模式二，对应RCRC_1和RCRC_2。SH使用分类模式二。

6.5.2 弱遮挡的人脸识别

首先通过弱遮挡的光照变化来测试WHCSC中的性能。数据集使用ExYaleB数据库和PIE数据库。

1. 不同样本大小的人脸识别

本节测试改变训练样本大小时，WHCSC 的有效性。将数据库随机分为两部分，其中一部分包含每个人的 n(n=10、20、30、40、50)张图像，用作训练，另一部分用于测试，并保存已划分好的数据，以确保改变参数时，不同算法测试的数据集相同，统计 10 次运行的平均识别率。PIE 数据库识别率如表 6.1 所示，ExYaleB 数据库识别率如表 6.2 所示。可以观察到，WHCSC 在 ExYaleB 数据库和 PIE 数据库的所有测试中，除了样本大小为 10 时低于 RSRC_1 和 RSRC_2，其他情况都达到最高识别率，其中 WHCSC_1 在样本大于 30 时，小幅度高于 WHCSC_0.5。其次，RSRC_2、RCRC_2、SH 等使用分类模式二的识别率高于 RSRC_1、RCRC_1、NMR。此外，在大多数情况下，RSRC 效果比 RCRC 优秀，体现其权重向量的有效性。总体而言，WHCSC 取得了最佳效果。

表 6.1　不同样本大小的 PIE 数据库识别率　　单位：%

样本大小/n	10	20	30	40	50
WHCSC_1	79	91	96.24	96.29	97.12
WHCSC_0.5	79.18	91.06	96.24	96.12	97.06
RSRC_1	86.23	89.17	90.07	92.24	93
RSRC_2	79.23	90.76	96.17	96.24	96.65
RCRC_1	83.92	87.62	90.11	92.1	93.14
RCRC_2	77.82	90.76	95.82	96.11	96.6
IRGSC	66.41	84.74	93.12	94.18	95.94
SH	78.64	91.01	96.17	96.17	97.06
NMR	77.12	89.34	92.63	93.06	94.87

注：WHCSC_1、WHCSC_0.5、RSRC_1、RSRC_2、RCRC_1、RCRC_2、IRGSC、SH、NMR 算法对比。

表 6.2　不同样本大小的 ExYaleB 数据库识别率　　单位：%

样本大小/n	10	20	30	40	50
WHCSC_1	79	91.72	96.12	96.17	97.28
WHCSC_0.5	78.51	91.54	94.11	94.52	97.08
RSRC_1	85.94	87.3	90.73	91.67	94.94
RSRC_2	78.31	91.65	94.11	94.52	97.08
RCRC _1	83.92	87.85	90.73	94.53	94.94
RCRC _2	77.82	90.76	95.82	96.12	96.65
IRGSC	70.25	86.34	90.66	92.39	94.36
SH	77.48	90.8	94.19	94.63	96.5
NMR	76.25	90.34	92.5	93.89	94.02

注：WHCSC_1、WHCSC_0.5、RSRC_1、RSRC_2、RCRC_1、RCRC_2、IRGSC、SH、NMR 算法对比。

2. 不同特征维度的人脸识别

此处测试 WHCSC 在不同维度特征下的性能。对于数据库 ExYaleB 和 PIE，随机选择每个受试者的 20 个样本进行实验，其余样本用于测试，保存已划分好的数据，确保改变参数时，不同算法测试数据集相同，统计 10 次运行的平均识别率。PCA 是被认可的投影技术，用于降低原始人脸图像的维度。从表 6.3 和表 6.4 中可以观察到 WHCSC 并未在不同维度特征测试中都达到最好识别率。RCRC_2 和 RSRC_2 在不同特征维度的结果都分别比 RCRC_1 和 RSRC_1 好。WHCSC_1 的所有识别率结果都比 WHCSC_0.5 好。在不同特征维度的测试中，所有算法并不随着特征维度的降低而降低识别率，比如在 200 维度的识别率绝大部分比 150 维度和 250 维度高，这是因为 PCA 降维后的特征试图获得一个更有意义的低维表示，实际上可能损失掉高维特征中所包含的原字典信息。

表 6.3 不同特征维度的 PIE 数据库识别率 单位：%

特征维度	50	100	150	200	250	300
WHCSC_1	85.69	88.92	88.13	89.12	88.04	89.22
WHCSC_0.5	71.47	81.67	85	89.02	87.94	89.12
RSRC_1	64.41	81.04	82.11	84.57	83.42	83.45
RSRC_2	72.84	82.25	84.61	86.47	85.2	85.78
RCRC_1	65.2	82.25	86.27	87.06	88.3	89.41
RCRC_2	85.98	88.72	88.43	88.73	87.55	88.63
IRGSC	79.5	85.19	85.29	84.21	83.63	84.8
SH	85.88	88.72	88.33	88.92	87.74	89.31
NMR	68.82	76.11	82.14	82.1	83.5	84.11

注：WHCSC_1、WHCSC_0.5、RSRC_1、RSRC_2、RCRC_1、RCRC_2、IRGSC、SH、NMR 算法对比。

表 6.4 不同特征维度的 ExYaleB 数据库识别率 单位：%

特征维度	50	100	150	200	250	300
WHCSC_1	87.85	89.54	90.63	92.93	91.47	91.54
WHCSC_0.5	87.84	89.48	90.81	92.86	91.29	91.17
RSRC_1	73.15	86.21	89.9	92.62	91.23	90.56
RSRC_2	85.97	88.87	90.93	92.38	91.83	91.17
RCRC_1	73.16	86.21	90.38	92.8	92.32	93.23
RCRC_2	88.33	89.29	90.75	92.14	91.29	90.87
IRGSC	80.77	81.98	84.64	86.03	84.95	85.61
SH	88.03	89.36	90.81	92.86	91.47	91.41
NMR	78.6	82.6	90.5	91.41	88.67	87.93

注：WHCSC_1、WHCSC_0.5、RSRC_1、RSRC_2、RCRC_1、RCRC_2、IRGSC、SH、NMR 算法对比。

6.5.3 强遮挡的人脸识别

本节是强遮挡环境的人脸识别。WHCSC 的一个优点是其在遮挡和噪声破坏方面具有很好的鲁棒性。一方面通过参数 $w\eta$ 评估 $g(z)$ 符合 l_1 范数还是 l_2 范数，从而降低噪声或者异常值的影响。另一方面，分类模式二和 1 次幂权重通过降低类内变化和增大类间变化，更易于区分不同类别的人脸。在本节中将评估 WHCSC 在不同类型强遮挡环境中的鲁棒性，例如高斯噪声随机像素损坏、随机块遮挡、伪装等。将 WHCSC 与现有的相关方法进行比较，包括 NMR、RSRC、SH、RCRC、IRGSC。同样 RSRC 和 RCRC 将测试两种分类模式。其中 RSRC 的鲁棒性测试通过具有可变参数的 Sigmoid 函数向训练样本反复分配权重来实现。RCRC 的鲁棒性测试通过稀疏编码约束编码系数来实现。SH 的鲁棒性测试通过对编码残差结合使用 l_1 范数和 l_2 范数来实现。NMR 是最近提出的基于矩阵的回归分类方法，它不仅保持了脸部图像的结构信息，而且具有良好的鲁棒性。IRGSC 通过自适应特征权重和距离权重学习来实现鲁棒性。通过真实的复杂遮挡实验测试 WHCSC 的鲁棒性。

1. 像素腐蚀的人脸识别

使用 ExYaleB 数据库，它的每个主题共有 64 张人脸图像，可以根据不同的光照条件与人脸的角度划分成 5 个子集。各子集样例图片如图 6.4 所示，其中子集 1、子集 2 光照条件好；子集 3 光照条件中等；子集 4 光照条件极差；子集 5 光照条件较差。本小节实验固定抽取子集 1、2、3、5 中的一半人脸图像共 22 张用于训练，4 个子集其余的图像用于测试。所有图片裁剪为 32×28 像素大小。对于每个测试图像，随机灰度及随机位置添加一定比例的噪声，即高斯噪声。图 6.5 所示原图像为 192×168 像素的不同像素噪声的人脸图像。

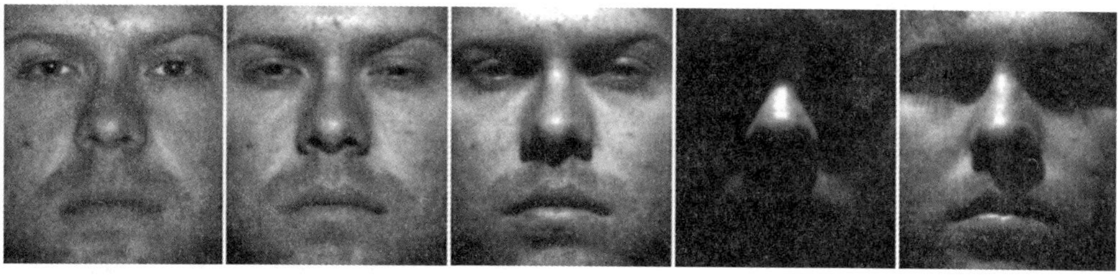

图 6.4 从左到右分别是样本子集 1 到子集 5 样例图片

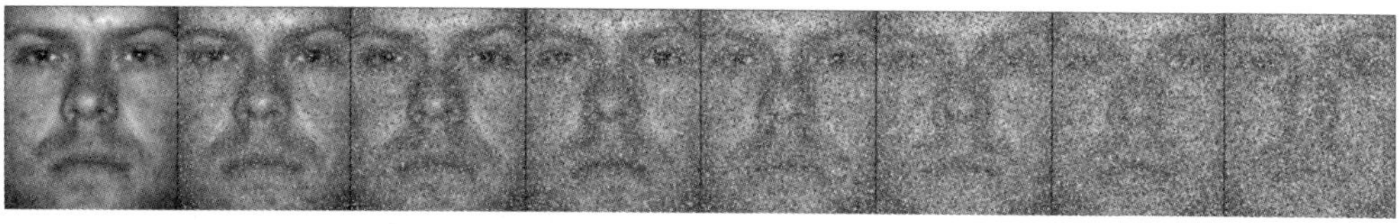

图 6.5 不同百分比像素损坏的人脸图像(0%～70%)

图 6.6 可以观察到，在不同比例的像素腐蚀中，WHCSC 测试结果都优于其他算法。其次，使用分类模式二的算法的识别率大幅高于使用分类模式一的算法。在信噪比等于 40% 时，WHCSC_1 的识别率比 WHCSC_0.5 分别高 0.23%、1.39%、1.15%、4.27%。另外，RSRC_1、RSRC_2 的识别率绝大部分都分别高于 RCRC_1、RCRC_2，IRGSC 大部分比 RSRC_1 好，这间接验证了 IRGSC 和 RSRC 算法的有效性。总的来说，像素腐蚀的人脸识

别再一次验证了 WHCSC 对异常值的鲁棒性和有效性；另一方面也验证了分类模式二和 1 次幂权重在噪声中的优势。

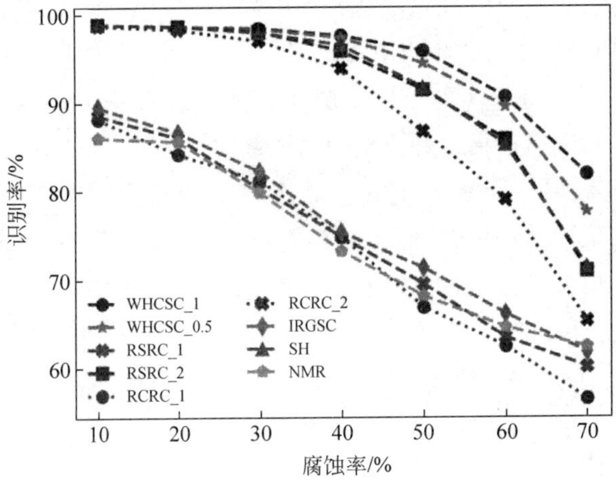

图 6.6 不同像素腐蚀的人脸识别

2. 块遮挡的人脸识别

设计两个块遮挡实验。第一个实验使用白色或黑色块替换每个测试图像的 10%～50%像素。固定抽取子集 1、2、3 中的一半人脸图像共 15 张用于训练，3 个子集中其余的图像用于测试。遮挡方块的位置随机。图 6.7 显示不同块遮挡比例的 ExYaleB 数据库的部分遮挡面部图像。图 6.8 表示 RSRC、RCRC、IRGSC、SH、NMR 和 WHCSC 在不同块遮挡下的识别率。可以观察到 WHCSC 具有明显的优势，在不同遮挡百分比都具有最高的识别率。在遮挡百分比高于 20%的时候，RCRC、SH、NMR 识别率大幅下降。在黑色块遮挡比例达到 50%的时候，WHCSC_1 识别率为 86.76%，比 RSRC_2 高出 7.12%，比 IRGSC 高出 22.85%，然而 RCRC、SH、NMR 已经失效，同时 WHCSC_1 比 WHCSC_0.5 高出 6.12%，RSRC_2 比 RSRC_1 高出 26.16%。在白色块遮挡比例达到 50%的时候，WHCSC_1 有 92.72%的识别率，比 RSRC_2 高出 2.16%，比 IRGSC 高出 3.98%。同时，RSRC_2 比 RSRC_1 高出 28.47%。然而 RCRC、SH、NMR 依然失效。除了在 50%遮挡率下比 WHCSC_0.5 低 0.16%，WHCSC_1 具有最好的遮挡率。

在第二个实验中，使用经典 Lena 图作为遮挡元素替换每个测试图像 10%～50%像素。图 6.9 显示了测试图像样本，从中可以看到相对于前两个实验，遮挡区域像素接近于原像素。图 6.10 显示了 10%～50%块遮挡下 WHCSC_1、WHCSC_0.5、RSRC_1、RSRC_2、RCRC_1、RCRC_2、IRGSC、SH 和 NMR 的识别率。可以观察到，总体识别率在提高，WHCSC 依然保持最高识别率。令人惊奇的是，RCRC_2 和 SH 表现出较为良好的识别率。一方面是因为接近于原像素的遮挡区域更易于训练图像的线性组合；另一方面，进一步证明 WHCSC 的权重对图像局部优化的效果。

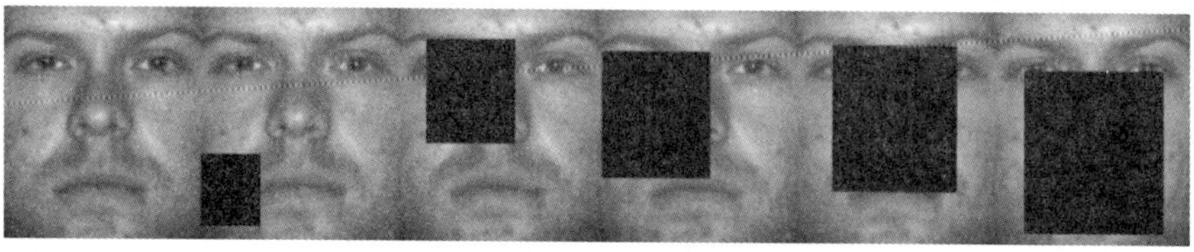

(a) 黑色块遮挡的人脸

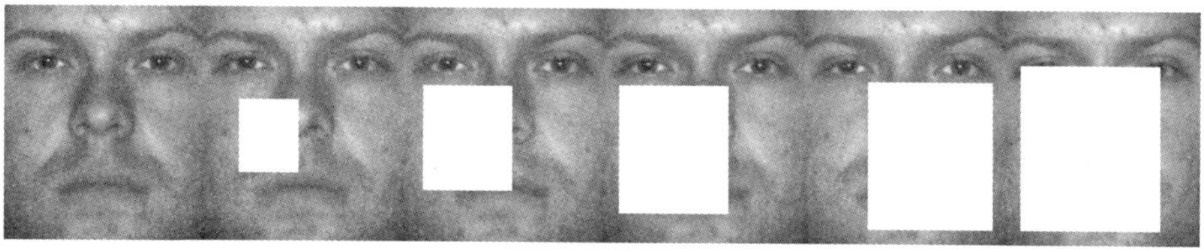

(b) 白色块遮挡的人脸

图 6.7

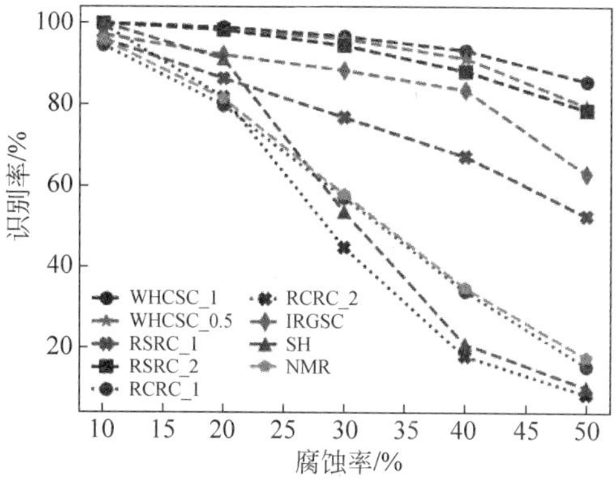

(a) 黑色块遮挡的人脸识别率

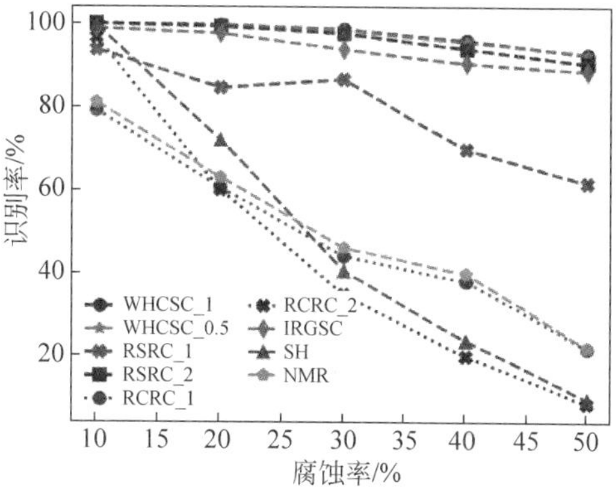

(b) 白色块遮挡的人脸识别率

图 6.8　各算法在不同块遮挡下的识别率

图 6.9　Lena 块遮挡的人脸

3. 真实伪装的人脸识别

使用 AR 数据库，分别取每一类人脸子集 1 和子集 2 的前 3 张，共 6 张作为训练图像；子集 1 和子集 2 的 6 张墨镜伪装和 6 张围巾伪装作为测试图像。图像被调整到 33×24 像素。表 6.5 列出几种分类器的测试结果，WHCSC 比 RSRC、RCRC、IRGSC、SH、NMR 表现

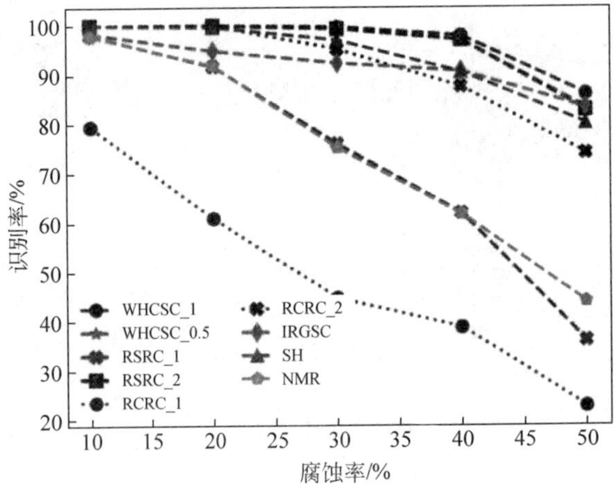

图 6.10 Lena 块遮挡的人脸识别

出更好的结果。RCRC 表现不稳定,因为围巾伪装遮挡住较多人物特征有效像素,使得 RCRC 在图像信息有限时容易受到干扰;IRGSC 表现良好,进一步体现权重系数对图像局部优化的作用。

表 6.5 墨镜伪装和围巾伪装中的识别率 单位:%

伪装方式	WHCSC_1	WHCSC_0.5	RSRC_1	RSRC_2	RCRC_1
墨镜伪装	93.67	92	39.33	84.67	23.83
围巾伪装	86	82.33	38.33	51.67	26.5
伪装方式	RCRC_2	IRGSC	SH	NMR	
墨镜伪装	45.83	77.67	51.5	23.67	—
围巾伪装	15.64	62.83	7.33	27.33	—

注:WHCSC_1、WHCSC_0.5、RSRC_1、RSRC_2、RCRC_1、RCRC_2、IRGSC、SH、NMR 算法对比。

6.5.4 图像的重构

重构块遮挡和真实伪装中的拟合图像,从视觉上观察各个算法的重构图像。在本节实验中,训练集使用正面弱遮挡的图像,测试集使用对应的遮挡图像。在 WHCSC、RSRC、IRGSC 等有权重系数的算法中,重构图像表示为 $\boldsymbol{w}\odot\boldsymbol{X\theta}$,对应的测试集图像表示为 $\boldsymbol{w}\odot\boldsymbol{y}$。在 RCRC、SH、NMR 等没有权重的算法中,重构图像表示为 $\boldsymbol{X\theta}$,对应的测试集图像表示为 $\boldsymbol{y}$。像素腐蚀图像中的噪声是随机分布的,其重构图像不便于观察,所以并未设置实验。

图 6.11 是块遮挡的图像重构。观察图 6.11(f)和图 6.11(g),因为测试集存在黑色遮挡块,所以 RCRC、SH、NMR 等没有权重的算法无法在重构图像中生成与黑色遮挡块相似的区域。RSRC_1 的重构图像在还未完全拟合出黑色块时,已经开始大量腐蚀其他正常的图像区域。WHCSC_1、WHCSC_0.5、RSRC_、IRGSC 都能很好地拟合出黑色遮挡块。仔

细观察可以发现，由于光照角度不同，测试集中人物的额头有细微的颜色差别。待完全拟合出黑色遮挡块时，在人物额头区域，RSRC_2 出现较为明显的噪声腐蚀，WHCSC_0.5、IRGSC 次之，WHCSC_1 几乎没有。图 6.11(h)表示随着参数 τ 减小，选取的残差阈值 η 越小，并且权重约束更强。当 τ 为 0.9、0.8、0.7、0.6 时，重构图像没有完全拟合出黑色块区域；而 τ 为 0.5 时，η 太小导致权重过分约束残差，从而对黑色块区域以外的像素点产生腐蚀。当 τ 为 0.58 时，重构图像完全拟合出黑色块区域，并且几乎没有腐蚀其他像素点。另外，$\tau=0.58$ 表示有 42%的像素点被认为有较大值的残差，略微大于测试集 40%的噪声。因为真实图像本身带有其他因素产生的噪声，所以重构图像在 $\tau=0.58$ 取得最优表现是符合理论和实际的。总而言之，在复杂的噪声环境中，参数 q 可以让权重系数更加平滑，参数 τ 的值可以很容易通过实际残差数量来确定，这继续显示出 WHCSC 的优越性。

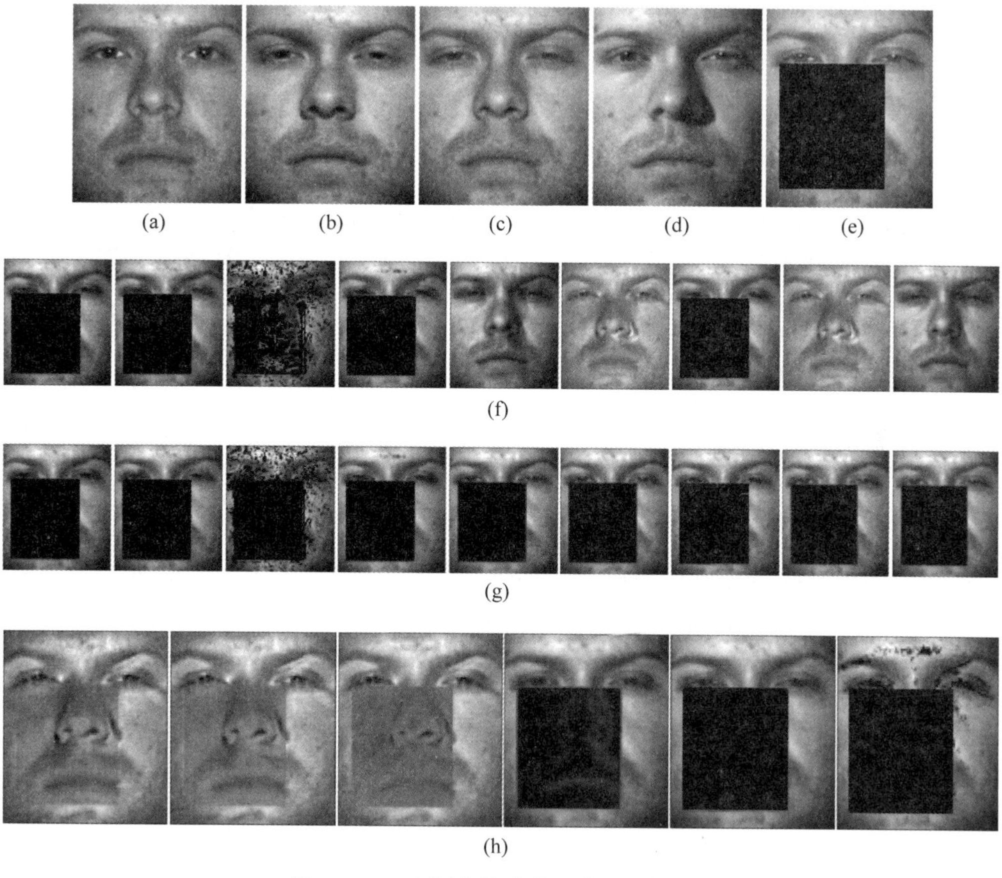

图 6.11　40%黑色块遮挡人脸的重构图像

注：(a)～(d)是训练集。(e)是测试集。(f)从左到右分别表示算法 WHCSC_1、WHCSC_0.5、RSRC_1、RSRC_2、RCRC_1、RCRC_2、IRGSC、SH、NMR 的重构图像。(g)从左到右分别表示算法 WHCSC_1、WHCSC_0.5、RSRC_1、RSRC_2、RCRC_1、RCRC_2、IRGSC、SH、NMR 的测试集对比图。(h)是参数 τ 分别等于 0.9、0.8、0.7、0.6、0.58、0.5 时，WHCSC_1 的重构图像。

图 6.12 是墨镜伪装的图像重构。观察图 6.12(h)和图 6.12(i),因为测试集存在墨镜伪装,所以 RCRC、SH、NMR 等没有权重的算法无法在重构图像中生成与墨镜相似的区域。RSRC_1 的重构图像只存在一个微弱的墨镜框架,并且整个图像带有杂乱的噪声。这表明在噪声环境中,分类模式一不能很好地区分噪声与真实图像。WHCSC_1、WHCSC_0.5、RSRC_2 的重构图像与对应的测试集对比图比较,几乎看不出差别,而且都能很好地重构出测试图像的特点。一方面,重构图像拟合出墨镜的形状及光泽。对于测试集中,墨镜上的白色区域属于残差较大的图像点,其像素值在权重系数作用下趋近于零,即在灰度图像中是黑色。另一方面,重构图像弱化了图 6.12(b)带来的面部表情影响。IRGSC 虽然较好地拟合出墨镜伪装,但是其权重系数对于人物轮廓及表情等边界处理不够精确。

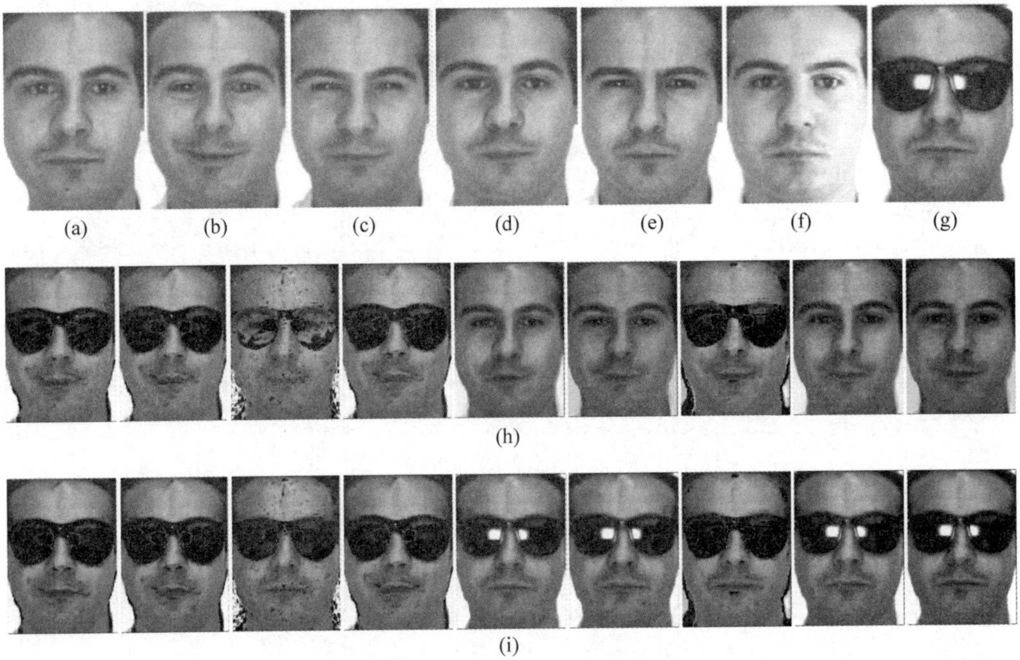

图 6.12 墨镜伪装人脸的重构图像

注:(a)~(f)是墨镜伪装训练集。(g)是墨镜伪装测试集。(h)从左到右分别表示算法 WHCSC_1、WHCSC_0.5、RSRC_1、RSRC_2、RCRC_1、RCRC_2、IRGSC、SH、NMR 的重构图像。(i)从左到右分别表示算法 WHCSC_1、WHCSC_0.5、RSRC_1、RSRC_2、RCRC_1、RCRC_2、IRGSC、SH、NMR 的测试集对比图。

6.5.5 运行时间

运行时间是评判分类器的其中一个重要参考指标。对 WHCSC、RSRC、RCRC、IRGSC、SH 等 5 个鲁棒分类器进行运行时间测试,采用噪声和真实伪装在同一台计算机上进行试验。算法涉及的 l_1 范数最小化求解均采用 ADMM。表 6.6 列出了几种分类器 10

次运行的平均运行时间。IRGSC 因为额外计算自适应特征权重和自适应距离权重，耗时最长，识别率中等且稳定；SH 耗时最少，识别率较低；WHCSC_1 耗时较少，识别率最高且稳定。分类模式二受实验样本影响，计算成本没有明显优势。总的来说，WHCSC 牺牲少量计算成本，获得了最高识别率。

表 6.6 运行时间测试 单位：s

算法	高斯噪声		墨镜伪装	
	识别率	运行时间	识别率	运行时间
WHCSC_1	81.89	572	93.17	657
RSRC_1	60.03	942	39.33	430
RSRC_2	70.93	700	84.67	894
RCRC_1	56.43	1068	23.83	449
RCRC_2	65.28	739	45.83	619
IRGSC	61.7	2307	77.67	1219
SH	71.39	541	51.5	261

注：WHCSC_1、RSRC_1、RSRC_2、RCRC_1、RCRC_2、IRGSC、SH 算法对比。

6.5.6 参数与识别率

参数变化是评判分类器的另一个重要参考指标。WHCSC 有两个重要参数，如前文提到的 τ 和 q。利用 $k=\lfloor \tau m \rfloor$ 确定阈值残差在残差序列 Ψ 中的位置，并利用 q 影响权重的惩罚率。

图 6.13(a)和图 6.13(c)表示固定参数 τ，改变参数 q 时，识别率的变化。随着 q 减小，识别率总体呈上升趋势。图 6.13(b)和图 6.13(d)表示固定参数 q，改变参数 τ 时，识别率的变化。随着 τ 增大，识别率总体呈上升趋势。图 6.13(e)呈现出 Sigmoid 函数的部分特性。当参数 x 变化成 $\frac{x}{2}$ 时，Sigmoid 函数图像更平滑。所以，当参数 q 变小时，可以降低权重惩罚程度，使得权重在同一次迭代的值变化趋势更平滑。图 6.13(f)表示带有高斯噪声的人脸图像的残差分布图。可以观察到，只有少部分人脸图像点具有很大的残差。所以，当参数 τ 增大时，可以让更多的图像点获得更高的权重。结合人脸图像的复杂环境，当噪声增强时，残差大的图像点也会增多，应该降低 τ 的取值。反之，可以增大 τ 的取值。而参数 q 通常比较小。

6.5.7 实验结果与分析

本章提出一种新的权重迭代更新的 Huber 估计稀疏编码，并提出一种有效的优化方法，增强权重的效果。WHCSC 的优势体现在复杂的遮挡环境中呈现强鲁棒性。首先，权重系数可以有效地找到查询样本中的遮挡像素，降低在回归时遮挡像素的权重，达到局部优化；

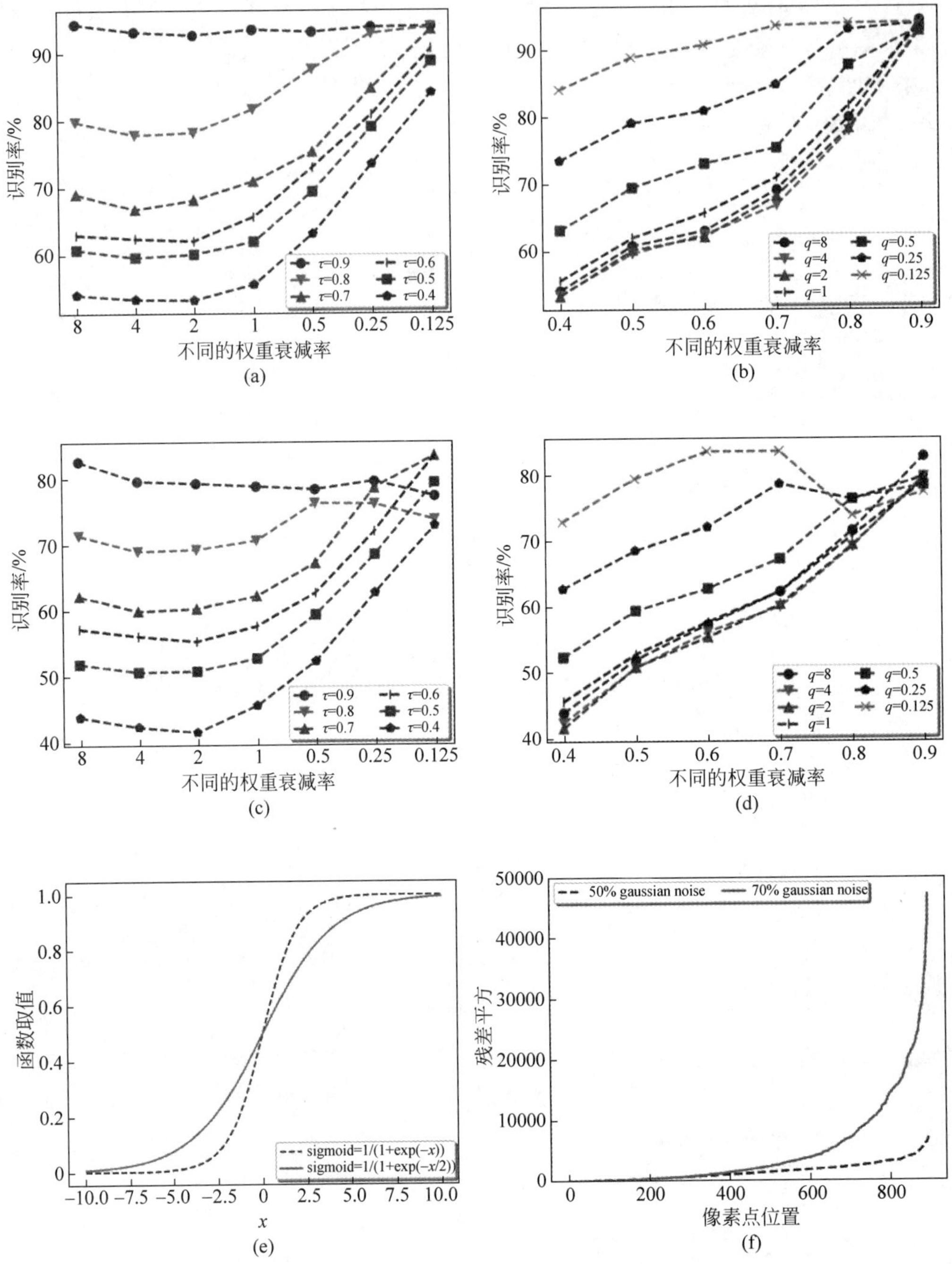

图 6.13　参数与识别率关系示意图

注：(a)是在 50%的高斯噪声情况中，不同参数 q 的识别率。(b)是在 50%的高斯噪声情况中，不同参数 τ 的识别率。(c)是在 70%的高斯噪声情况中，不同参数 q 的识别率。(d)是在 70%的高斯噪声情况中，不同参数 τ 的识别率。(e)是 Sigmoid 不同参数的示意图。(f)是 50%高斯噪声和 70%高斯噪声的残差分布图。

其次，利用 Huber 估计选择不同的保真项，进一步精确地对查询样本进行回归。然后，采用分类模式二，可以避免在当前类别进行回归时，其他类别图像带来的干扰。最后，通过一次幂权重系数增大类间变化和类内变化的相对差异，更易于分类判断。WHCSC 适用于 PCA、光照、腐蚀、遮挡等复杂变化场景。实验证明，WHCSC 效果比 IRGSC、RSRC、SRC、NMR 等优秀，对噪声处理更平滑、更精确。

6.6 本章小结

本章主要结合 Sigmoid 权重和稀疏鲁棒性编码提出一种加权的 Huber 约束稀疏编码。首先从抗噪性、两种分类方式和两种幂指数权重对 WHCSC 的鲁棒性进行分析。其次，分析 WHSCS 的初始值、迭代条件和查询样本类别判断。然后给出 WHCSC 算法伪代码，并详细描述利用 ADMM 求解子问题的 l_1 正则最小化问题。同时，本章还分析了 WHCSC 计算复杂度、收敛性和收敛率。最后，通过在几个公开的人脸数据库上进行实验，分别在弱遮挡环境和强遮挡环境的人脸识别中证明 WHCSC 的性能。通过重构图像，从视觉上直观反映出 WHCSC 在处理人物轮廓及表情等边界的优势。对于 WHCSC 的两个重要参数，本章通过实验分析了改变两个参数对识别率的影响。

6.7 参考文献

[1] Jianwei Z, Ping Y, Shengyong C, et al. Iterative Re-Constrained Group Sparse Face Recognition With Adaptive Weights Learning [J]. IEEE Transactions on Image Processing, 2017, 26(5): 2408-2423.

[2] Meng Y, Lei Z, Jian Y, et al. Robust sparse coding for face recognition [M]. Computer Vision and Pattern Recognition. Colorado Springs, CO, USA: IEEE, 2011: 625-632.

[3] Can Yi L, Hai M, Jie G, et al. Face recognition via Weighted Sparse Representation [J]. Journal of Visual Communication & Image Representation, 2013, 24(2): 111-116.

[4] Zizhu F, Ming N, Qi Z, et al. Weighted sparse representation for face recognition [J]. Neurocomputing, 2015, 151(1): 304-309.

[5] Timofte R, Gool L V. Adaptive and Weighted Collaborative Representations for image classification [J]. Pattern Recognition Letters, 2014, 43(1): 127-135.

[6] Tao L, Jian Xun M, Ying L, et al. Robust face recognition via sparse boosting representation [J]. Neurocomputing, 2016, 214: 944-957.

[7] Jian Xun M, Qiankun F, Weisheng L. Adaptive Class Preserving Representation for Image Classification [C]//IEEE Conference on Computer Vision and Pattern Recognition. Honolulu, HI, United states: IEEE. 2017: 2624-2632.

[8] Boyd S, Parikh N, Chu E, et al. Distributed Optimization and Statistical Learning via the Alternating Direction Method of Multipliers [J]. Foundations & Trends in Machine Learning, 2010, 3(1):

1-122.

[9] Wei D, Wotao Y. On the Global and Linear Convergence of the Generalized Alternating Direction Method of Multipliers [J]. Journal of Scientific Computing, 2015, 66(3): 889-916.

[10] Goldstein T, Donoghue, Setzer S. Fast Alternating Direction Optimization Methods [J]. Siam Journal on Imaging Sciences, 2014, 7(3): 225-231.

[11] He B, Yuan X. On non-ergodic convergence rate of Douglas-Rachford alternating direction method of multipliers [J]. Numerische Mathematik, 2015, 130(3): 567-577.

[12] Haoxi L, Haifeng H, Yip C. Comments On "Iterative Re-constrained Group Sparse Face Recognition with Adaptive Weights Learning" [J]. IEEE Trans Image Process, 2017, 26(11): 5475-5476.

第7章 自适应加权的Huber约束稀疏表达的鲁棒性算法

基于回归分析的分类器的一个重要问题是保真项是否能足够有效地描述信号保真度。对编码残差添加权重可以抑制噪声或者离散值的影响。本章期望权重在发挥作用时能提高权重的可解释性和减少超参数的数量。另一方面,本章期望在一定的条件约束下,权重能自适应当前的编码残差分布,以获得更符合真实分布的编码系数,从而提高算法鲁棒性。

7.1 自适应权重

以 l_2 范数约束的保真项为例,加权的线性回归可以表示成通用形式

$$\left\| \boldsymbol{w}^{\frac{1}{2}} \odot (\boldsymbol{X}\boldsymbol{\theta} - \boldsymbol{y}) \right\|_2^2 \tag{7.1}$$

其中,$\boldsymbol{w} = [w_1, w_2, \cdots, w_m] \in \Re^{m \times 1}$,为像素值权重,与6.1节一致。不同的 $\boldsymbol{w}$ 导致不同的分类器。当 $\boldsymbol{w} = \boldsymbol{1}$ 时,它对应于CRC中的 l_2 范数保真项;当 $\boldsymbol{w} = \dfrac{1}{|\boldsymbol{X}\boldsymbol{\theta} - \boldsymbol{y}|}$ 时,它变成了SRC中 l_1 范数保真项;当 $\boldsymbol{w}$ 设置为式(6.3)时,它变成了RSRC。然而,这些函数都有一定的局限性。不管数据是否异常,l_2 范数保真项对所有特征一视同仁。当残差趋近于零时,l_1 范数保真项赋予特征无穷大的权重,使得编码不鲁棒。Sigmoid权重虽然能限制权重有效范围在[0,1]之间,但Sigmoid权重需要手动设置两个参数,这需要花费大量时间。另外,Sigmoid函数与实际权重之间的本质关系,并没有从理论上得到证明。

我们希望 $\boldsymbol{w}$ 更加灵活,能够自适应查询样本,使得权重系数更贴近编码残差分布,同时分类器对复杂的闭塞环境更加鲁棒。对于同一个查询样本,在权重和为固定值时,不同编码残差的权重系数具有相互竞争的关系,它们都在权重和的约束下争取更大的权重系数。另外,为了让不同查询样本有个统一的标准,权重和通常设为1。所以对式(7.1)添加权重的约束条件为

$$\min_{\boldsymbol{w}^{\mathrm{T}} I = 1, w_i \geqslant 0} \sum_i^m (y_i - \boldsymbol{x}_i \boldsymbol{\theta})_2^2 w_i \tag{7.2}$$

然而，式(7.2)可能出现过拟合，甚至极端解，即只有最小残差的特征权重为1，其他特征权重都为零。由此可以转化为以下不包含编码残差信息的问题

$$\min_{\boldsymbol{w}^{\mathrm{T}}\boldsymbol{I}=1,w_i\geqslant 0}\sum_{i}^{m}w_i^2 \tag{7.3}$$

结合式(7.2)和式(7.3)，并整理得到

$$\begin{aligned}&\min_{\boldsymbol{w}}\left\|\boldsymbol{w}^{\frac{1}{2}}\odot(\boldsymbol{X}\boldsymbol{\theta}-\boldsymbol{y})\boldsymbol{z}\right\|_2^2+\gamma\|\boldsymbol{w}\|_2^2\\&\text{s.t. }\boldsymbol{w}^{\mathrm{T}}\boldsymbol{I}=1,\ w_i\geqslant 0\end{aligned} \tag{7.4}$$

其中 $\boldsymbol{I}$ 是全为1的列向量，γ 是正则约束的超参数。

自适应权重不仅约束单个权重大小，还限制权重系数的总和。所以自适应权重是单个权重在权重和约束下自动竞争的结果。这更符合编码残差的真实分布。

7.2 自适应加权的 Huber 约束编码的模型

在 Huber 回归中，对 l_1 和 l_2 范数的保真项都设置权重约束，如下

$$\begin{aligned}&\min_{\boldsymbol{\theta}}\begin{cases}\dfrac{1}{2}\sum\limits_{i}^{m}(y_i-\boldsymbol{x}_i\boldsymbol{\theta})_2^2w_i & |y_i-\boldsymbol{x}_i\boldsymbol{\theta}|\leqslant\eta\\ \eta\sum\limits_{i}^{m}|y_i-\boldsymbol{x}_i\boldsymbol{\theta}|w_i+K & |y_i-\boldsymbol{x}_i\boldsymbol{\theta}|>\eta\end{cases}\\&\text{s.t. }\boldsymbol{w}^{\mathrm{T}}\boldsymbol{I}=1,\ w_i\geqslant 0\end{aligned} \tag{7.5}$$

其中，K 是为了平滑分段函数的待定常数，$\boldsymbol{w}=[w_1,w_2,\cdots,w_m]\in\Re^{m\times 1}$，$\boldsymbol{I}$ 是全为1的列向量。然而式(7.5)可能出现极端解，即只有最小残差的特征权重为1，而其他特征权重都为零。为了避免出现极端解和过拟合现象，可以转化为以下不包含编码残差信息的问题

$$\min_{\boldsymbol{w}^{\mathrm{T}}\boldsymbol{I}=\boldsymbol{1},w_i\geqslant 0}\sum_{i}^{m}w_i^2 \tag{7.6}$$

当训练样本足够好时，则训练样本都能很好地拟合查询样本。式(7.6)的最优解是所有特征被赋予相同权重 $\dfrac{1}{m}$。并且式(7.5)可以看作是权重 $\boldsymbol{w}$ 的高斯先验。结合式(7.5)和式(7.6)得到以下目标函数

$$\min_{\boldsymbol{\theta}}\sum_{i}^{m}w_i^2+\begin{cases}\dfrac{1}{2}\sum\limits_{i}^{m}(y_i-\boldsymbol{x}_i\boldsymbol{\theta})_2^2w_i & |y_i-\boldsymbol{x}_i\boldsymbol{\theta}|\leqslant\eta\\ \eta\sum\limits_{i}^{m}|y_i-\boldsymbol{x}_i\boldsymbol{\theta}|w_i+K & |y_i-\boldsymbol{x}_i\boldsymbol{\theta}|>\eta\end{cases}$$

$$\text{s.t.}\ \boldsymbol{w}^{\mathrm{T}}\boldsymbol{I}=1,\ w_i \geqslant 0 \tag{7.7}$$

整理式(7.7)得到其变形表达式

$$\min_{\boldsymbol{\theta}}\sum_i^m w_i^2+\begin{cases}\dfrac{1}{2}\sum\limits_i^m (y_i-\boldsymbol{x}_i\boldsymbol{\theta})_2^2 w_i & w_i^{\frac{1}{2}}\ |y_i-\boldsymbol{x}_i\boldsymbol{\theta}|\leqslant w_i^{\frac{1}{2}}\eta \\ \eta\sum\limits_i^m w_i^{\frac{1}{2}}\sum\limits_i^m |y_i-\boldsymbol{x}_i\boldsymbol{\theta}|w_i^{\frac{1}{2}}+K & w_i^{\frac{1}{2}}\ |y_i-\boldsymbol{x}_i\boldsymbol{\theta}|>w_i^{\frac{1}{2}}\eta\end{cases}$$

$$\text{s.t.}\ \boldsymbol{w}^{\mathrm{T}}\boldsymbol{I}=1,\ w_i \geqslant 0 \tag{7.8}$$

经过推导,式(7.8)可以转化为

$$\begin{gathered}\min_{\boldsymbol{\theta}} g(\boldsymbol{z})+\gamma\|\boldsymbol{w}\|_2^2 \\ \text{s.t.}\ \boldsymbol{z}=\boldsymbol{w}^{\frac{1}{2}}\odot(\boldsymbol{X}\boldsymbol{\theta}-\boldsymbol{y}),\boldsymbol{w}^{\mathrm{T}}\boldsymbol{I}=1,\ w_i\geqslant 0\end{gathered} \tag{7.9}$$

其中,$\boldsymbol{a}\odot\boldsymbol{b}$ 表示 $\boldsymbol{a}$ 和 $\boldsymbol{b}$ 对应元素相乘。并令 $K=-\dfrac{1}{2}\boldsymbol{w}^{\mathrm{T}}\boldsymbol{I}\eta^2$,则 $g(\boldsymbol{z})=\begin{cases}\dfrac{1}{2}\|\boldsymbol{z}\|_2^2 & |\boldsymbol{z}|\leqslant \boldsymbol{w}^{\frac{1}{2}}\eta \\ \eta\left\|\boldsymbol{w}^{\frac{1}{2}}\odot\boldsymbol{z}\right\|_1-\dfrac{1}{2}\boldsymbol{w}^{\mathrm{T}}\boldsymbol{I}\eta^2 & |\boldsymbol{z}|>\boldsymbol{w}^{\frac{1}{2}}\eta\end{cases}$ 是目标函数(7.5)的 Huber 函数形式。

7.3 自适应加权的 Huber 约束稀疏编码的模型

本节期望尽可能选择出更有效的训练样本去拟合查询样本,并避免噪声样本的干扰。所以,最优的编码系数实质是一个具有样本选择功能的稀疏解。通过对编码系数的稀疏约束构造式(7.9)的稀疏编码

$$\begin{gathered}\min_{\boldsymbol{\theta}} g(\boldsymbol{z})+\gamma\|\boldsymbol{w}\|_2^2+\lambda\|\boldsymbol{\alpha}\|_1 \\ \text{s.t.}\ \boldsymbol{z}=\boldsymbol{w}^{\frac{1}{2}}\odot(\boldsymbol{X}\boldsymbol{\theta}-\boldsymbol{y}),\quad \boldsymbol{w}^{\mathrm{T}}\boldsymbol{I}=1,\quad w_i\geqslant 0,\quad \boldsymbol{\alpha}=\boldsymbol{\theta}\end{gathered} \tag{7.10}$$

其中,$\boldsymbol{w}$ 是样本权重。η 是大于零的常数阈值,其作用判断保真项使用 l_1 范数还是 l_2 范数,η 阈值同样使用一种结合权重的阈值,即 $\boldsymbol{w}\eta$。$\boldsymbol{w}\eta$ 使得阈值更符合权重 $\boldsymbol{w}$ 约束的训练样本分布。

[0,255]灰度图像中编码残差为零时,图像为黑色。从图 7.1 中可以观察到,图 7.1(b)最暗淡,即 Huber 损失的编码残差最小,与查询样本的拟合度最高。所以,Huber 回归可以得到更契合查询样本的编码系数。

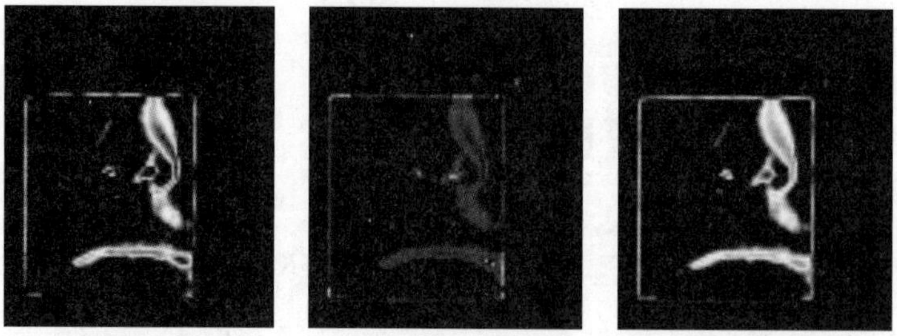

(a) l_1范数保真项　(b) Huber损失保真项　(c) l_2范数保真项

图 7.1　40%黑色块遮挡中，相同参数不同保真项的编码残差图

7.3.1 自适应权重更新

自适应加权的 Huber 约束稀疏模型是一个最小化的迭代过程，自适应权重和编码系数交替更新。当固定编码系数时，更新自适应权重变成了求解式(7.10)的子问题

$$\min_{w} \gamma \|\boldsymbol{w}\|_2^2 + \begin{cases} \dfrac{1}{2}\left\|\boldsymbol{w}^{\frac{1}{2}} \odot \boldsymbol{e}\right\|_2^2 & |\boldsymbol{e}| \leqslant \eta \\ \eta \|\boldsymbol{w} \odot \boldsymbol{e}\|_1 - \dfrac{1}{2}\boldsymbol{w}^{\mathrm{T}}\boldsymbol{I}\eta^2 & |\boldsymbol{e}| > \eta \end{cases} \tag{7.11}$$

$$\text{s.t.}\quad \boldsymbol{w}^{\mathrm{T}} I = 1,\quad w_i \geqslant 0$$

其中 $\boldsymbol{e}=\boldsymbol{X\theta}-\boldsymbol{y}$。变换式(7.11)形式，并消除常数项得到

$$\min_{w} \begin{cases} \dfrac{1}{2}\sum_{i}^{m}\left(\dfrac{1}{2}w_i e_i^2 + \gamma w_i^2\right) & |\boldsymbol{e}| \leqslant \eta \\ \sum_{i}^{m}\left(\eta w_i e_i - \dfrac{1}{2}w_i \eta^2 + \gamma w_i^2\right) & |\boldsymbol{e}| > \eta \end{cases}$$

$$\Rightarrow \min_{w} \begin{cases} \dfrac{1}{2}\left\|\boldsymbol{w} + \dfrac{\boldsymbol{E}}{4\gamma}\right\|_2^2 & |\boldsymbol{e}| \leqslant \eta \\ \left\|\boldsymbol{w} + \dfrac{2\eta \boldsymbol{e} - \eta^2}{4\gamma}\right\|_2^2 & |\boldsymbol{e}| > \eta \end{cases} \tag{7.12}$$

$$\text{s.t.}\quad \boldsymbol{w}^{\mathrm{T}} \boldsymbol{I} = 1,\quad w_i \geqslant 0$$

其中 $\boldsymbol{E}=[e_1^2, e_2^2, \cdots, e_m^2] \in \Re^{m\times 1}$。

最小化问题式(7.12)的拉格朗日函数为

$$\mathcal{L}(\boldsymbol{w},\gamma,\boldsymbol{\beta}) = -\kappa(\boldsymbol{w}^{\mathrm{T}}\boldsymbol{I}-1) - \boldsymbol{\beta}^{\mathrm{T}}\boldsymbol{w} + \begin{cases} \dfrac{1}{2}\left\|\boldsymbol{w} + \dfrac{\boldsymbol{E}}{4\gamma}\right\|_2^2 & |\boldsymbol{e}| \leqslant \eta \\ \left\|\boldsymbol{w} + \dfrac{2\eta \boldsymbol{e} - \eta^2}{4\gamma}\right\|_2^2 & |\boldsymbol{e}| > \eta \end{cases} \tag{7.13}$$

其中 κ 和 $\boldsymbol{\beta} \geqslant 0$ 是拉格朗日乘子变量。并根据 KKT 条件可以得到最优解

$$\boldsymbol{w}=\begin{cases}\left(\kappa-\dfrac{\boldsymbol{E}}{4\gamma}\right)_{+} & |\boldsymbol{e}| \leqslant \eta \\ \left(\kappa-\dfrac{2\eta e-\eta^{2}}{4\gamma}\right)_{+} & |\boldsymbol{e}|>\eta\end{cases} \tag{7.14}$$

为了降低噪声的影响，可以通过学习稀疏的权重向量来消除噪声像素点。因此，自适应权重希望超过阈值的噪声像素点的权重系数为零。将残差$[e_1, e_2, \cdots, e_m]$按从小到大排序。假设 $\boldsymbol{w}$ 的最优解存在 $l>0$ 个零元素，那么根据式(7.14)可以得到 $w_{m-l}>0$ 且 $w_{m-l+1}=0$，也就是

$$\begin{cases}\kappa-\dfrac{E_{m-l}}{4\gamma}>0 & |\boldsymbol{e}| \leqslant \eta \\ \kappa-\dfrac{E_{m-l+1}}{4\gamma}=0 & |\boldsymbol{e}| \leqslant \eta \\ \kappa-\dfrac{2\eta e_{m-l}-\eta^{2}}{4\gamma}>0 & |\boldsymbol{e}|>\eta \\ \kappa-\dfrac{2\eta e_{m-l+1}-\eta^{2}}{4\gamma}=0 & |\boldsymbol{e}|>\eta\end{cases} \tag{7.15}$$

另外，根据约束 $\boldsymbol{w}^{\mathrm{T}}\boldsymbol{I}=1$ 得到

$$\begin{cases}\displaystyle\sum_{j=1}^{m-l}\left(\kappa-\frac{E_j}{4\gamma}\right)=1 & |\boldsymbol{e}| \leqslant \eta \\ \displaystyle\sum_{j=1}^{m-l}\left(\kappa-\frac{2\eta e_j-\eta^{2}}{4\gamma}\right)=1 & |\boldsymbol{e}|>\eta\end{cases} \tag{7.16}$$

$$\kappa=\begin{cases}\dfrac{1}{m-l}+\displaystyle\sum_{j=1}^{m-l}\frac{E_j}{4\gamma(m-l)} & |\boldsymbol{e}| \leqslant \eta \\ \dfrac{1}{m-l}+\displaystyle\sum_{j=1}^{m-l}\frac{2\eta e_j-\eta^{2}}{4\gamma(m-l)} & |\boldsymbol{e}|>\eta\end{cases} \tag{7.17}$$

将式(7.17)代入式(7.15)中得到

$$\gamma=\begin{cases}(m-l)\dfrac{E_{m-l+1}}{4}-\displaystyle\sum_{j=1}^{m-l}\frac{E_j}{4} & |\boldsymbol{e}| \leqslant \eta \\ (m-l)\dfrac{\eta e_{m-l+1}}{2}-\displaystyle\sum_{j=1}^{m-l}\frac{\eta e_j}{2} & |\boldsymbol{e}|>\eta\end{cases} \tag{7.18}$$

利用推导得到的 κ 和 γ，可以求得 $\boldsymbol{w}$ 的最优解是

$$w=\begin{cases}\dfrac{E_{m-l+1}-E}{(m-l)E_{m-l+1}-\sum\limits_{j=1}^{m-l}E_j} & |\boldsymbol{e}|\leqslant\eta\\[2ex]\dfrac{e_{m-l+1}-e}{(m-l)e_{m-l+1}-\sum\limits_{j=1}^{m-l}e_j} & |\boldsymbol{e}|>\eta\end{cases}\tag{7.19}$$

从式(7.19)引出的超参数只有 l。与 RSRC 中引出的两个参数相比，l 的可解释性更强，其目的在于确定样本中噪声的数量。同时式(7.15)表明 $\boldsymbol{w}$ 中包含 l 个零元素，即权重系数是一个稀疏解。

7.3.2 自适应权重初始值

一个好的初始值会使得算法更容易获得好的性能。从式(7.10)可以观察到，自适应权重学习一方面寻找图像有效的像素点，另一方面希望尽可能均匀地分配权重值给有效的像素点。根据式(7.3)的最优解，AWHCSC 设置各个像素点的初始权重为$\dfrac{1}{m}$。

7.3.3 迭代条件

在每次迭代中，式(7.10)将逐渐减小，其下界为 0，AWHCSC 会逐渐收敛。当相邻迭代之间 θ 差异足够小时，AWHCSC 收敛，迭代终止。终止条件如下

$$\|\boldsymbol{\theta}^{t}-\boldsymbol{\theta}^{t-1}\|_2^2<\varepsilon$$

其中，ε 是一个足够小的正数，t 是迭代次数。

7.3.4 查询样本分类

计算查询样本在各类别中的编码系数$\boldsymbol{\theta}=[\boldsymbol{\theta}_1,\boldsymbol{\theta}_2,\cdots,\boldsymbol{\theta}_i,\cdots,\boldsymbol{\theta}_c]\in\Re^{m\times c}$，其中$\boldsymbol{\theta}_i=[\theta_{i1},\theta_{i2},\cdots,\theta_{im}]\in\Re^{m\times 1}$。那么查询样本在第 i 类中的编码残差为

$$e_i=e_{i1}+e_{i2}\tag{7.20}$$

其中，$e_{i1}=\dfrac{1}{2}\|\boldsymbol{z}\|_2^2(|\boldsymbol{z}|\leqslant\boldsymbol{w}^{\frac{1}{2}}\eta)$，$e_{i2}=\eta\|\boldsymbol{w}^{\frac{1}{2}}\odot\boldsymbol{z}\|_1-\dfrac{1}{2}\boldsymbol{w}^{\mathrm{T}}\boldsymbol{I}\eta^2(|\boldsymbol{z}|>\boldsymbol{w}^{\frac{1}{2}}\eta)$。并将最小 e_i 所属类别作为查询样本的类别。

7.4 算法鲁棒性分析

在人脸图像中，优化回归分析模型旨在探究类间变化和类内变化的内在联系，以提高算法的鲁棒性。

图 7.2 和图 7.3 使用相同数据集测试权重随着迭代次数增加的分布情况。图 7.4 使用相同数据集测试编码残差和权重的皮尔逊相关性。

WHCSC 仅仅将权重取值范围约束在[0,1],但并未约束权重和的上界。所以从图 7.2 中可以观察到,随着迭代次数增加,不同编码残差的权重波动并不剧烈,平均经过 3 次迭代就收敛,并且权重大部分收敛于图像上方。在 AWHCSC 中,约束条件 $\boldsymbol{w}^{\mathrm{T}}\boldsymbol{I}=1$ 和 $w_i \geqslant 0$ 使得不同样本子集的权重和都相同。从图 7.3 中可以观察到,随着迭代次数增加,由于权重和存在上界,不同编码残差的权重相互竞争,波动剧烈,平均经过 6 次迭代才趋于平稳,并且权重分布更均匀。从图 7.4 可以观察到,在 AWHCSC 中,编码残差和权重的皮尔逊相关系数更趋于负相关。所以自适应权重分布更平滑,约束性更强,并且更符合编码残差真实分布,即 AWHCSC 具有更强的鲁棒性。

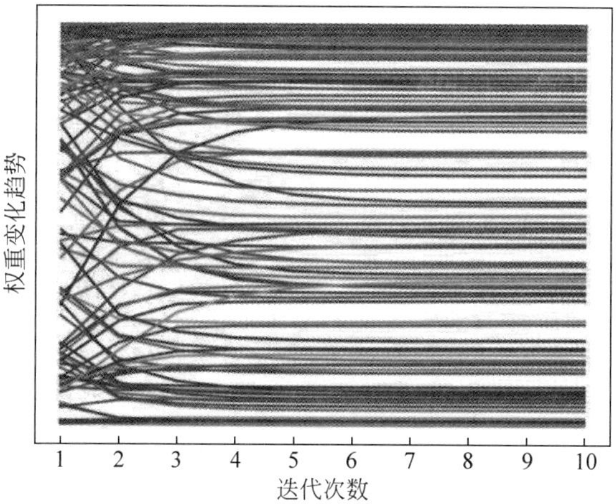

图 7.2　WHCSC 的权重前 10 次迭代变化趋势

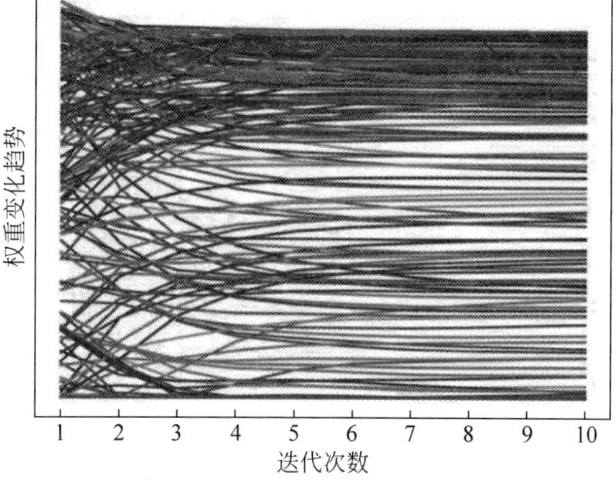

图 7.3　AWHCSC 的权重前 10 次迭代变化趋势

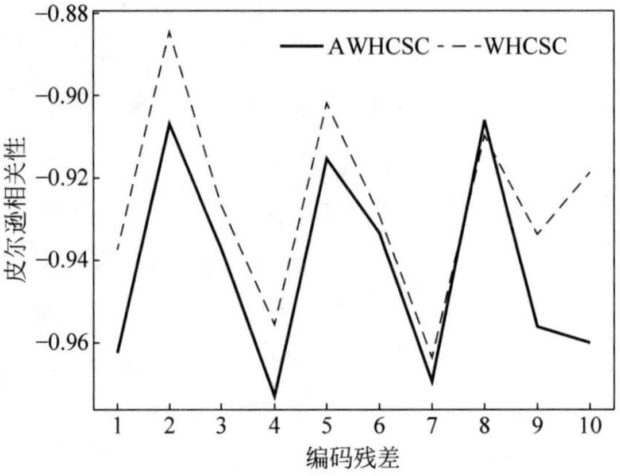

图 7.4 权重与编码残差的皮尔逊相关性

另外，在 7.3.1 节中可以知道自适应权重只产生一个超参数。这表明 AWHCSC 的模型更简单，更容易解释。

图 7.5 是 ExYaleB 人脸图像类间变化与类内变化的相对差异比，其中查询样本是 ExYaleB 第一类的第一张人脸图像，横坐标是图像类别，纵坐标是相对差异比。查询样本与相同类别训练样本的编码残差的实质就是类内变化 e_s，而查询样本与不同类别训练样本的编码残差的实质就是类间变化 e_{ns}。类间变化与类内变化的相对差异比可以表示为 $\frac{e_{ns}-e_s}{e_s}$。l_1 曲线表示编码残差 $e=\|\boldsymbol{w}\odot(\boldsymbol{X}\boldsymbol{\theta}-\boldsymbol{y})\|_1$，$l_2$ 曲线表示编码残差 $e=\left\|\boldsymbol{w}^{\frac{1}{2}}\odot(\boldsymbol{X}\boldsymbol{\theta}-\boldsymbol{y})\right\|_2^2$。观察图 7.5 可以发现 AWHCSC 中的相对差异比比 l_1 和 l_2 都高，这表明 AWHCSC 中的类间变化相对于类内变化有更大的差异，更利于分类。

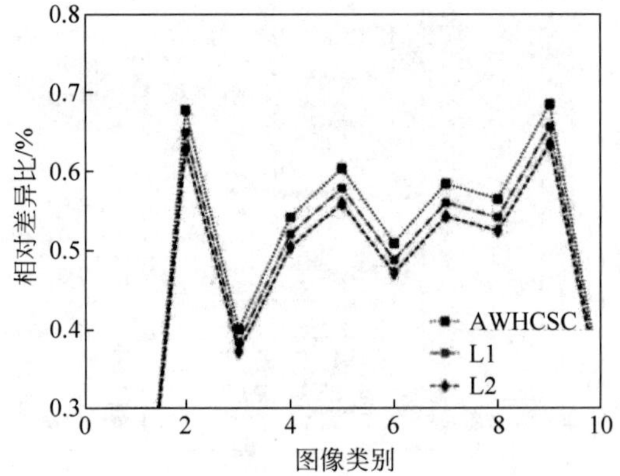

图 7.5 ExYaleB 人脸图像类间变化与类内变化的相对差异比

7.5 算法的迭代步骤及子问题分析

自适应加权的 Huber 约束稀疏编码的主要迭代步骤如算法 7.1 所示。

算法 7.1：自适应加权的 Huber 约束稀疏编码(AWHCSC)

输入：测试样本 $\boldsymbol{y}$，训练样本集 $\boldsymbol{X}$，初始化权重 $\boldsymbol{w}=\left[\frac{1}{m},\cdots,\frac{1}{m}\right]\in\Re^{m\times 1}$，参数 l，阈值 η，初始化$\boldsymbol{y}_{\text{predict}}^{1}$ 为对应训练样本子集的均值 $\text{mean}(\boldsymbol{X}_i\boldsymbol{\theta}_i)$。

输出：$\boldsymbol{\theta}^*$

1：　$i\in[1,2,\cdots,c]$

2：　　$t=1$

3：　　　初始化编码残差$\boldsymbol{e}^t=\boldsymbol{y}-\boldsymbol{y}_{\text{predict}}^t$

4：　　　权重系数更新

$$\boldsymbol{w}_i^t=\begin{cases}\dfrac{E_{m-l+1}^t-E^t}{(m-l)E_{m-l+1}^t-\sum\limits_{j=1}^{m-l}E_j^t} & |\boldsymbol{e}^t|\leqslant\eta\\[2ex] \dfrac{e_{m-l+1}^t-e^t}{(m-l)e_{m-l+1}^t-\sum\limits_{j=1}^{m-l}e_j^t} & |\boldsymbol{e}^t|>\eta\end{cases}$$

5：　　　第 i 类编码系数更新

$$\boldsymbol{\theta}_i^*=\min_{\boldsymbol{\theta}_i^t} g(\boldsymbol{z})+\lambda\|\boldsymbol{\alpha}\|_1\quad \text{s. t. } \boldsymbol{z}=(\boldsymbol{w}_i^t)^{\frac{1}{2}}\odot(\boldsymbol{X}_i\boldsymbol{\theta}_i^t-\boldsymbol{y}),\boldsymbol{\alpha}=\boldsymbol{\theta}_i^t$$

6：　　　更新预测值 $\boldsymbol{y}_{\text{predict}}^t=\boldsymbol{X}_i\boldsymbol{\theta}_i^*$

7：　　　返回 3，直到第 i 类编码系数更新结束。

8：　返回 2，直到所有类别编码系数更新结束，输出$\boldsymbol{\theta}^*=[\boldsymbol{\theta}_1^*,\boldsymbol{\theta}_2^*,\cdots,\boldsymbol{\theta}_i^*,\cdots,\boldsymbol{\theta}_c^*]\in\Re^{m\times c}$，其中$\boldsymbol{\theta}_i^*=[\theta_{i1}^*,\theta_{i2}^*,\cdots,\theta_{im}^*]\in\Re^{m\times 1}$。

9：　利用更新完的$\boldsymbol{\theta}^*$ 进行分类。

7.5.1 ADMM 求解子问题

由于自适应加权的 Huber 约束稀疏编码算法存在 l_1 范数正则项，如算法 7.1 中步骤 5，所以本节使用 ADMM 框架解决 l_1 范数最小化问题。

ADMM 求解子问题

$$
\begin{aligned}
&\min_{\boldsymbol{\theta}} g(z) + \lambda \|\boldsymbol{\alpha}\|_1 \\
&\text{s.t. } z = w^{\frac{1}{2}} \odot (\boldsymbol{X}\boldsymbol{\theta} - \boldsymbol{y}), \quad \boldsymbol{\alpha} = \boldsymbol{\theta}
\end{aligned}
\tag{7.21}
$$

子问题的拉格朗日表达式为

$$
\begin{aligned}
&\mathcal{L}(\boldsymbol{\theta}, z, \boldsymbol{\alpha}, \boldsymbol{h}_z, \boldsymbol{h}_{\boldsymbol{\alpha}}) = g(z) + \lambda \|\boldsymbol{\alpha}\|_1 + \langle \boldsymbol{h}_z, w^{\frac{1}{2}} \odot (\boldsymbol{X}\boldsymbol{\theta} - \boldsymbol{y}) - z \rangle + \\
&\qquad \langle \boldsymbol{h}_{\boldsymbol{\alpha}}, \boldsymbol{\theta} - \boldsymbol{\alpha} \rangle \\
&\text{s.t. } z = w^{\frac{1}{2}} \odot (\boldsymbol{X}\boldsymbol{\theta} - \boldsymbol{y}), \quad \boldsymbol{\alpha} = \boldsymbol{\theta}
\end{aligned}
\tag{7.22}
$$

为了增加对偶上升法的鲁棒性及放松函数的强凸约束，引入式(7.22)的增广拉格朗日表达式

$$
\begin{aligned}
\mathcal{L}_{\rho_1,\rho_2}(\boldsymbol{\theta}, z, \boldsymbol{\alpha}, \boldsymbol{h}_z, \boldsymbol{h}_{\boldsymbol{\alpha}}) = {} & g(z) + \lambda \|\boldsymbol{\alpha}\|_1 + \langle \boldsymbol{h}_z, w^{\frac{1}{2}} \odot (\boldsymbol{X}\boldsymbol{\theta} - \boldsymbol{y}) - z \rangle + \\
& \frac{\rho_1}{2} \left\| w^{\frac{1}{2}} \odot (\boldsymbol{X}\boldsymbol{\theta} - \boldsymbol{y}) - z \right\|_2^2 + \langle \boldsymbol{h}_{\boldsymbol{\alpha}}, \boldsymbol{\theta} - \boldsymbol{\alpha} \rangle + \\
& \frac{\rho_2}{2} \|\boldsymbol{\theta} - \boldsymbol{\alpha}\|_2^2
\end{aligned}
\tag{7.23}
$$

其中 ρ_1、ρ_2 大于 0。ADMM 迭代组成为

$$
\boldsymbol{\theta}^{k+1} := \underset{\boldsymbol{x}}{\operatorname{argmin}} \mathcal{L}_{\rho_1,\rho_2}(\boldsymbol{\theta}^k, z^k, \boldsymbol{\alpha}^k, \boldsymbol{h}_z^k, \boldsymbol{h}_{\boldsymbol{\alpha}}^k) \tag{7.24}
$$

$$
z^{k+1} := \underset{z}{\operatorname{argmin}} \mathcal{L}_{\rho_1}(\boldsymbol{\theta}^{k+1}, z^k, \boldsymbol{h}_z^k) \tag{7.25}
$$

$$
\boldsymbol{\alpha}^{k+1} := \underset{\boldsymbol{\alpha}}{\operatorname{argmin}} \mathcal{L}_{\rho_2}(\boldsymbol{\theta}^{k+1}, \boldsymbol{\alpha}^k, \boldsymbol{h}_{\boldsymbol{\alpha}}^k) \tag{7.26}
$$

$$
\boldsymbol{h}_z^{k+1} := \boldsymbol{h}_z^k + \rho_1 (w^{\frac{1}{2}} \odot (\boldsymbol{X}\boldsymbol{\theta}^{k+1} - \boldsymbol{y}) - z^{k+1}) \tag{7.27}
$$

$$
\boldsymbol{h}_{\boldsymbol{\alpha}}^{k+1} := \boldsymbol{h}_{\boldsymbol{\alpha}}^k + \rho_2 (\boldsymbol{\theta}^{k+1} - \boldsymbol{\alpha}^{k+1}) \tag{7.28}
$$

将式(7.23)代入式(7.24)～式(7.26)中，ADMM 的迭代公式为

$$
\begin{aligned}
\boldsymbol{\theta}^{k+1} := \underset{\boldsymbol{\theta}}{\operatorname{argmin}} \Big(& \frac{\rho_1}{2} \left\| w^{\frac{1}{2}} \odot (\boldsymbol{X}\boldsymbol{\theta}^k - \boldsymbol{y}) - z^k + \boldsymbol{u}^k \right\|_2^2 + \\
& \frac{\rho_2}{2} \|\boldsymbol{\theta}^k - \boldsymbol{\alpha}^k + \boldsymbol{u}^k\|_2^2 \Big)
\end{aligned}
\tag{7.29}
$$

$$
z^{k+1} := \underset{z}{\operatorname{argmin}} \left(g(z^k) + \frac{\rho_1}{2} \| w^{\frac{1}{2}} \odot (\boldsymbol{X}\boldsymbol{\theta}^{k+1} - \boldsymbol{y}) - z^k + \boldsymbol{u}^k \|_2^2 \right) \tag{7.30}
$$

$$
\boldsymbol{\alpha}^{k+1} := \underset{\boldsymbol{\alpha}}{\operatorname{argmin}} \left(\lambda \|\boldsymbol{\alpha}^k\|_1 + \frac{\rho_2}{2} \|\boldsymbol{\theta}^{k+1} - \boldsymbol{\alpha}^k + \boldsymbol{u}^k\|_2^2 \right) \tag{7.31}
$$

$$
\boldsymbol{u}_z^{k+1} := \boldsymbol{u}_z^k + w^{\frac{1}{2}} \odot (\boldsymbol{X}\boldsymbol{\theta}^{k+1} - \boldsymbol{y}) - z^{k+1} \tag{7.32}
$$

$$\boldsymbol{u}_{\boldsymbol{\alpha}}^{k+1} := \boldsymbol{u}_{\boldsymbol{\alpha}}^{k} + \boldsymbol{\theta}^{k+1} - \boldsymbol{\alpha}^{k+1} \tag{7.33}$$

其中 $\boldsymbol{u}$ 是 $\boldsymbol{u}=\frac{1}{\rho}\boldsymbol{h}$ 的替换变量。由式(7.29)～式(7.33)解得

$$\boldsymbol{\theta}^{k+1} = (\rho_1 \boldsymbol{X}^{\mathrm{T}} \boldsymbol{W}^{\frac{1}{2}\mathrm{T}} \boldsymbol{W}^{\frac{1}{2}} \boldsymbol{X} + \rho_2)^{-1} [\rho_1 \boldsymbol{X}^{\mathrm{T}} \boldsymbol{W}^{\frac{1}{2}\mathrm{T}} (\boldsymbol{z}^k - \boldsymbol{u}^k + \boldsymbol{y}) + \rho_2 (\boldsymbol{\alpha}^k - \boldsymbol{u}^k)] \tag{7.34}$$

$$\boldsymbol{z}^{k+1} = \frac{\rho_1}{1+\rho_1} [\boldsymbol{W}^{\frac{1}{2}} (\boldsymbol{X}\boldsymbol{\theta}^{k+1} - \boldsymbol{y}) + \boldsymbol{u}^k] + S_{\frac{\boldsymbol{w}^{\frac{1}{2}}\eta}{\rho_1}} \left(\frac{1}{1+\rho_1} [\boldsymbol{W}^{\frac{1}{2}} (\boldsymbol{X}\boldsymbol{\theta}^{k+1} - \boldsymbol{y}) + \boldsymbol{u}^k] \right) \tag{7.35}$$

$$\boldsymbol{\alpha}^{k+1} = S_{\frac{\lambda}{\rho_2}} (\boldsymbol{\theta}^{k+1} + \boldsymbol{u}^k) \tag{7.36}$$

$$\boldsymbol{u}_{\boldsymbol{z}}^{k+1} = \boldsymbol{u}_{\boldsymbol{z}}^{k} + \boldsymbol{w}^{\frac{1}{2}} \odot (\boldsymbol{X}\boldsymbol{\theta}^{k+1} - \boldsymbol{y}) - \boldsymbol{z}^{k+1} \tag{7.37}$$

$$\boldsymbol{u}_{\boldsymbol{\alpha}}^{k+1} = \boldsymbol{u}_{\boldsymbol{\alpha}}^{k} + \boldsymbol{\theta}^{k+1} - \boldsymbol{\alpha}^{k+1} \tag{7.38}$$

其中$\boldsymbol{W}^{\frac{1}{2}} = \mathrm{diag}([w_1^{\frac{1}{2}}, w_2^{\frac{1}{2}}, \cdots, w_m^{\frac{1}{2}}]) \in \Re^{m\times m}$ 是对角矩阵。S 运算符定义为

$$S_k(a) = \begin{cases} a-k, & a>k \\ 0, & |a| \leqslant k \\ a+k, & a<-k \end{cases} \tag{7.39}$$

7.5.2　计算复杂度分析

算法 7.1 的计算成本主要用于更新自适应权重 $\boldsymbol{w}$ 和编码系数$\boldsymbol{\theta}$。给定一个类别的人脸数据集有 m 张，每张图像大小为 $p\times q$，一共有 c 类人脸数据集，并令 $n=p\times q$。算法 7.1 的迭代次数记为 t。步骤 4 中自适应权重 $\boldsymbol{w}\in\Re^{n\times 1}$ 的计算复杂度为 $O(n)$。$\boldsymbol{w}^{\frac{1}{2}}\odot\boldsymbol{X}$ 和 $\boldsymbol{w}^{\frac{1}{2}}\odot\boldsymbol{y}$ 可以提前计算并缓存。式(7.34)中$\boldsymbol{\theta}$、$\boldsymbol{z}$、$\boldsymbol{\alpha}$、$\boldsymbol{u}_z$、$\boldsymbol{u}_{\boldsymbol{\alpha}}$ 的计算复杂度为 $O(nm^2)$，式(7.35)中 $\boldsymbol{z}$ 为$O(nm)$，式(7.37)中$\boldsymbol{u}_z$ 为$O(nm)$。所以步骤 3 中编码系数 $\boldsymbol{\theta}$ 的计算复杂度为 $O(knm^2)$，其中 k 是 ADMM 算法的迭代次数。因此，AWHCSC 的计算复杂度为 $O(ct(n+knm^2))$[1, 2]。经过多次实验，t 和 k 通常小于 10。

7.5.3　收敛性和收敛率分析

在证明收敛性之前，针对式(7.21)给出 ADMM 目标函数的标准形式，如下

$$\begin{aligned} &\min f(\boldsymbol{\theta}) + g(\boldsymbol{z}) + l(\boldsymbol{\alpha}) \\ &\text{s.t. } \boldsymbol{z} = \boldsymbol{w}^{\frac{1}{2}} \odot (\boldsymbol{X}\boldsymbol{\theta} - \boldsymbol{y}), \quad \boldsymbol{w}^{\mathrm{T}}\boldsymbol{I} = 1, \quad w_i \geqslant 0, \quad \boldsymbol{\alpha} = \boldsymbol{\theta} \end{aligned} \tag{7.40}$$

其中，

$$f(\boldsymbol{\theta}) = 0, \quad l(\boldsymbol{\alpha}) = \lambda \|\boldsymbol{\alpha}\|_1, \quad g(\boldsymbol{z}) = \begin{cases} \frac{1}{2}\|\boldsymbol{z}\|_2^2 & |\boldsymbol{z}| \leqslant \boldsymbol{w}^{\frac{1}{2}}\eta \\ \eta \|\boldsymbol{w}^{\frac{1}{2}} \odot \boldsymbol{z}\|_1 - \frac{1}{2}\boldsymbol{w}^{\mathrm{T}}\boldsymbol{I}\eta^2 & |\boldsymbol{z}| > \boldsymbol{w}^{\frac{1}{2}}\eta \end{cases}$$

下面证明关于函数 $f(\boldsymbol{\theta})$，$g(\boldsymbol{z})$，$l(\boldsymbol{\alpha})$的两个定理。

定理 7.1：函数 $f(\boldsymbol{\theta})$，$g(\boldsymbol{z})$，$l(\boldsymbol{\alpha})$都是正常的闭凸函数。

证明：显然，$f(\boldsymbol{\theta})=0$ 一定是正常的闭凸函数。因为 $\lambda>0$，范数满足三角不等式，所以 $l(\boldsymbol{\alpha})$是凸函数。对于 $g(\boldsymbol{z})$的上境图可以表示为以下形式，即

$$\text{epi } g=\{(\boldsymbol{z},t_z)\in\Re^m\times\Re \mid g(\boldsymbol{z})\leqslant t_z\} \tag{7.41}$$

显然 $g(\boldsymbol{z})$的上境图是非空闭凸集合。由上境图的性质可知，当 epi g 是非空的闭凸函数时，$g(\boldsymbol{z})$是正常的闭凸函数。ADMM 算法下的迭代步骤是求解每个子问题的最优解，显然子问题的最优解 $\boldsymbol{\theta}^{k+1}$、$\boldsymbol{z}^{k+1}$、$\boldsymbol{\alpha}^{k+1}$ 都是可行的。$\boldsymbol{\theta}^{k+1}$、$\boldsymbol{z}^{k+1}$、$\boldsymbol{\alpha}^{k+1}$ 的最小化问题有解(不一定唯一)。因此，$f(\boldsymbol{\theta})$，$g(\boldsymbol{z})$，$l(\boldsymbol{\alpha})$都是正常的闭凸函数，同时 $f(\boldsymbol{\theta})+g(\boldsymbol{z})+l(\boldsymbol{\alpha})$也是正常的闭凸函数。证毕。

定理 7.2：标准拉格朗日函数

$$\begin{aligned}\mathcal{L}_0(\boldsymbol{\theta},\boldsymbol{z},\boldsymbol{\alpha},\boldsymbol{h}_z,\boldsymbol{h}_{\boldsymbol{\alpha}})=g(\boldsymbol{z})+l(\boldsymbol{\alpha})+\langle \boldsymbol{h}_z,\boldsymbol{w}^{\frac{1}{2}}\odot(\boldsymbol{X\theta}-\boldsymbol{y})-\boldsymbol{z}\rangle+\\ \langle \boldsymbol{h}_{\boldsymbol{\alpha}},\boldsymbol{\theta}-\boldsymbol{\alpha}\rangle\end{aligned} \tag{7.42}$$

有一个鞍点，即存在鞍点$(\boldsymbol{\theta}^*,\boldsymbol{z}^*,\boldsymbol{\alpha}^*,\boldsymbol{h}_z^*,\boldsymbol{h}_{\boldsymbol{\alpha}}^*)$，不一定唯一，使得有下式

$$\mathcal{L}_0(\boldsymbol{\theta}^*,\boldsymbol{z}^*,\boldsymbol{\alpha}^*,\boldsymbol{h}_z,\boldsymbol{h}_{\boldsymbol{\alpha}})\leqslant\mathcal{L}_0(\boldsymbol{\theta}^*,\boldsymbol{z}^*,\boldsymbol{\alpha}^*,\boldsymbol{h}_z^*,\boldsymbol{h}_{\boldsymbol{\alpha}}^*)\leqslant\mathcal{L}_0(\boldsymbol{\theta},\boldsymbol{z},\boldsymbol{\alpha},\boldsymbol{h}_z^*,\boldsymbol{h}_{\boldsymbol{\alpha}}^*) \tag{7.43}$$

对所有的 $\boldsymbol{\theta},\boldsymbol{z},\boldsymbol{\alpha},\boldsymbol{h}_z,\boldsymbol{h}_{\boldsymbol{\alpha}}$ 都成立。

证明：原问题$\min\limits_{\boldsymbol{\theta},\boldsymbol{z},\boldsymbol{\alpha}}\sup\limits_{\boldsymbol{h}_z,\boldsymbol{h}_{\boldsymbol{\alpha}}}\mathcal{L}_0(\boldsymbol{\theta},\boldsymbol{z},\boldsymbol{\alpha},\boldsymbol{h}_z,\boldsymbol{h}_{\boldsymbol{\alpha}})$，由 P^L 表示，对偶问题是$\max\limits_{\boldsymbol{h}_z,\boldsymbol{h}_{\boldsymbol{\alpha}}}\inf\limits_{\boldsymbol{\theta},\boldsymbol{z},\boldsymbol{\alpha}}\mathcal{L}_0(\boldsymbol{\theta},\boldsymbol{z},\boldsymbol{\alpha},\boldsymbol{h}_z,\boldsymbol{h}_{\boldsymbol{\alpha}})$，由 D^L 表示。对于$\mathcal{L}_0(\boldsymbol{\theta},\boldsymbol{z},\boldsymbol{\alpha},\boldsymbol{h}_z,\boldsymbol{h}_{\boldsymbol{\alpha}})$，因为 $f(\boldsymbol{\theta})+g(\boldsymbol{z})+l(\boldsymbol{\alpha})$是正常的闭凸函数，$\boldsymbol{w}^{\frac{1}{2}}\odot(\boldsymbol{X\theta}-\boldsymbol{y})-\boldsymbol{z}=0$ 和$\boldsymbol{\theta}-\boldsymbol{\alpha}=0$ 都是仿射函数，且存在点$(\boldsymbol{\theta}^*,\boldsymbol{z}^*,\boldsymbol{\alpha}^*,\boldsymbol{h}_z^*,\boldsymbol{h}_{\boldsymbol{\alpha}}^*)$满足 KKT 条件，所以根据拉格朗日乘子法的强弱对偶性及最优性条件可以得到以下结论。[3]

原问题 P^L 和对偶问题 D^L 的最优值相等。即 $\text{val}(P^L)=\text{val}(D^L)$，原问题与对偶问题的对偶间隙为零，满足强对偶条件，P^L 和 D^L 有相同的最优解，其中 $\text{val}(\boldsymbol{x})$表示 $\boldsymbol{x}$ 的值。

在$\mathcal{L}_0(\boldsymbol{\theta},\boldsymbol{z},\boldsymbol{\alpha},\boldsymbol{h}_z,\boldsymbol{h}_{\boldsymbol{\alpha}})$中的满足 KKT 条件的任一点$(\boldsymbol{\theta}^*,\boldsymbol{z}^*,\boldsymbol{\alpha}^*,\boldsymbol{h}_z^*,\boldsymbol{h}_{\boldsymbol{\alpha}}^*)$有

$$\begin{aligned}\inf_{\boldsymbol{\theta},\boldsymbol{z},\boldsymbol{\alpha}}\mathcal{L}_0(\boldsymbol{\theta},\boldsymbol{z},\boldsymbol{\alpha},\boldsymbol{h}_z^*,\boldsymbol{h}_{\boldsymbol{\alpha}}^*)&\leqslant\mathcal{L}_0(\boldsymbol{\theta}^*,\boldsymbol{z}^*,\boldsymbol{\alpha}^*,\boldsymbol{h}_z^*,\boldsymbol{h}_{\boldsymbol{\alpha}}^*)\\ &\leqslant\sup_{\boldsymbol{h}_z,\boldsymbol{h}_{\boldsymbol{\alpha}}}\mathcal{L}_0(\boldsymbol{\theta}^*,\boldsymbol{z}^*,\boldsymbol{\alpha}^*,\boldsymbol{h}_z,\boldsymbol{h}_\alpha)\end{aligned} \tag{7.44}$$

即

$$\text{val}(D^L)\leqslant\mathcal{L}_0(\boldsymbol{\theta}^*,\boldsymbol{z}^*,\boldsymbol{\alpha}^*,\boldsymbol{h}_z^*,\boldsymbol{h}_{\boldsymbol{\alpha}}^*)\leqslant\text{val}(P^L) \tag{7.45}$$

当原问题 P^L 和对偶问题 D^L 的对偶间隙为 0 时，$\text{val}(P^L)=\text{val}(D^L)$，并可以得到

$$\begin{gathered}\mathcal{L}_0(\boldsymbol{\theta}^*,\boldsymbol{z}^*,\boldsymbol{\alpha}^*,\boldsymbol{h}_z^*,\boldsymbol{h}_{\boldsymbol{\alpha}}^*)=\inf_{\boldsymbol{\theta},\boldsymbol{z},\boldsymbol{\alpha}}\mathcal{L}_0(\boldsymbol{\theta},\boldsymbol{z},\boldsymbol{\alpha},\boldsymbol{h}_z^*,\boldsymbol{h}_{\boldsymbol{\alpha}}^*)\leqslant\mathcal{L}_0(\boldsymbol{\theta},\boldsymbol{z},\boldsymbol{\alpha},\boldsymbol{h}_z^*,\boldsymbol{h}_{\boldsymbol{\alpha}}^*)\\ \forall\ \boldsymbol{\theta},\boldsymbol{z},\boldsymbol{\alpha}\in\Re^n\end{gathered} \tag{7.46}$$

同理可得

$$\begin{aligned}\mathcal{L}_0(\boldsymbol{\theta}^*,\boldsymbol{z}^*,\boldsymbol{\alpha}^*,\boldsymbol{h}_z^*,\boldsymbol{h}_{\boldsymbol{\alpha}}^*) &= \sup_{\boldsymbol{h}_z,\boldsymbol{h}_{\boldsymbol{\alpha}}} \mathcal{L}_0(\boldsymbol{\theta}^*,\boldsymbol{z}^*,\boldsymbol{\alpha}^*,\boldsymbol{h}_z,\boldsymbol{h}_{\boldsymbol{\alpha}}) \\ &\geqslant \mathcal{L}_0(\boldsymbol{\theta}^*,\boldsymbol{z}^*,\boldsymbol{\alpha}^*,\boldsymbol{h}_z,\boldsymbol{h}_{\boldsymbol{\alpha}}) \\ &\forall \boldsymbol{h}_z,\boldsymbol{h}_{\boldsymbol{\alpha}} \in \Re^n \end{aligned} \tag{7.47}$$

综上可得

$$\begin{aligned}\mathcal{L}_0(\boldsymbol{\theta}^*,\boldsymbol{z}^*,\boldsymbol{\alpha}^*,\boldsymbol{h}_z,\boldsymbol{h}_{\boldsymbol{\alpha}}) &\leqslant \mathcal{L}_0(\boldsymbol{\theta}^*,\boldsymbol{z}^*,\boldsymbol{\alpha}^*,\boldsymbol{h}_z^*,\boldsymbol{h}_{\boldsymbol{\alpha}}^*) \\ &\leqslant \mathcal{L}_0(\boldsymbol{\theta},\boldsymbol{z},\boldsymbol{\alpha},\boldsymbol{h}_z^*,\boldsymbol{h}_{\boldsymbol{\alpha}}^*)\end{aligned} \tag{7.48}$$

即$\mathcal{L}_0(\boldsymbol{\theta},\boldsymbol{z},\boldsymbol{\alpha},\boldsymbol{h}_z,\boldsymbol{h}_{\boldsymbol{\alpha}})$存在一个鞍点$(\boldsymbol{\theta}^*,\boldsymbol{z}^*,\boldsymbol{\alpha}^*,\boldsymbol{h}_z^*,\boldsymbol{h}_{\boldsymbol{\alpha}}^*)$，不一定唯一。式(7.40)的标准拉格朗日函数满足定理2得证。

前面章节中已证明在满足定理1和定理2时，ADMM迭代满足以下条件：

(1) 残余收敛。当$r^k\rightarrow\infty, k\rightarrow\infty$时，迭代方法的可行性。

(2) 目标收敛。当$f(\boldsymbol{\theta}^k)+g(z^k)+l(\boldsymbol{\alpha}^k)\rightarrow f(\boldsymbol{\theta}^*)+g(z^*)+l(\boldsymbol{\alpha}^*), k\rightarrow\infty$时，迭代的目标函数逼近最优值。

(3) 对偶变量收敛。当$\boldsymbol{h}_z^k\rightarrow\boldsymbol{h}_z^*, \boldsymbol{h}_{\boldsymbol{\alpha}}^k\rightarrow\boldsymbol{h}_{*\boldsymbol{\alpha}}, k\rightarrow\infty$时，$\boldsymbol{h}_z^*$、$\boldsymbol{h}_{\boldsymbol{\alpha}}^*$是一个对偶最优点。

众所周知收敛率是另一个重要的概念，它反映了迭代算法的收敛速度。参考文献[4, 5]的作者已经证明在函数强凸性假设下，ADMM可以实现$O(1/k)$的全局收敛，k是迭代次数。在没有这种强凸性假设的情况下，前面给出了ADMM收敛速度的最一般结果，证明只需要目标函数项都是凸的(不一定是平滑的)。由于这里$f(\boldsymbol{\theta})$、$g(z)$和$l(\boldsymbol{\alpha})$都是凸的，AWHCSC可以实现$O(1/k)$收敛[6, 7]。

7.6 自适应加权Huber约束稀疏编码算法实验

7.6.1 实验设置

将AWHCSC与现有的相关方法进行比较，包括NMR，RSRC，SH，RCRC，IRGSC。对于RSRC，参数p默认为1，τ取(0,1)之间的最佳。在SH中，参数η默认为10。IRGSC中参数p默认为1，并修正原论文中的错误。对于AWHCSC，参数l取$[1,m]$之间最佳。WHCSC按照6.5节设置对比实验。RSRC、RCRC按照6.5节实验设置对比实验，并用RSRC_1、RCRC_1表示编码系数通过样本全集计算得到，RSRC_2、RCRC_2表示编码系数通过各类别样本子集计算得到。AWHCSC、SH根据各类别样本子集求解编码系数，再进行分类。IRGSC、NMR按照原论文的方法进行辅助对比，其编码系数通过样本全集计算得到。

7.6.2 弱闭塞的人脸识别

首先通过弱闭塞的光照变化来测试AWHCSC中的性能。数据集使用ExYaleB数据库和 PIE 数据库。

1. 不同样本大小的人脸识别

本节测试改变训练样本大小时 AWHCSC 的有效性。将数据库随机分为两部分，其中一部分包含每个人的 n(n=10、20、30、40、50)张图像用作训练，另一部分用于测试，并保存已划分好的数据，以确保改变参数时，不同算法测试的数据集相同，统计 10 次运行的平均识别率。PIE 数据库识别率如表 7.1 所示，ExYaleB 数据库识别率如表 7.2 所示。可以观察到 AWHCSC 整体识别率较高，在 PIE 数据库取得 3 次最好识别率，但在 ExYaleB 数据库未取得最好识别率。表 7.1 中，AWHCSC 比 WHCSC_1 和 WHCSC_0.5 的效果都好，但是在表 7.2 中，AWHCSC 比 WHCSC_1 和 WHCSC_0.5 的效果都差。另外 RSRC_2、RCRC_2 识别效果分别比 RSRC_1、RCRC_1 好，这表明通过样本子集计算得到的编码系数更符合查询样本的分布。实验使用弱闭塞的完整人脸信息的数据集，常规的线性模型已经能很好地识别出来。所以 AWHCSC 的识别率较高，但没有明显的优势[8]。

2. 不同特征维度的人脸识别

本节测试 AWHCSC 在不同维度特征下的性能。对于数据库 ExYaleB 和 PIE，随机选择每个受试者 20 个样本进行实验，其余样本用于测试，保存已划分好的数据，确保改变参数时，不同算法测试数据集相同，统计 10 次运行的平均识别率。从表 7.3 和表 7.4 中可以观察到，PCA 对图像进行主成分选择得到低维图像。在这些低维图像中，AWHCSC 没有明显的优势，虽然识别率较高，但大多数都不是最高的。AWHCSC、WHCSC_1 和 WHCSC_0.5 的精度几乎相同。

表 7.1 不同样本大小的 PIE 数据库识别率 单位：%

样本大小/n	10	20	30	40	50
AWHCSC	79.53	91.18	96.52	96.53	97.29
WHCSC_1	79	91	96.24	96.29	97.12
WHCSC_0.5	79.18	91.06	96.24	96.12	97.06
RSRC_1	86.23	89.17	90.07	92.24	93
RSRC_2	79.23	90.76	96.17	96.24	96.65
RCRC_1	83.92	87.62	90.11	92.1	93.14
RCRC_2	77.82	90.76	95.82	96.11	96.6
IRGSC	66.41	84.74	93.12	94.18	95.94
SH	78.64	91.01	96.17	96.17	97.06
NMR	77.12	89.34	92.63	93.06	94.87

注：AWHCSC、WHCSC_1、WHCSC_0.5、RSRC_1、RSRC_2、RCRC_1、RCRC_2、IRGSC、SH、NMR 算法对比。

表 7.2　不同样本大小的 ExYaleB 数据库识别率　　单位：%

样本大小/n	10	20	30	40	50
AWHCSC	76.94	91.17	93.4	93.62	96.89
WHCSC_1	79	91.72	96.12	96.17	97.28
WHCSC_0.5	78.51	91.54	94.11	94.52	97.08
RSRC_1	85.94	87.3	90.73	91.67	94.94
RSRC_2	78.31	91.65	94.11	94.52	97.08
RCRC _1	83.92	87.85	90.73	94.53	94.94
RCRC _2	77.82	90.76	95.82	96.12	96.65
IRGSC	70.25	86.34	90.66	92.39	94.36
SH	77.48	90.8	94.19	94.63	96.5
NMR	76.25	90.34	92.5	93.89	94.02

注：AWHCSC、WHCSC_1、WHCSC_0.5、RSRC_1、RSRC_2、RCRC_1、RCRC_2、IRGSC、SH、NMR 算法对比。

表 7.3　不同特征维度的 PIE 数据库识别率　　单位：%

特征维度	50	100	150	200	250	300
AWHCSC	84.9	88.43	88.04	88.82	87.45	88.23
WHCSC_1	85.69	88.92	88.13	89.12	88.04	89.22
WHCSC_0.5	71.47	81.67	85	89.02	87.94	89.12
RSRC_1	64.41	81.04	82.11	84.57	83.42	83.45
RSRC_2	72.84	82.25	84.61	86.47	85.2	85.78
RCRC_1	65.2	82.25	86.27	87.06	88.3	89.41
RCRC_2	85.98	88.72	88.43	88.73	87.55	88.63
IRGSC	79.5	85.19	85.29	84.21	83.63	84.8
SH	85.88	88.72	88.33	88.92	87.74	89.31
NMR	68.82	76.11	82.14	82.1	83.5	84.11

注：AWHCSC、WHCSC_1、WHCSC_0.5、RSRC_1、RSRC_2、RCRC_1、RCRC_2、IRGSC、SH、NMR 算法对比。

表 7.4　不同特征维度的 ExYaleB 数据库识别率　　单位：%

特征维度	50	100	150	200	250	300
AWHCSC	87.67	89.36	90.96	92.56	92.02	91.41
WHCSC_1	87.85	89.54	90.63	92.93	91.47	91.54
WHCSC_0.5	87.84	89.48	90.81	92.86	91.29	91.17
RSRC_1	73.15	86.21	89.9	92.62	91.23	90.56
RSRC_2	85.97	88.87	90.93	92.38	91.83	91.17
RCRC_1	73.16	86.21	90.38	92.8	92.32	93.23
RCRC_2	88.33	89.29	90.75	92.14	91.29	90.87
IRGSC	80.77	81.98	84.64	86.03	84.95	85.61
SH	88.03	89.36	90.81	92.86	91.47	91.41
NMR	78.6	82.6	90.5	91.41	88.67	87.93

注：AWHCSC、WHCSC_1、WHCSC_0.5、RSRC_1、RSRC_2、RCRC_1、RCRC_2、IRGSC、SH、NMR 算法对比。

7.6.3 强闭塞的人脸识别

在强闭塞环境中，AWHCSC 的优点是自适应权重只有一个超参数和更强的可解释性，这使得算法模型更加简单，鲁棒性更强。本节将评估 AWHCSC 在不同闭塞环境中的鲁棒性，例如高斯噪声随机像素损坏、随机块遮挡、伪装等。将 AWHCSC 与相关方法进行比较，包括 WHCSC、NMR，RSRC，SH，RCRC，IRGSC。

1. 像素腐蚀的人脸识别

本节使用 ExYaleB 数据库，它的每个主题共有 64 张人脸图像，可以根据不同的光照条件与人脸的角度划分成 5 个子集。固定抽取子集 1、2、3、5 中的一半人脸图像共 22 张用于训练，4 个子集其余的图像用于测试。所有图片裁剪为 32×28 像素大小。对于每个测试图像，随机灰度且随机位置添加一定比例的噪声，即高斯噪声。

由图 7.6 可以观察到，在不同比例的像素腐蚀中，AWHCSC 测试结果都优于其他算法，特别是当噪声比例增大时尤其明显。随着信噪比增大，IRGSC、RSRC_1、RCRC_1 和 NMR 的识别率呈线性快速下降。当信噪比超过 40%时，AWHCSC 依然保持高效的识别率，而 RSRC_2、RCRC_2、SH 等开始明显下降。在 70%的高斯噪声中，AWHCSC、WHCSC_1、WHCSC_0.5、RSRC_1、RSRC_2、RCRC_1、RCRC_2、IRGSC、SH、NMR 的识别率分别是 94.69%、81.89%、77.62%、60.03%、70.93%、56.43%、65.28%、61.7%、71.39%、62.32%。此时，AWHCSC 的识别率大幅度高于其他算法。总的来说，像素腐蚀的人脸识别验证了 AWHCSC 对噪声的鲁棒性和有效性[9]。

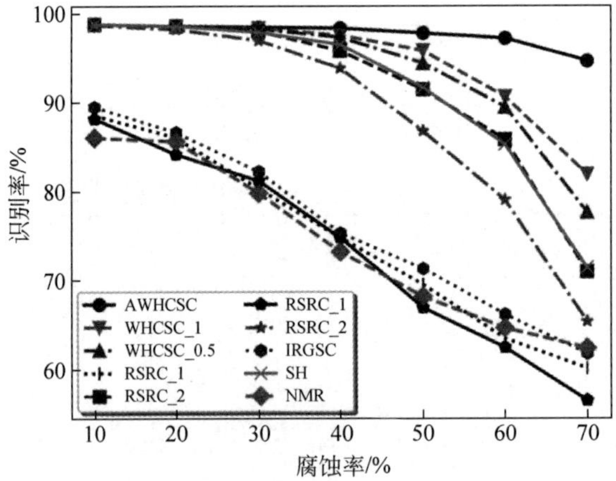

图 7.6 不同像素腐蚀的人脸识别

2. 块遮挡的人脸识别

本节设计两个块遮挡实验。第一个实验使用白色或黑色块替换每个测试图像的 10%～50%像素。固定抽取子集 1、2、3 中的一半人脸图像共 15 张用于训练，3 个子集中其余的图像用于测试。遮挡方块的位置随机。

图 7.7 表示 RSRC、RCRC、IRGSC、SH、NMR、WHCSC 和 AWHCSC 在不同块遮挡的识别率。当块遮挡百分比超过 30%时，RCRC_1、RCRC_2、SH 和 NMR 等算法的识别率快速降低，最后失效。AWHCSC 具有明显的优势，在不同遮挡百分比都具有最高的识别率。在 10%～30%黑色块遮挡中，AWHCSC 的识别率都是百分之百。在 50%黑色和白色块遮挡中，AWHCSC 依然达到 93.87%和 95.36%的识别率。总的来说，AWHCSC、WHCSC、RSRC 和 IRGSC 中学习得到的权重能够有效处理连续的噪声。

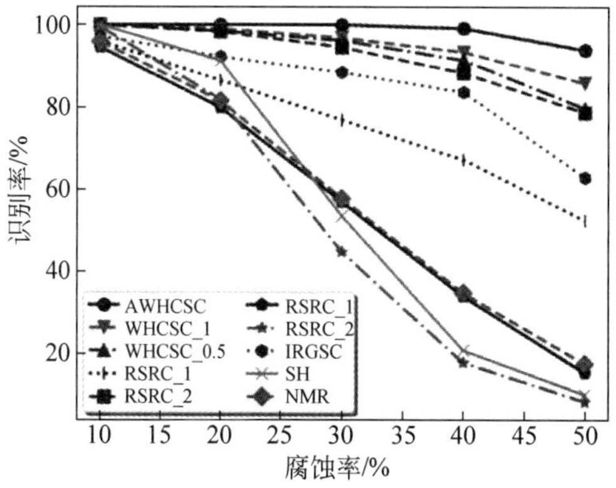

(a) 黑色块遮挡的人脸识别率

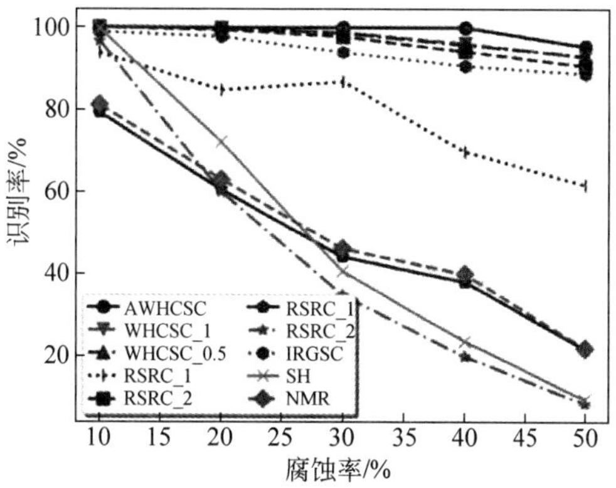

(b) 白色块遮挡的人脸识别率

图 7.7 各算法在不同块遮挡的识别率

在第二个实验中，使用经典 Lena 图作为遮挡元素替换每个测试图像 10%～50%像素。图 7.8 显示了 10%～50%块遮挡下 AWHCSC、WHCSC_1、WHCSC_0.5、RSRC_1、RSRC_2、RCRC_1、RCRC_2、IRGSC、SH 和 NMR 的识别率。可以观察到，AWHCSC 依然保持最高识别率。在 50%的 Lena 块遮挡中，AWHCSC 是唯一一个识别率大于 90%的。

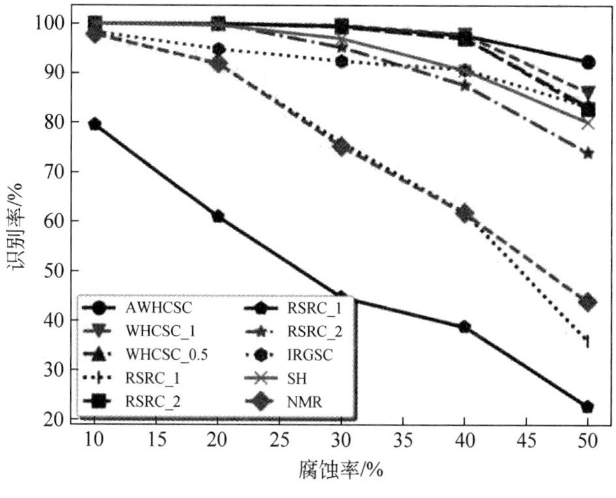

图 7.8 Lena 块遮挡的人脸识别

3. 真实伪装的人脸识别

本节实验使用 AR 数据库，分别取每一类人脸子集 1 和子集 2 的前 3 张，共 6 张作为训练图像；子集 1 和子集 2 的 6 张墨镜伪装和 6 张围巾伪装作为测试图像。图像被调整到 33×24 像素。表 7.5 列出几种分类器的测试结果，AWHCSC 比 WHCSC、RSRC、RCRC、IRGSC、SH、NMR 表现出更好的结果。在真实伪装中，AWHCSC 依然能通过局部人物面部特征进行正确高效的分类识别。

表 7.5 墨镜伪装和围巾伪装的识别率 单位：%

伪装方式	AWHCSC	WHCSC_1	WHCSC_0.5	RSRC_1	RSRC_2
墨镜伪装	94.13	93.67	92	39.33	84.67
围巾伪装	86.23	86	82.33	38.33	51.67
伪装方式	RCRC_1	RCRC_2	IRGSC	SH	NMR
墨镜伪装	23.83	45.83	77.67	51.5	23.67
围巾伪装	26.5	15.64	62.83	7.33	27.33

注：AWHCSC、WHCSC_1、WHCSC_0.5、RSRC_1、RSRC_2、RCRC_1、RCRC_2、IRGSC、SH、NMR 算法对比。

7.6.4 运行时间

运行时间是评判分类器的其中一个重要参考指标。对 AWHCSC、WHCSC、RSRC、RCRC、IRGSC、SH 等 6 个鲁棒分类器进行运行时间测试，采用噪声和真实伪装在同一台计算机上进行试验。算法涉及的 l_1 范数最小化求解，均采用 ADMM。表 7.6 列出了几种分类器 10 次运行的平均运行时间。IRGSC 因为额外计算自适应特征权重和自适应距离权重，耗时最长，识别率中等且稳定；SH 耗时最少，识别率较低；WHCSC_1 耗时较少，识别率略低于 AWHCSC；AWHCSC 耗时较多，因为其权重计算过程更复杂，但识别率最高且稳定。总的来说，AWHCSC 牺牲一定计算成本，获得了最高识别率。

表 7.6 运行时间测试 单位：s

算 法	高斯噪声		墨镜伪装	
	识别率	运行时间	识别率	运行时间
AWHCSC	94.69	938	94.13	908
WHCSC_1	81.89	572	93.17	657
RSRC_1	60.03	942	39.33	430
RSRC_2	70.93	700	84.67	894
RCRC_1	56.43	1068	23.83	449
RCRC_2	65.28	739	45.83	619
IRGSC	61.7	2307	77.67	1219

注：AWHCSC、WHCSC_1、RSRC_1、RSRC_2、RCRC_1、RCRC_2、IRGSC、SH 算法对比。

7.6.5　参数分析

参数变化是评判分类器的另一个重要参考指标。AWHCSC 有一个重要参数 l，并利用 l 确定阈值残差。图 7.9 中人脸图像像素是 96×84，30%黑色块遮挡大约占 2400 像素。其中(a)是查询样本，图 7.9(b)～(g)分别是 l 取值为 1000、1500、2000、2500、3000、4000 的拟合图像。(e)中黑色块拟合区域仅有少量的面部轮廓信息，图 7.9(f)中几乎没有面部轮廓信息。但 l 为 2500 或 3000 时，人脸图像的识别率并不是最优。这是因为非遮挡区域图像的编码残差有少部分与遮挡区域相同。它们的权重系数也相同。l 太大会让拟合图像损失过多有效像素，如图 7.9(g)所示。l 太小会让拟合图像容易受到噪声干扰，如图 7.9(b)所示。所以，l 通常比估计的噪声比例小。

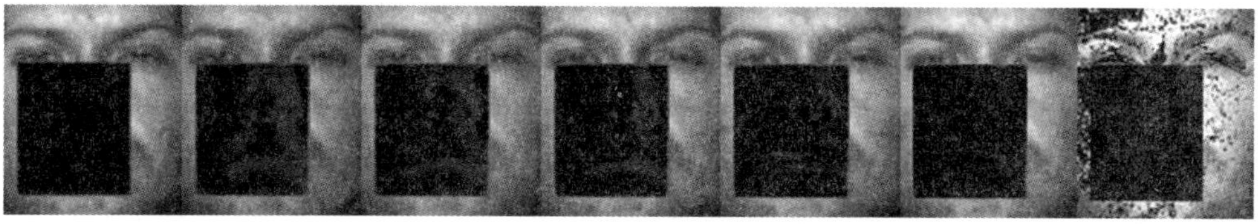

(a)　(b)　(c)　(d)　(e)　(f)　(g)

图 7.9　ExYaleB 在 30%黑色块遮挡中，不同 l 值示意图

(a)人脸图像；(b)～(g)不同 l 取值的拟合图像

7.6.6　实验结果与分析

AWHCSC 的优势体现在闭塞的复杂环境中呈现更强的鲁棒性及更具解释性的权重参数。一方面，AWHCSC 利用稀疏 Huber 编码自动匹配不同的保真项，使回归结果更符合查询样本的真实分布；另一方面，自适应权重的权重和是固定值，加强了不同编码残差的权重的相互竞争。这种相互竞争的结果更符合对应编码残差的分布，对噪声处理更加精确。实验证明，在弱遮挡的图像中，AWHCSC 虽然没有太大优势，但依然保持较高的识别率。在多种噪声环境中，AWHCSC 与 WHCSC、IRGSC、RSRC、SRC、CRC、RCRC、NMR 等相比有更强的鲁棒性。

7.7　本章小结

本章主要结合自适应权重和稀疏鲁棒性编码提出一种自适应加权的 Huber 约束稀疏编码。首先提出自适应加权的 Huber 约束模型。推导出 Huber 回归模型和自适应加权的 Huber 约束模型的演变过程。其次提出自适应加权的 Huber 约束稀疏编码模型。一方面求解 AWHCSC 的自适应权重，同时分析自适应权重的本质是消除噪声区域对编码残差计算的贡献,及权重系数的稀疏性。另一方面使用交替方向乘子算法求解 AWHCSC 中 l_1 范数最小化问题。然后,分析 AWHCSC 的鲁棒性。最后,给出 AWHCSC 初始值、迭代条件、编码残差计算方式、计算复杂度和收敛性分析。通过弱遮挡的人脸识别和闭塞的人脸识别实验证明 AWHCSC 具有更强的鲁棒性。

7.8 参考文献

[1] Tao L, Jian Xun M, Ying L, et al. Robust face recognition via sparse boosting representation [J]. Neurocomputing, 2016, 214: 944-957.

[2] Jian Xun M, Qiankun F, Weisheng L. Adaptive Class Preserving Representation for Image Classification [C]//IEEE Conference on Computer Vision and Pattern Recognition. Honolulu, HI, United states; IEEE. 2017: 2624-2632.

[3] Wei D, Wotao Y. On the Global and Linear Convergence of the Generalized Alternating Direction Method of Multipliers [J]. Journal of Scientific Computing, 2015, 66(3): 889-916.

[4] Goldstein T, Donoghue, Setzer S. Fast Alternating Direction Optimization Methods [J]. Siam Journal on Imaging Sciences, 2014, 7(3): 225-231.

[5] He B, Yuan X. On non-ergodic convergence rate of Douglas-Rachford alternating direction method of multipliers [J]. Numerische Mathematik, 2015, 130(3): 567-577.

[6] Haoxi L, Haifeng H, Yip C. Comments On "Iterative Re-constrained Group Sparse Face Recognition with Adaptive Weights Learning" [J]. IEEE Trans Image Process, 2017, 26(11): 5475-5476.

[7] 赵玉兰, 苑全德, 孟祥萍. 基于稀疏编码和机器学习的多姿态人脸识别算法 [J]. 吉林大学学报(理学版), 2018, 40(2): 340～346.

[8] Dexing Z, Zichao X, Yanrui L, et al. Loose L1/2 regularised sparse representation for face recognition [J]. Computer Vision Iet, 2015, 9(2): 251-258.

[9] Boyd, Vandenberghe, Faybusovich. Convex Optimization [J]. IEEE Transactions on Automatic Control, 2006, 51(11): 1859-1859.

第 8 章

极大不相关多元逻辑回归

8.1 引入极大不相关约束的意义

LR 是分类的重要方法之一。标准逻辑回归使用 Logistical 损失，通过输入变量的系数加权线性组合来进行分类。逻辑回归通过非线性映射，大大减小了离分类平面较远的点的权重，提升了与分类最相关的数据点的权重，相较于支持向量机，自某一给定的类上，标准逻辑回归能给出相应的类分布估计，并且在模型训练时间上也占很大优势[1]。相对来说逻辑回归模型较简单、好理解，针对大规模数据分类时实现起来比较方便。此外，逻辑回归比支持向量机等算法更容易扩展到多类别分类。

近年来，针对逻辑回归的改进算法不断涌现，一些针对逻辑回归的改进算法，例如 SLR[2, 3]、弹性网逻辑回归（Elastic-net Logistic Regression, ELR）[4]和加权逻辑回归（Weighted Logistic Regression, WLR）[5]等都在相应领域取得较好的效果。SLR 通过添加 l_1 约束使得模型参数具有稀疏性，稀疏学习具有自动选择特征的特性，通过去掉包含无关信息的特征，从而获得更好的分类效果。普通的 SLR 在一些情况下可能会出现特征选择不一致的情况，自适应稀疏逻辑回归（Adaptive Lasso Logistic Regression, ALLR）[6]通过增加自适应权重对模型系数进行惩罚，从而获得更好的分类效果。虽然 l_1 约束的逻辑回归学习法是非常有用的学习方法，但是在实际应用中，经常会遇到些许限制，如果一个数据集中有多个相关性强的特征，l_1 约束的逻辑回归算法往往会选择其中一个而忽略剩余的几个特征。解决上述问题的方案就是使用弹性网逻辑回归。弹性网逻辑回归是通过 l_1+l_2 范数的凸结合来进行约束的。弹性网逻辑回归趋于选择一组相关的特征，在实际运用中通常能获得较好的效果。虽然以上算法在相应的分类领域中取得较好的效果，然而却没有考虑到类别之间存在冗余数据的情况，此外上述算法只能用于二元分类问题，不能直接应用于多分类问题。

为了用逻辑回归解决多分类问题，通常有两类逻辑回归扩展方式，一类是建立 k 个独立的二元分类器，每个分类器将一类样本标记为正样本，将所有其他类别的样本标记为负样本。针对给定测试样本，每个分类器都可以得到该测试样本属于这一类的概率，因此可以通过取最大类别概率来进行多分类[7]。另外一类则被称作 MLR，它是逻辑回归模型在多分类问题上的推广。MLR 具有训练及预测速度快的优点，且不易受类别不平衡的影响，成为工业界及学术界研究的焦点。

标准的 MLR 有很多缺点，比如容易受噪声数据的影响。此外，标准的 MLR 并未考虑大规模数据分类中的数据冗余的问题。本章模型定义不同类别之间包含相似的或相同的数据为冗余数据，这些冗余数据将会增加相关类别误分的可能性。该模型认为数据冗余是现实世界中的一种普遍现象。造成数据冗余的原因有很多种，例如在人脸识别领域，相似的人物背景数据即是一种冗余数据，有关背景的特征不会对分类有实质性的帮助，反而会造成过拟合。当然，在人脸识别领域，存在一种被称为人脸检测的技术，可以定位人脸的位置，排除背景对人脸识别的影响，但这并不是适用于各种领域的通用技术。在文本分类领域，介词和代词在大多数情况下都可视为一种冗余数据。虽然大规模数据所包含的信息总量更加丰富，然而相应的价值密度却不断降低，也就是说冗余数据的占比不断增高。此外，在多类别分类领域，如果某几个类别本身较为相似，那么这几个类别中包含的相似特征就是冗余特征。比如在鸟类识别中乌鸦和渡鸦之间可能就包含较多的相似特征，而乌鸦和老鹰之间就较容易区分。我们认为这些相似的数据必然会对分类器造成干扰，导致相关类别的误分率增高。如果某种算法能够自动降低这些无关特征的影响，增大一些有区分度的特征的权重，那么这种算法一定具有重要的价值。

如图 8.1 所示，MNIST 数据集中的手写体 1 和 7 就具有较高的相似性。不同的类别包含相似的特征将会显著增加分类器的误分率，甚至会将不同类别的样本全部误分为同一类别。对于这种现象，目前国内外最新的研究中都没有进行相应的处理。稀疏多元逻辑回归虽然具有特征选择的作用，却不能有针对地解决不同类别之间的可分性问题。

(a) 手写体1　　(b) 手写体7

图 8.1　MNIST 数据集中手写体 1 和 7

对于上述问题，极大不相关多元逻辑考虑通过修改代价函数，增加一个不相关约束，如果该约束项能够降低类别之间相似特征的权重，保留有判别的特征，则能够解决数据冗余的问题，显著提高分类效果。

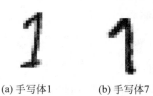

8.2 极大不相关多元逻辑回归算法

8.2.1 基于多元逻辑回归算法的改进

多元逻辑回归本质上是一种广义线性模型，模型参数与参数值相对应的特征密切相关。通常若某一特征对分类贡献度比较大，则相应的模型参数值也较大。同理，若某一特征对分类贡献度较低，其相应的模型参数值也较小。因此，相似的类别其对应的模型参数也相似。若要提高不同类别的可分率，则需要避免出现相似的模型参数。

若模型参数相似，则反映在数学上为多元逻辑回归算法中的其中一组模型参数$\boldsymbol{\theta}_i$可以被其他组模型参数$\boldsymbol{\theta}_j$线性表示，即

$$\boldsymbol{\theta}_i=\lambda_0+\sum_{j\neq i}\lambda_j\boldsymbol{\theta}_j \tag{8.1}$$

式(8.1)也表示冗余数据集的模型参数是相关的。

对于任意两组不同的参数集$\boldsymbol{\theta}_i$和$\boldsymbol{\theta}_j$，有如下引理成立

引理8.1：

$$\boldsymbol{\theta}_i^{\mathrm{T}}\boldsymbol{\theta}_j\leqslant\frac{1}{4}\|\boldsymbol{\theta}_i+\boldsymbol{\theta}_j\|^2 \tag{8.2}$$

证明：假设$\boldsymbol{\theta}_i=(a_1,a_2,\cdots,a_n)^{\mathrm{T}}$，$\boldsymbol{\theta}_j=(b_1,b_2,\cdots,b_n)^{\mathrm{T}}$，并且$f(\boldsymbol{\theta}_i,\boldsymbol{\theta}_j)=\frac{1}{4}\|\boldsymbol{\theta}_i+\boldsymbol{\theta}_j\|^2-\boldsymbol{\theta}_i^{\mathrm{T}}\boldsymbol{\theta}_j$，则

$$\begin{aligned}f(\boldsymbol{\theta}_i,\boldsymbol{\theta}_j)&=\frac{1}{4}\|\boldsymbol{\theta}_i+\boldsymbol{\theta}_j\|^2-\boldsymbol{\theta}_i^{\mathrm{T}}\boldsymbol{\theta}_j\\&=\frac{1}{4}(a_1+b_1)^2+(a_2+b_2)^2+\cdots+(a_n+b_n)^2-\\&\quad(a_1,a_2,\cdots,a_n).(b_1,b_2,\cdots,b_n)^{\mathrm{T}}\\&=\frac{1}{4}(a_1+b_1)^2+(a_2+b_2)^2+\cdots+(a_n+b_n)^2-\\&\quad\frac{1}{4}(4a_1b_1+4a_2b_2+\cdots+4a_nb_n)\\&=\frac{1}{4}(a_1-b_1)^2+(a_2-b_2)^2+\cdots+(a_n-b_n)^2\\&\geqslant 0\end{aligned}$$

其中，当$\boldsymbol{\theta}_i=\boldsymbol{\theta}_j$时，$\frac{1}{4}(a_1-b_1)^2+(a_2-b_2)^2+\cdots+(a_n-b_n)^2=0$，也就是说，当且仅当$\boldsymbol{\theta}_i=\boldsymbol{\theta}_j$时，等号成立。证毕。

根据引理 8.1 可知，如果$\boldsymbol{\theta}_i$和$\boldsymbol{\theta}_j$近似，则$\boldsymbol{\theta}_i^{\mathrm{T}}\boldsymbol{\theta}_j$值较大。当$\boldsymbol{\theta}_i$等于$\boldsymbol{\theta}_j$时，$\boldsymbol{\theta}_i^{\mathrm{T}}\boldsymbol{\theta}_j$值达到最大。受引理 8.1 启发，如果添加一个类似$\boldsymbol{\theta}_i^{\mathrm{T}}\boldsymbol{\theta}_j$的约束项，那么就可以解决数据冗余的问题，使得模型选择类别之间差别较大的、更易区分的特征。所以，考虑如下正则项

$$\frac{\eta}{2}\frac{1}{\mathbf{A}_k^2}\sum_{i=1}^{k}\sum_{j\neq i}\|\boldsymbol{\theta}_i^{\mathrm{T}}\boldsymbol{\theta}_j\|_2^2 \tag{8.3}$$

其中，$\eta>0$为正则项参数，A_k^2为排列数，可以避免类别个数对正则化强度的影响。

上述正则项主要有两种作用。其一，该正则项能够惩罚相关的参数集，通过最小化结构损失函数，能够实现保留更多不相关的、有判别的特征；其二，该正则项能够惩罚较大的参数，使得算法针对噪声数据具有较高的鲁棒性。此外，引理 8.1 对式(8.3)仅具有启发意义，并不完全诠释式(8.3)的数学含义。

然而，包含上述正则项的损失函数很难优化求解。根据柯西-布尼亚科夫斯基-施瓦茨不等式

$$\|\boldsymbol{\theta}_i^{\mathrm{T}}\boldsymbol{\theta}_j\|_2^2 \leqslant \|\boldsymbol{\theta}_i\|_2^2\|\boldsymbol{\theta}_j\|_2^2 \tag{8.4}$$

可以将极大不相关项转换成如下形式

$$\frac{\eta}{2}\frac{1}{A_k^2}\sum_{i=1}^{k}\sum_{j\neq i}\|\boldsymbol{\theta}_j\|^2\|\boldsymbol{\theta}_i\|^2 \tag{8.5}$$

因此，可以得到最终的损失函数

$$J(\boldsymbol{\theta})=-\frac{1}{m}\sum_{i=1}^{m}\sum_{j=1}^{k}1\{y^{(i)}=j\}\log\frac{\mathrm{e}^{\boldsymbol{\theta}_j^{\mathrm{T}}x^{(i)}}}{\sum_{l=1}^{k}\mathrm{e}^{\boldsymbol{\theta}_l^{\mathrm{T}}\boldsymbol{x}^{(i)}}}+$$

$$\frac{\eta}{2}\frac{1}{A_k^2}\sum_{i=1}^{k}\sum_{j\neq i}\|\boldsymbol{\theta}_j\|^2\|\boldsymbol{\theta}_i\|^2 \tag{8.6}$$

为了使用优化算法迭代求解，可以求得$J(\boldsymbol{\theta})$的梯度为

$$\nabla_{\boldsymbol{\theta}_j}J(\boldsymbol{\theta})=-\frac{1}{m}\sum_{i=1}^{m}\Big[\boldsymbol{x}^{(i)}(1\{y^{(i)}=j\}-P(y^{(i)}$$

$$=j\mid\boldsymbol{x}^{(i)};\boldsymbol{\theta}))\Big]+\frac{\eta}{A_k^2}\boldsymbol{\theta}_j\sum_{i\neq j}\|\boldsymbol{\theta}_i\|^2 \tag{8.7}$$

根据上述梯度公式，可以通过梯度下降算法或其变种算法，快速求得模型参数$\boldsymbol{\theta}$。

算法 8.1 描述了极大不相关多元逻辑回归算法的伪代码。

算法 8.1：Maximal Uncorrelated Multinomial Logistic Regression

Input：

Dataset $D=\{(\boldsymbol{x}_1,y_1),(\boldsymbol{x}_2,y_2),\cdots,(\boldsymbol{x}_m,y_m)\}$；

Output：

Regression coefficient $\boldsymbol{\theta}$

1：**Initialize**：η，$\boldsymbol{\theta}$

2：**Repeat**

3：$\text{loss} = -\frac{1}{m}\sum_{i=1}^{m}\sum_{j=1}^{k}1\{y^{(i)}=j\}\log\frac{e^{\boldsymbol{\theta}_j^{\mathrm{T}}\boldsymbol{x}^{(i)}}}{\sum_{l=1}^{k}e^{\boldsymbol{\theta}_l^{\mathrm{T}}\boldsymbol{x}^{(i)}}}+\frac{\eta}{2}\frac{1}{A_k^2}\sum_{i=1}^{k}\sum_{j\neq i}\|\boldsymbol{\theta}_j\|^2\|\boldsymbol{\theta}_i\|^2$

4：for $j=1,2,\cdots,k$

5：$d\boldsymbol{\theta}_j = -\frac{1}{m}\sum_{i=1}^{m}[\boldsymbol{x}^{(i)}(1\{y^{(i)}=j\}-P(y^{(i)}=j\mid\boldsymbol{x}^{(i)};\boldsymbol{\theta}))]+\frac{\eta}{A_k^2}\boldsymbol{\theta}_j\sum_{i\neq j}\|\boldsymbol{\theta}_i\|^2$

6：$\boldsymbol{\theta}_j = \text{Adam}(\text{loss}, d\boldsymbol{\theta}_j)$

7：$\boldsymbol{\theta}=[\boldsymbol{\theta}_1,\boldsymbol{\theta}_2,\cdots,\boldsymbol{\theta}_k]^{\mathrm{T}}$

8：**Until** converged

9：**Return** $\boldsymbol{\theta}$

8.2.2　求解算法时间复杂度分析

极大不相关多元逻辑回归算法总的时间复杂度来自经验损失函数部分与正则项部分。对于经验损失函数部分，其具有 $O(knd)$ 的时间复杂度[8]，对于正则项部分，时间复杂度为 $O(kd^2)$。其中 k 代表类别个数，n 代表样本个数，d 代表特征维度。如果 $d>n$（比如数据集包含较高的维度），则时间复杂度主要来自正则项部分。如果 $d<n$（比如数据集包含较多的训练样本），则时间复杂度主要来自经验损失函数部分。总的来说，样本个数通常高于特征维度，假设模型在迭代了 l 次之后收敛，则算法的时间复杂度为 $O(lknd)$。

8.3　极大不相关多元逻辑回归算法实验

8.3.1　数据集介绍

为了验证极大不相关多元逻辑回归在高相关度、高冗余数据集上的效果，本文通过如下方式生成了人工数据集

$$\boldsymbol{X}=\boldsymbol{X}_0+\boldsymbol{X}' * \text{chol}(\boldsymbol{\sigma})+\varepsilon$$

其中，$\boldsymbol{X}_0=\text{repmat}(\boldsymbol{\mu}, m, n)$，$\boldsymbol{\mu}$ 表示数据集的平均值，此处统一将该值设置为全 1 向量。m 和 n 分别代表样本条数和样本特征数。$\boldsymbol{X}'$ 是服从同一分布的随机数据，chol 表示 Cholesky 分解，$\boldsymbol{\sigma}$ 是相关度矩阵，其中类内相关度大于 0.9，此处统一设置为 0.95。为了更好地对比极大不相关多元逻辑回归在不同相关度数据集上的效果，选择 5 个不同的类内相关度，分别为 0.5、0.6、0.7、0.8 和 0.9。ε 是随机的噪声数据。为了评估改进的算法，使用了如下 3 种结构的数据集。

(1) 高斯分布。其中 $\boldsymbol{X}' \sim N(0,1)$，$\varepsilon \sim N(0,1)$，$(m,n)=(5000,1000)$，共计 5 个类别，每个类别 1000 条样本。

(2) 拉普拉斯分布。其中 $\boldsymbol{X}' \sim \text{Laplace}(0,1)$，$\varepsilon \sim N(0,1)$，$(m,n)=(20000,5000)$，共计 10 个类别，每个类别 1000 条样本。

(3) 混合分布。其中 $\boldsymbol{X}'=(\boldsymbol{X}'_1+\boldsymbol{X}'_2)/2$，$\boldsymbol{X}'_1 \sim N(0,1)$，$\boldsymbol{X}'_2 \sim \text{Laplace}(0,1)$，$\varepsilon \sim N(0,1)$，$(m,n)=(10000,2000)$，共计 5 个类别，每个类别 2000 条样本。

为了测试极大不相关多元逻辑回归在真实数据集上的效果，本书选取了 5 个公开数据集进行测试。MNIST 数据集是一个在模式识别领域广泛使用的数据集，该数据集包含 10 个类别，每个类别对应手写数字 0～9 中的一个，其中每个类别包含 5000 张图片。COIL20 数据集是一个物品识别数据集，其中包含了 20 个类别，每个类别包含 72 张图片。GT 数据集是一个含有 50 个类别，每个类别包含 15 张图片的人脸识别数据集。ORL 数据集包含 20 个类别，每个类别包含 10 张图片。SinaNews 数据集是一个文本分类数据集，其中包含 14 个不同的新闻类别，每个类别 3000 条样本。

8.3.2 人工数据集和公开数据集实验结果

极大不相关多元逻辑回归相关实验分为两部分，分别为在人工数据集上的实验和在公开数据集上的实验。实验主要关注了识别率、收敛性和鲁棒性等指标。为了保证实验的稳定性，实验中使用了十折交叉验证。

根据表 8.1 可知，极大不相关多元逻辑回归算法在冗余数据集上展现出较高的识别率。根据图 8.2 可知，MUMLR 算法在人工数据集上明显优于其他算法的平均识别率，并且随着数据集类间相关度的增加，极大不相关多元逻辑回归相较于其他算法识别率的提高也越明显。

表 8.1　不同算法在人工数据集上的识别率

数据集	算法	0.5	0.6	0.7	0.8	0.9
高斯分布	SLR	0.9350	0.9025	0.8200	0.6875	0.5025
	ELR	0.9375	0.9125	0.8125	0.6975	0.5100
	ALLR	0.9350	0.9100	0.8225	0.6900	0.5075
	SMLR	0.9800	0.9450	0.8390	0.7275	0.5375
	WDMLR	0.9775	0.9325	0.8275	0.7225	0.5150
	MUMLR	**0.9850**	**0.9460**	**0.8425**	**0.7500**	**0.5750**
拉普拉斯分布	SLR	0.9450	0.8625	0.8125	0.6375	0.4625
	ELR	0.9625	0.8625	0.8125	0.6250	0.5250
	ALLR	0.9575	0.8700	0.8225	0.6375	0.5150
	SMLR	0.9675	0.8825	0.8325	0.7050	0.5500
	WDMLR	0.9625	0.8775	0.8175	0.6650	0.5400
	MUMLR	**0.9725**	**0.9125**	**0.8925**	**0.7650**	**0.5725**

续表

数据集	算法	0.5	0.6	0.7	0.8	0.9
混合分布	SLR	0.9000	0.8625	0.825	0.6625	0.6125
	ELR	0.9325	0.9175	0.8075	0.6625	0.5625
	ALLR	0.9225	0.9050	0.8175	0.6725	0.6275
	SMLR	0.9225	0.9175	0.8225	0.7450	0.6175
	WDMLR	0.9225	0.8900	0.7950	0.7350	0.6100
	MUMLR	**0.9625**	**0.9225**	**0.8350**	**0.7450**	**0.6425**

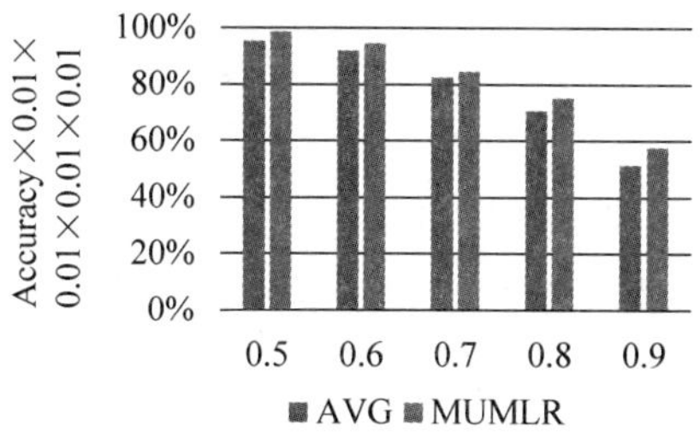

(a) 高斯分布

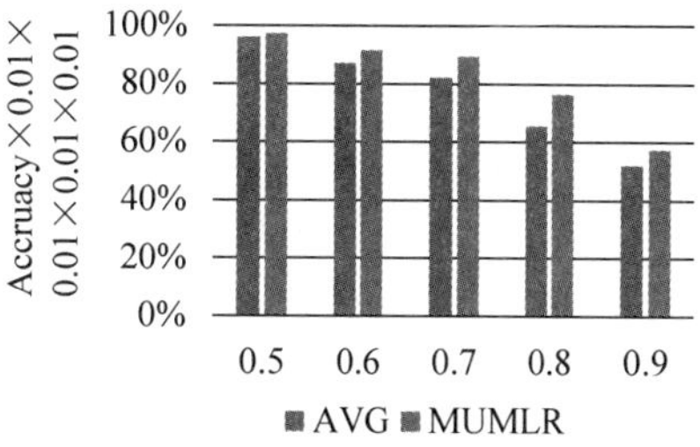

(b) 拉普拉斯分布

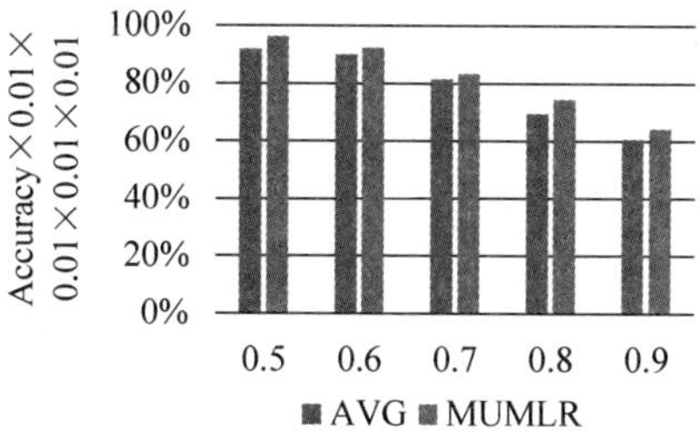

(c) 混合分布

图 8.2 MUMLR 算法在人工数据集上的识别率

在实验中，超参数 η 通常设置为 $1.0e^{-2}$，并且取得了较好的效果。表 8.2 展示了在人工数据集实验中，参数 η 的近似最优取值。从表 8.2 中可以看出，随着类间相关度的增加，正则化强度也相应增加，这从侧边说明了极大不相关正则项与类别之间的相关度存在一定的关系。上述实验证明了极大不相关多元逻辑回归算法能够降低冗余特征的权重，最终在冗余数据集上表现出较高的鲁棒性。

表 8.2 参数 η 在不同相关度数据集上的近似最优取值

数据集	0.5	0.6	0.7	0.8	0.9
高斯分布	$1.0e^{-2}$	$3.0e^{-2}$	$1.0e^{-1}$	$5.0e^{-1}$	$1.0e^{-1}$

续表

数据集	0.5	0.6	0.7	0.8	0.9
拉普拉斯分布	$2.0e^{-2}$	$4.0e^{-2}$	$1.0e^{-1}$	$1.0e^{-1}$	$3.0e^{-1}$
混合分布	$1.0e^{-2}$	$5.0e^{-2}$	$2.0e^{-1}$	$8.0e^{-1}$	$1.0e^{-1}$

根据表 8.3 可知，极大不相关多元逻辑回归在公开数据集上依然有着较好的表现，其中该算法在 COIL20 数据集上表现最为优异。对于 GT 数据集，因为人脸头像取自于不同的场景，类间相关度本身比较低，因此极大不相关多元逻辑回归算法的表现一般。在手写识别数据集 MNIST 中，由于手写体 1 和 7 较为相似，导致这两个类别较难区分。根据表 8.5 可知，使用极大不相关多元逻辑回归算法，手写体 1 和 7 的误分率明显降低，这进一步表明改进后的算法在类别较难区分的数据集上有较好的表现。表 8.4 展示了不同算法在 SinaNews 文本分类数据集上的分类效果，其中详细对比了 3 种多分类算法的准确率、召回率和 F1 值。从表中可以看出，极大不相关多元逻辑回归算法在文本分类数据上较其他算法有着明显的优势。根据图 8.3 所示，极大不相关多元逻辑回归算法有着较快的收敛速度，这使得该算法在大规模数据集分类中的应用成为可能。另外，根据图 8.4 所示，极大不相关多元逻辑回归算法的模型参数相较于 SMLR 和 WDMLR 算法较小，这从侧面反映该算法拥有较强的泛化能力。

表 8.3　不同算法在公开数据集上的识别率

算　法	MNIST	COIL20	ORL	GT
SLR	0.8225	0.9887	0.9420	0.6500
ELR	0.8415	0.9852	0.9420	0.6742
ALLR	0.8254	0.9894	0.9503	0.7018
SVM	0.8515	0.9626	0.9507	0.7894
SMLR	0.8625	0.9951	**0.9652**	**0.8588**
WDMLR	0.8622	0.9937	0.9553	0.8448
MUMLR	**0.8635**	**0.9958**	**0.9652**	0.8163

表 8.4　不同算法在 SinaNews 文本分类数据集上的分类效果

算法	准确率	召回率	F1
WDMLR	0.9215	0.9212	0.9212
SMLR	0.9132	0.9127	0.9123
MUMLR	**0.9329**	**0.9328**	**0.9327**

表 8.5　不同算法在 MNIST 数据集手写体 1 和 7 上的误分率

算　法	误分率
WDMLR	0.90%
SMLR	0.83%
MUMLR	**0.32%**

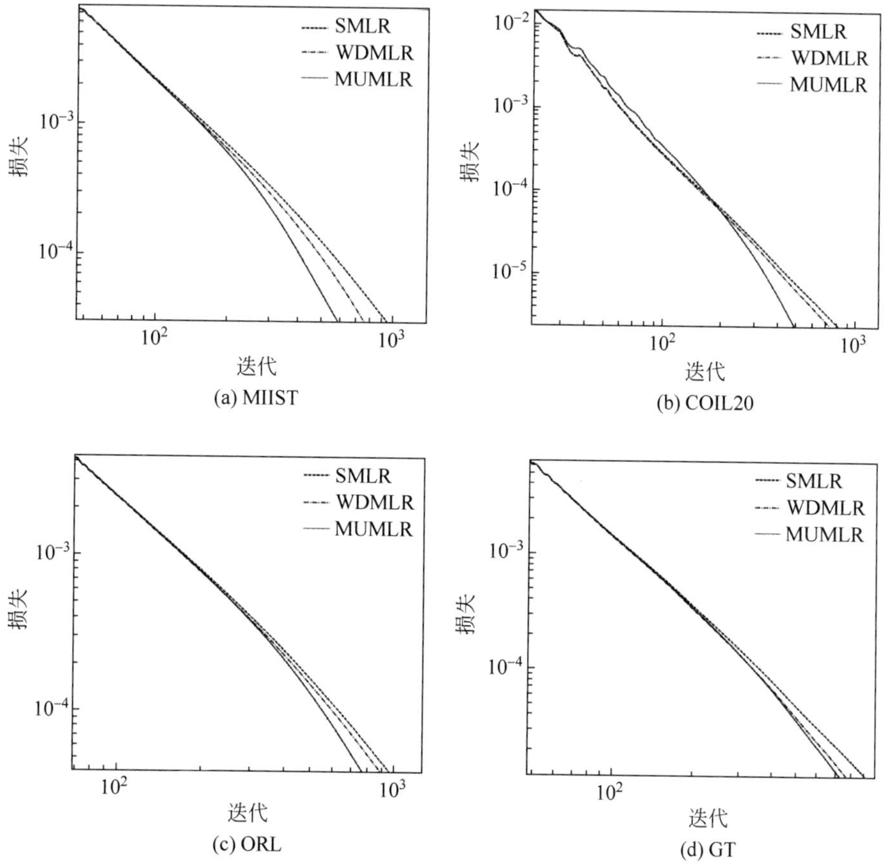

图 8.3　不同算法在各公开数据集上的收敛性

8.3.3　极大不相关神经网络算法实验

为了证明极大不相关多元逻辑回归扩展的极大不相关神经网络能够提高神经网络针对冗余数据的泛化能力，现设计如下实验，神经网络的类型为 5 层全连接神经网络，神经网络的结构与 VGG-Net[9] 相同。为了使得神经网络的输出具有概率意义，在神经网络的最后一层添加 Softmax 激活函数。在表 8.6 中，FC-X 代表 X 个全连接节点，DNN 表示标准的 DNN 神经网络，并且不加任何正则化项。L2-DNN 表示添加了 l_2 正则项的神经网络，MU-DNN 表示在 L2-DNN 之上继续添加了极大不相关正则项的神经网络。此外，实验尽量保证除正则化参数之外的其他参数相同。神经网络相关实验的验证方式为三折交叉验证。

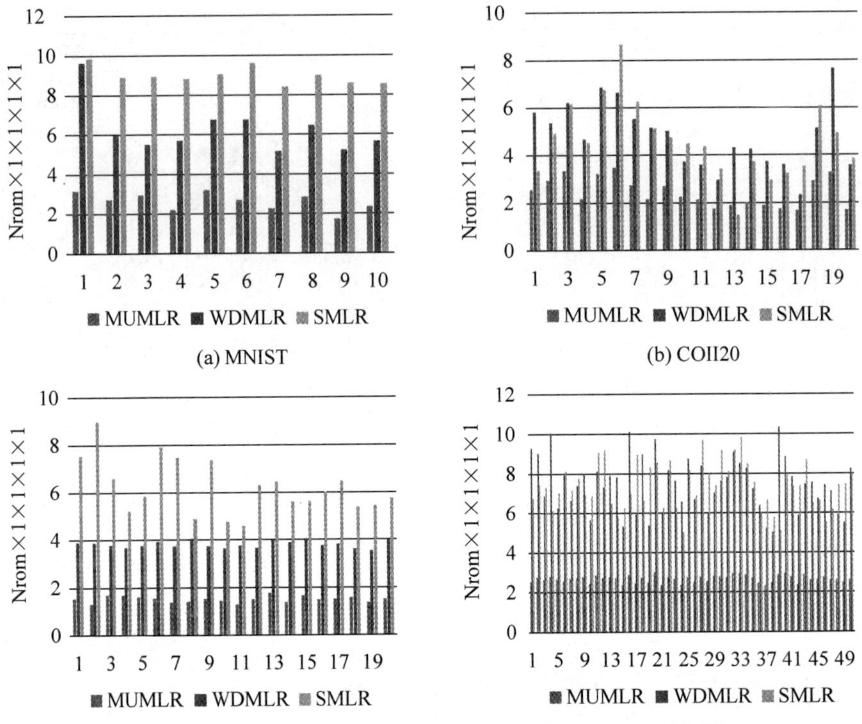

(a) MNIST　(b) COIl20　(c) ORL　(d) GT

图 8.4　不同算法模型参数的范数大小

表 8.6　DNN 模型的神经网络结构

高斯分布	拉普拉斯分布	混合分布
FC-128	FC-256	FC-256
FC-64	FC-128	FC-128
FC-32	FC-64	FC-64
FC-32	FC-32	FC-32
FC-32	FC-32	FC-32
Softmax		

根据表 8.7 可知，极大不相关神经网络的识别率明显高于不加正则项的神经网络与 l_2 正则神经网络。其中不加正则项的神经网络识别率最低。该实验结果与多元逻辑回归算法中的实验结果类似。

表 8.7　不同 DNN 神经网络算法的识别率

数据集	算法	0.5	0.6	0.7	0.8	0.9
高斯分布	DNN	0.9825	0.9475	0.8400	0.7325	0.5225
	L2-DNN	0.9775	0.9500	0.8470	0.7375	0.5150

续表

数据集	算法	0.5	0.6	0.7	0.8	0.9
高斯分布	MU-DNN	**0.9875**	**0.9550**	**0.8475**	**0.7550**	**0.5825**
拉普拉斯分布	DNN	0.9650	**0.8725**	0.8375	0.7000	0.5325
	L2-DNN	0.9545	0.8550	0.8400	0.6875	0.5475
	MU-DNN	**0.9675**	0.8675	**0.8575**	**0.7000**	**0.5775**
混合分布	DNN	**0.9450**	0.8775	0.7575	0.6700	0.5950
	L2-DNN	0.9375	0.8875	0.7600	**0.7050**	0.6175
	MU-DNN	0.9400	**0.8975**	**0.7900**	0.7025	**0.6675**

8.4 大规模极大不相关多元逻辑回归算法

当数据集样本个数较多时，串行版本的极大不相关多元逻辑回归很难在可容忍的时间内收敛，甚至会出现单一机器节点无法处理的现象。此时，可以将数据集按样本划分成多个子数据集，这样虽然单一机器节点无法处理全部数据，但却可以处理其中一个数据子集。

8.4.1 极大不相关多元逻辑回归的一致性求解算法

本节将数据划分成预定个数的子数据块，每个数据块都包含样本的全部特征和一小批量样本，即按样本对数据集进行划分。数据集可以表示为 $D=\{D_1,D_2,\cdots,D_N\}$，$D_i=\{\boldsymbol{x}_i,\boldsymbol{y}_i\}$，$\boldsymbol{x}_i\in\Re^{m_i\times n}$，$\boldsymbol{y}_i\in\Re^{k\times m_i}$，$\sum_{i=1}^{N}m_i=m$。其中 N 表示数据块数，m_i 表示第 i 个数据块的样本个数。

为了能够独立地处理每个数据子集，本文将原优化目标分割成可以被并行化优化求解的形式。

$$\underset{\boldsymbol{x}_i,\boldsymbol{z}}{\text{minimize}}\sum_{i=1}^{N}f_i(\boldsymbol{x}_i)+g(\boldsymbol{z}) \tag{8.8}$$
$$\text{s.t. } \boldsymbol{A}\boldsymbol{x}_i+\boldsymbol{B}\boldsymbol{z}=\boldsymbol{c},\quad i=1,2,\cdots,N$$

其中，$\boldsymbol{x}_i\in\Re^n$ 为局部变量，$\boldsymbol{z}$ 称作全局变量，并且式(8.8)称为全局一致性问题。

通过将原问题分解为若干子问题，每个子节点都能够独立地处理分解后的子问题，这使得原始问题可以通过分布式的方式解决。然后可以通过如下公式进行迭代更新

$$\begin{cases}\boldsymbol{x}_i^{k+1}:=\underset{\boldsymbol{x}_i}{\text{argmin}}\left(f_i(\boldsymbol{x}_i)+\dfrac{\rho}{2}\|\mathrm{A}\boldsymbol{x}_i+\boldsymbol{B}\boldsymbol{z}^k-\boldsymbol{c}+\boldsymbol{u}_i^k\|_2^2\right)\\ \boldsymbol{z}^{k+1}:=\underset{\boldsymbol{z}}{\text{argmin}}\left(g(\boldsymbol{z})+\dfrac{\rho}{2}\sum_{i=1}^{N}\|\boldsymbol{A}\boldsymbol{x}_i^{k+1}+\boldsymbol{B}\boldsymbol{z}-\boldsymbol{c}+\boldsymbol{u}_i^k\|_2^2\right)\\ \boldsymbol{u}_i^{k+1}:=\boldsymbol{u}_i^k+\boldsymbol{A}\boldsymbol{x}_i^{k+1}+\boldsymbol{B}\boldsymbol{z}^{k+1}-\boldsymbol{c}\end{cases} \tag{8.9}$$

在式(8.9)中，第一步和第三步可以分发到不同节点中进行并行化求解。在第二步中，将收集每个子节点中的局部变量并更新全局变量。重复上述3个步骤最终保证局部变量与全局变量的一致性。

与之对应的全局一致性极大不相关多元逻辑回归的优化求解目标为

$$\text{minimize} \sum_{i=1}^{N} l_i(\boldsymbol{A}_i\boldsymbol{\theta}_i - y_i) + \frac{\eta}{2}\frac{1}{\mathrm{A}_k^2}\sum_{c \neq d}\|\boldsymbol{z}^c\|^2\|\boldsymbol{z}^d\|^2 \tag{8.10}$$

$$\text{s.t.} \quad \boldsymbol{\theta}_i - \boldsymbol{z} = 0, \quad i = 1, 2, \cdots, N$$

$\boldsymbol{\theta}_i \in \Re^{n \times k}$ 是对应于第 i 个数据块的局部变量，$\boldsymbol{z} \in \Re^{n \times k}$ 是全局变量，并且 $\boldsymbol{z}^c$ 为对应于第 c 个类别的模型参数。结合上述3个公式可以得到极大不相关多元逻辑回归的全局一致性优化求解算法。

算法8.2描述了极大不相关多元逻辑回归的全局一致性优化求解算法的伪代码。

算法 8.2：Consensus Maximal Uncorrelated Multinomial Logistic Regression

---

Input：

$D, \boldsymbol{\theta}^k, \boldsymbol{z}^k, \boldsymbol{u}^k, k \leftarrow 0$

Output：

$\boldsymbol{z}^{k+1}$

1：**Repeat**

2：　for i=1,2,…,N：

3：　　$\boldsymbol{\theta}_i^{k+1} := \underset{\boldsymbol{\theta}_i}{\operatorname{argmin}}\left(l_i(\boldsymbol{A}_i\boldsymbol{\theta}_i - \boldsymbol{y}_i) + \frac{\rho}{2}\|\boldsymbol{\theta}_i - \boldsymbol{z}^k + \boldsymbol{u}_i^k\|_2^2\right)$

4：　$\boldsymbol{z}^{k+1} := \underset{\boldsymbol{z}}{\operatorname{argmin}}\left(\frac{\eta}{2}\frac{1}{\mathrm{A}_k^2}\sum_{c \neq d}\|\boldsymbol{z}^{c(k+1)}\|^2\|\boldsymbol{z}^{d(k+1)}\|^2 + \frac{N\rho}{2}\|\boldsymbol{z} - \overline{\boldsymbol{\theta}}^{k+1} - \overline{\boldsymbol{u}}^{k+1}\|_2^2\right)$

5：　for $i = 1, 2, \cdots, N$

6：　　$\boldsymbol{u}_i^{k+1} := \boldsymbol{u}_i^k + \boldsymbol{\theta}_i^{k+1} - \boldsymbol{z}^{k+1}$

7：　$k := k + 1$

8：**Until** converged

9：**Return** $\boldsymbol{z}^{k+1}$

8.4.2 极大不相关多元逻辑回归的共享求解算法

极大不相关多元逻辑回归的一致性求解算法依然不能有效解决当数据集具有较高维度的情形。为了解决上述问题，可以通过共享求解的方式来解决。共享求解是指将数据集按特征划分成多个子数据集，从而降低原始特征维度。这样虽然单一机器节点无法处理全部特征，但却可以处理其中一个特征子集，从而实现分布式计算。

本节将数据划分成预定个数的子数据块，每个数据块都包含样本的全部和一部分特征块，即按特征对数据集进行划分。数据集可以表示为 $D=\{D_1,D_2,\cdots,D_N\}$，$D_i=\{\boldsymbol{x}_i,\boldsymbol{y}\}$，$\boldsymbol{x}_i\in\Re^{m\times n_i}$，$\boldsymbol{y}\in\Re^{k\times m}$，$\sum_{i=1}^{N}n_i=n$，其中 N 表示数据块数，n_i 表示第 i 个数据块的特征个数。

共享 ADMM 考虑如下形式的最小化问题

$$\begin{aligned}&\text{minimize}\sum_{i=1}^{N}f_i(\boldsymbol{x}_i)+g\Big(\sum_{i=1}^{N}\boldsymbol{z}_i\Big)\\&\text{s.t.}\quad \boldsymbol{x}_i-\boldsymbol{z}_i=0,\quad i=1,\cdots,N\end{aligned}\tag{8.11}$$

其中，$\boldsymbol{x}_i,\boldsymbol{z}_i\in\Re^n$，式(8.11)称为共享问题。

共享 ADMM 算法变量更新公式如下

$$\begin{cases}\boldsymbol{x}_i^{k+1}:=\underset{\boldsymbol{x}_i}{\operatorname{argmin}}\Big(f_i(\boldsymbol{x}_i)+\dfrac{\rho}{2}\|\boldsymbol{x}_i-\boldsymbol{x}_i^k+\overline{\boldsymbol{x}}^k-\overline{\boldsymbol{z}}^k+\boldsymbol{u}^k\|_2^2\Big)\\ \overline{\boldsymbol{z}}^{k+1}:=\underset{\bar{z}}{\operatorname{argmin}}\Big(g(N\bar{z})+\dfrac{N\rho}{2}\|\bar{z}-\boldsymbol{u}^k-\overline{\boldsymbol{x}}^{k+1}\|_2^2\Big)\\ \boldsymbol{u}^{k+1}:=\boldsymbol{u}^k+\overline{\boldsymbol{x}}^{k+1}-\overline{\boldsymbol{z}}^{k+1}\end{cases}\tag{8.12}$$

式(8.12)第一步中的更新可以通过分布式并行的方式实现。后两步更新中需要使用变量 $\boldsymbol{x}_i^{k+1}$ 的均值。重复上述 3 个步骤可以迭代求出模型参数。

与之对应的共享极大不相关多元逻辑回归的优化求解目标为

$$\begin{aligned}&\min\ l\Big(\sum_{i=1}^{N}\boldsymbol{z}_i-\boldsymbol{b}\Big)+\frac{\eta}{2}\frac{1}{A_k^2}\sum_{n=1}^{N}\sum_{i=1}^{k}\sum_{c\neq d}\|\boldsymbol{\theta}_i^c\|^2\|\boldsymbol{\theta}_i^d\|^2\\&\text{s.t.}\quad \boldsymbol{A}_i\boldsymbol{\theta}_i-\boldsymbol{z}_i=0,\quad i=1,2,\cdots,N\end{aligned}\tag{8.13}$$

其中，$\boldsymbol{\theta}_i\in\Re^{n_i\times k}$，$\boldsymbol{z}\in\Re^{n_i\times k}$，并且 $\boldsymbol{\theta}_i^c$ 为对应于第 c 个类别和第 i 个数据块的模型参数，$\boldsymbol{\theta}^{\mathrm{T}}=[\boldsymbol{\theta}_1^{\mathrm{T}},\boldsymbol{\theta}_2^{\mathrm{T}},\cdots,\boldsymbol{\theta}_N^{\mathrm{T}}]^{\mathrm{T}}\in\Re^{k\times n}$。结合式(8.11)～式(8.13)可以得到极大不相关多元逻辑回归的共享优化求解算法 8.3。

算法 8.3：Sharing Maximal Uncorrelated Multinomial Logistic Regression

---

Input：

$\mathrm{D},\boldsymbol{\theta}^k,\boldsymbol{z}^k,\boldsymbol{u}^k,k\leftarrow 0$

Output：

$\boldsymbol{\theta}^{\mathrm{T}}$

Repeat

for $i=1,2,\cdots,N$:

$\boldsymbol{\theta}_i^{k+1} := \underset{\boldsymbol{\theta}_i}{\operatorname{argmin}}\left(\frac{\eta}{2}\frac{1}{\mathrm{A}_k^2}\sum_{n=1}^{N}\sum_{j=1}^{k}\sum_{c\neq d}\|\boldsymbol{\theta}_j^c\|^2\|\boldsymbol{\theta}_j^d\|^2+\frac{\rho}{2}\|\mathrm{A}_i\boldsymbol{\theta}_i-\mathrm{A}_i\boldsymbol{\theta}_i^k-\bar{\boldsymbol{z}}^k\overline{\mathrm{A}\boldsymbol{\theta}}^k+\boldsymbol{u}^k\|_2^2\right)$

$\bar{\boldsymbol{z}}^{k+1} := \underset{\bar{\boldsymbol{z}}}{\operatorname{argmin}}\left(l(N\bar{\boldsymbol{z}}-b)+\frac{N\rho}{2}\|\bar{\boldsymbol{z}}-\overline{\mathrm{A}\boldsymbol{\theta}}^{k+1}-\boldsymbol{u}^k\|_2^2\right)$

$\boldsymbol{u}^{k+1} := \boldsymbol{u}^k+\overline{\mathrm{A}\boldsymbol{\theta}}^{k+1}-\bar{\boldsymbol{z}}^{k+1}$

$k := k+1$

$\boldsymbol{\theta}^{\mathrm{T}} \leftarrow [\boldsymbol{\theta}_1^{k+1^{\mathrm{T}}},\boldsymbol{\theta}_2^{k+1^{\mathrm{T}}},\cdots,\boldsymbol{\theta}_N^{k+1^{\mathrm{T}}}]^{\mathrm{T}}$

Until converged

Return $\boldsymbol{\theta}^{\mathrm{T}}$

8.4.3 求解算法时间复杂度分析

可以定义 $m=\max(n,d)$，假设算法迭代 l 次收敛，则极大不相关多元逻辑回归的时间复杂度为 $O(lkdm)$。对于分布式 MUMLR 算法，本文定义 $m^*=\max(n^*,d^*)$，其中 n^*，d^* 分别代表每个数据块的样本大小和特征大小，则分布式极大不相关多元逻辑回归的时间复杂度为 $O(lkd^*m^*)$。

8.5 分布式极大不相关逻辑回归算法试验

本节将会评估分布式极大不相关多元逻辑回归算法的效果。实验结果主要集中在分类精度和效率两个方面。

8.5.1 运行环境与数据集介绍

分布式实验是在一组拥有 12 个节点的集群上实施的，其中每个节点的 CPU 型号皆为 Intel(R)Xeon(R)E5-2620，内存大小为 64GB，操作系统为 CentOS 7，集群中 Spark 版本为 1.5.1。

为了验证分布式算法的效果，选取了一些大规模数据集，包括手写数字识别数据集 MNIST、人脸识别数据集 Yale-B、路透社新闻数据集 RCV1 和 Realsim 数据集。此外，还生成了两个大型的人工数据集，用来评测分布式算法的效果。表 8.8 列出了各个数据集的大小。

表 8.8 数据集信息

数据集	样本数	特征数	类别数
MNIST	60000	784	10
Yale-B	1617	8064	38

续表

数据集	样本数	特征数	类别数
RCV1	20242	47236	2
Realsim	72309	20958	2
Synthetic-SP	100000	2000	20
Synthetic-FP	2000	100000	20

其中 MNIST 数据集包含 0～9 等 10 个手写数字，MNIST 数据集中的训练集和测试集分别包含 60000 张和 10000 张 28×28 的灰度图片。Yale-B 数据集由 38 组人脸组成，每组人脸包含 64 张图片，部分组少于 64 张图片，并且原始图像大小为 192×168 像素，统一将其转换成 48×42 像素。RCV1 和 Realsim 数据集都是从 LIBSVM[10] 网站上获取的。

为了验证分布式极大不相关多元逻辑回归在大规模、高相关度数据集上的效果，本文通过如下方式生成人工数据集

$$\boldsymbol{X}=\boldsymbol{X}_0+\boldsymbol{X}'*\mathrm{chol}(\boldsymbol{\sigma})+\varepsilon$$

其中，$\boldsymbol{X}_0=\mathrm{repmat}(\boldsymbol{\mu},m,n)$，$\boldsymbol{\mu}$ 表示数据集的平均值，统一将该值设置为全 1 向量。m 和 n 分别代表样本条数和样本特征数。$\boldsymbol{X}'$是服从同一分布的随机数据，chol 表示 Cholesky 分解，$\boldsymbol{\sigma}$ 是相关度矩阵，其中类内相关度大于 0.9，统一设置为 0.95，类间相关度统一设置为 0.8，ε 是随机的噪声数据。为了评估改进的算法，考虑如下两种结构的数据集。

(1) 高斯分布。其中 $\boldsymbol{X}'\sim N(0,1)$，$\varepsilon\sim N(0,1)$，$(m,n)=(10000,2000)$，共计 20 个类别，每个类别 5000 条样本，每条样本 2000 个特征。

(2) 高斯分布。其中 $\boldsymbol{X}'\sim N(0,1)$，$\varepsilon\sim N(0,1)$，$(m,n)=(2000,100000)$，共计 20 个类别，每个类别 100 条样本，每条样本 100000 个特征。

8.5.2 一致性求解算法的实验对比

为了测试极大不相关多元逻辑回归的一致性求解算法的识别率和效率，选用 Synthetic-SP、MNIST、RCV1 和 Realsim 作为实验数据集。在实验中 partitions 代表数据分割块数，其中 partitions=1 等同于串行算法。此外，所有的分布式实验都使用了 66%的数据作为训练集，剩下 33%的数据作为测试集。

根据图 8.5 和图 8.6 可知，随着数据规模的增大，串行算法的计算时间显著增高，使用一致性极大不相关多元逻辑回归可以显著提高算法的运行效率，并能在一定程度上提高算法的识别率。

由图 8.5(a)和图 8.5(b)可以看出，当数据分块不太多的情况下，算法的识别率随着分块的个数线性增高，当数据分块个数过大时，算法的识别率开始出现下降。造成这种结果的主要原因是，当数据块数不是很多的情况下，每个节点都包含较大的数据块，这意味着每个节点都能够得到充分的训练。当数据块数继续增大时，每个节点包含的数据逐渐减少，模型

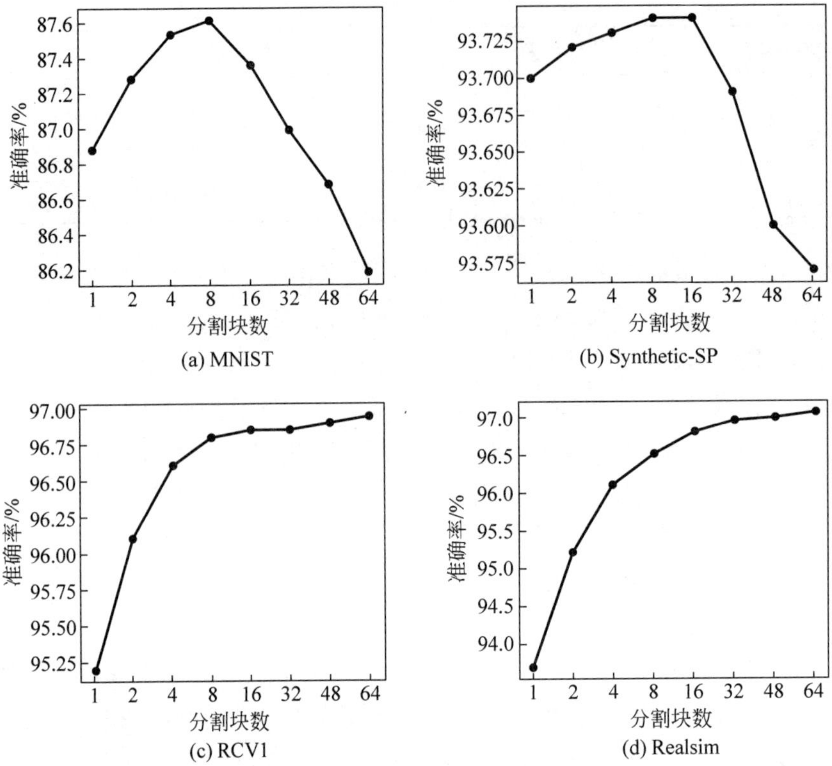

图 8.5 一致性极大不相关多元逻辑回归识别率

的泛化性能必然降低。对于图 8.5(c)和图 8.5(d)，由于数据集规模较大，虽然划分为较多块数，每个节点仍然含有较多的数据进行训练，因此在实验中，算法的识别率呈持续上升的趋势。

由图 8.6 可以看出，算法的计算时间刚开始随着块数的增加线性下降，当并行化程度达到一个饱和点，计算时间下降速度趋于缓和，甚至会出现上升。这表明全局一致性极大不相关多元逻辑回归可以有效提高算法的效率，然而当数据分块过多时，集群内部的通信开销逐步上升，算法的效率趋于缓和，甚至会有所降低。

8.5.3 共享求解算法的实验对比

为了测试极大不相关多元逻辑回归的共享求解算法的识别率和效率，选用 Yale-B、Synthetic-FP、MNIST、RCV1 和 Realsim 作为实验数据集。在实验中 partitions 代表数据分割块数，partitions=1 等同于串行算法。

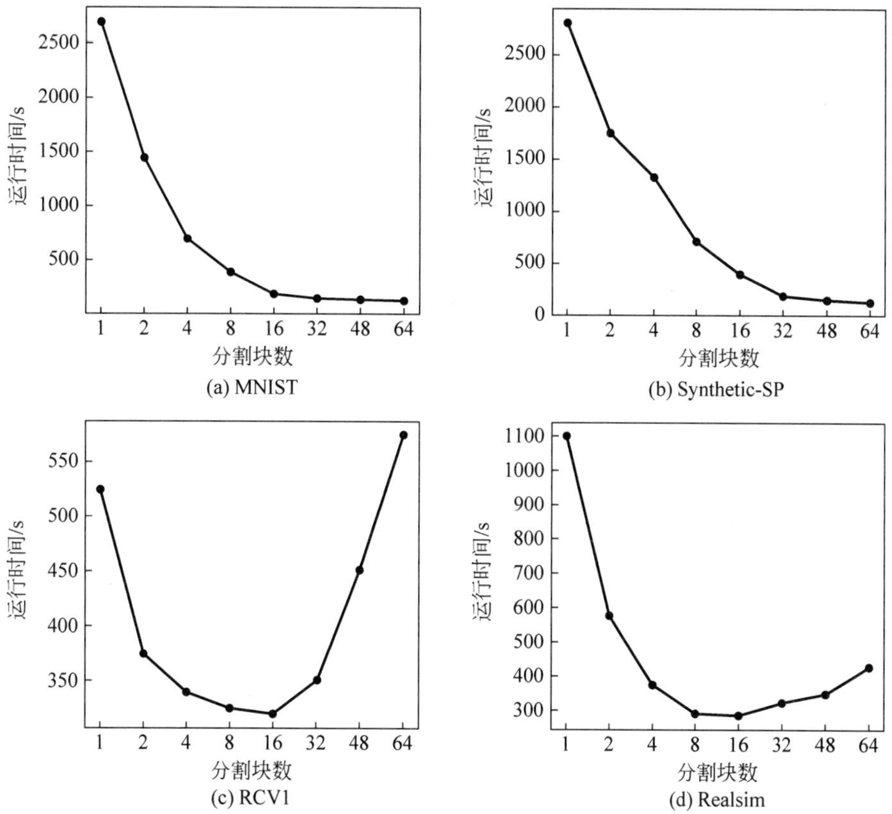

图 8.6　一致性极大不相关多元逻辑回归计算时间

联合图 8.7 和图 8.8 可知，共享极大不相关多元逻辑回归能有效降低算法的计算时间，并且能在一定程度上提高算法的识别率。与全局一致性极大不相关多元逻辑回归相似，随着并行化程度的增高，集群各节点之间通信成本上升，算法的计算时间下降缓慢，甚至会出现上升。

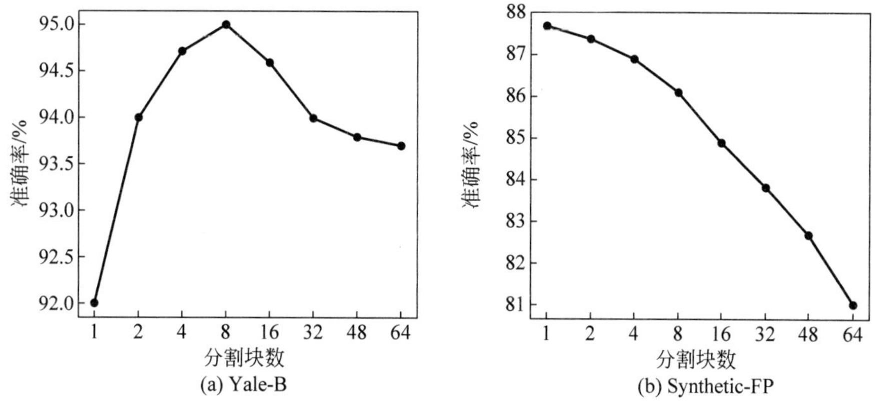

图 8.7　共享极大不相关多元逻辑回归识别率

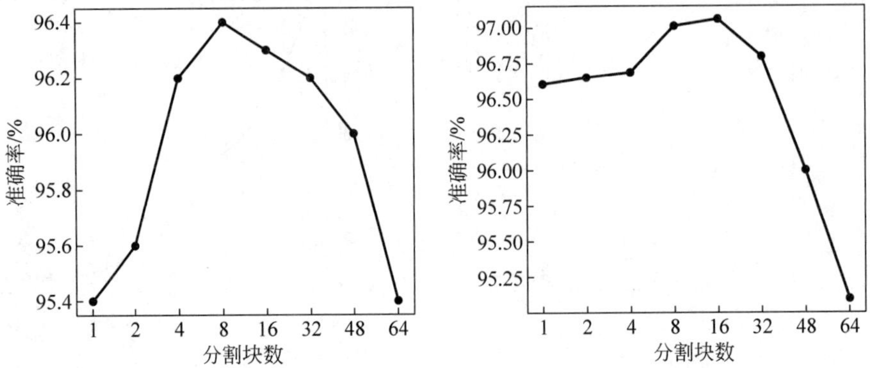

(c) Realism

(d) Realism

图 8.7(续)

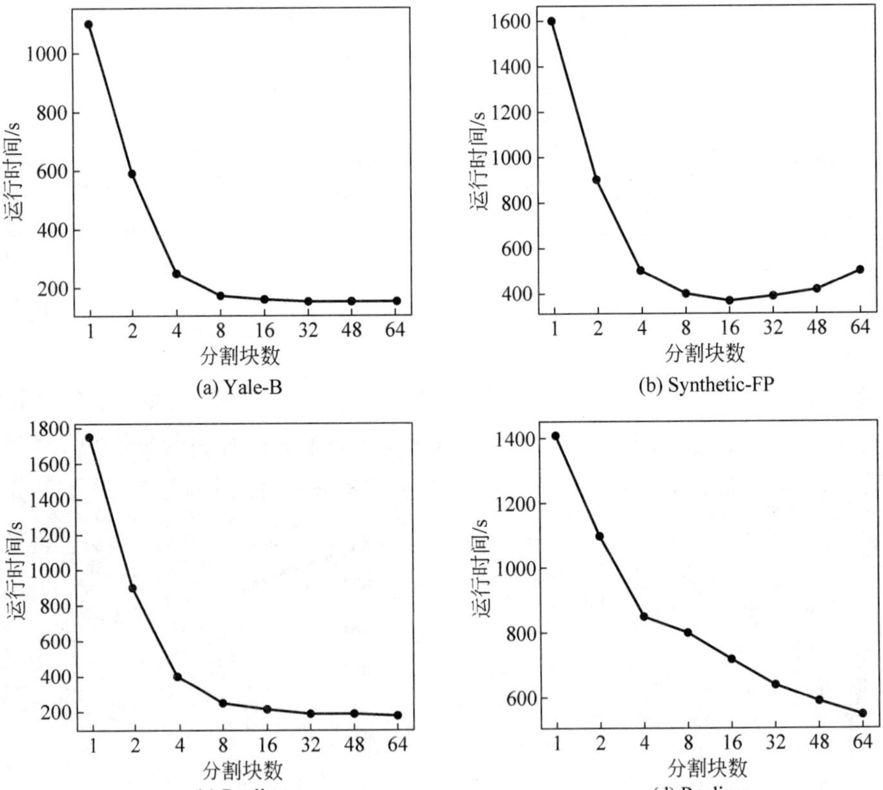

(a) Yale-B

(b) Synthetic-FP

(c) Realism

(d) Realism

图 8.8　共享极大不相关多元逻辑回归计算时间

8.6 本章小结

在本章中,首先提出了大规模数据集分类中存在的数据冗余问题,随后给出了可能的解决方案。之后提出了极大不相关多元逻辑回归模型,并从理论上证明该算法能够解决数据冗余的问题。并且分析了该算法的收敛性与时间复杂度,并通过实验证明该模型的效果。鉴于多元逻辑回归与神经网络的关系,又提出了极大不相关多元逻辑回归扩展的极大不相关神经网络,并通过实验验证了算法效果。最后,针对极大不相关多元逻辑回归提出了两种分布式算法,分别用来解决大规模样本和大规模特征这两种情况。分布式算法的实现,为极大不相关多元逻辑回归算法在大规模文本分类中的应用奠定了基础。

8.7 参考文献

[1] Jr D H W, Lemeshow S. Applied Logistic Regression[J]. Technometrics, 2000, 34(1): 358-359.

[2] Shevade S K, Keerthi S S. A simple and efficient algorithm for gene selection using sparse logistic regression[J]. Bioinformatics, 2003, 19(17): 2246-2253.

[3] Algamal Z Y, Ali H T M. An efficient gene selection method for high-dimensional microarray data based on sparse logistic regression[J]. Electronic Journal of Applied Statistical Analysis, 2017, 10(1): 242-256.

[4] Zou H, Hastie T. Regularization and variable selection via the elastic net[J]. Journal of the Royal Statistical Society, 2005, 67(2): 301-320.

[5] Kurth T, Walker A M, Glynn R J, et al. Results of multivariable logistic regression, propensity matching, propensity adjustment, and propensity-based weighting under conditions of nonuniform effect[J]. American Journal of Epidemiology, 2006, 163(3): 262.

[6] Zou H. The Adaptive Lasso and Its Oracle Properties[J]. Publications of the American Statistical Association, 2006, 101(476): 1418-1429.

[7] Galar M, Ndez A, Barrenechea E, et al. An overview of ensemble methods for binary classifiers in multi-class problems: Experimental study on one-vs-one and one-vs-all schemes [J]. Pattern Recognition, 2011, 44(8): 1761-1776.

[8] Borges J S, Bioucas-Dias J M, Marçal A R S. Fast Sparse Multinomial Regression Applied to Hyperspectral Data[M]. Palo Alto, CA, USA: Springer Berlin Heidelberg, 2006: 700-709.

[9] Simonyan K, Zisserman A. Very deep convolutional networks for large-scale image recognition[EB/OL]. (2014-05-26)[2020-05-19]. http://arXiv. org/abs. 1409. 1556.

[10] Chang C C, Lin C J. LIBSVM: A library for support vector machines[J]. ACM Trans. Intell. Syst. Technol., 2011, 2(3): 1-27.

第 9 章

快速稀疏多元逻辑回归

9.1 稀疏多元逻辑回归串行求解算法

近年来，多类别分类问题在图像分类、多类别物体识别等领域有着越来越多的应用，多元逻辑回归应用于多分类问题已成了研究的热点。通过将拉普拉斯先验引入多元逻辑回归可以使其解具有稀疏性，这让它可以在进行分类的过程中嵌入特征选择，因而受到越来越多的关注。但是 SMLR 问题的优化求解算法在近几年却鲜有学者研究，其优化求解算法在分类精度和计算复杂度上仍有可提升的空间。其面临的主要挑战如下

(1) 由于稀疏多元逻辑回归的目标函数中包含了能够产生稀疏解的 l_1 正则项，无法求得解析解，因此通常采用迭代优化的方式进行求解。采用何种迭代优化算法进行求解对解的质量有较大影响。

(2) 在大规模数据下，通常需要处理的样本维度或者特征维度可能会有亿级或十亿级的规模。因此，实际中可能遇到因单台机器的内存容量过小而无法存储训练数据集的问题。如何在大规模场景下对稀疏多元逻辑回归进行求解仍然值得研究。

考虑到目前 SMLR 问题的串行优化算法已经难以满足处理大规模数据所需的时间和内存要求，本章基于分布式凸优化问题，针对大规模样本的场景介绍了基于样本划分的分布式 SMLR 算法(Sample Partitioning based Distributed SMLR, SP-SMLR)；针对大规模特征的场景，介绍了基于特征划分的分布式 SMLR(Feature Partitioning based Distributed SMLR, FP-SMLR)算法。SP-SMLR 算法和 FP-SMLR 算法利用了 ADMM 算法的可分解性，通过将 SMLR 的单一目标函数拆分为多个目标函数进行求解从而实现了任务并行化。另外，原始大规模数据集被以多种方式划分为多个子数据集，各任务基于子数据集进行优化，从而实现数据并行化，极大地降低了分布式环境中任务的数据通信成本。

本章使用 Spark 分布式计算框架实现了 SP-SMLR 和 FP-SMLR 算法，并在多组真实的大规模数据集上进行了实验。大数据实验表明，本章介绍的分布式并行化 SMLR 算法能够对大规模样本及特征进行扩展，能够以较快的速度进行求解并保持较高的求解精度。

本章将首先对 SMLR 原始求解算法做简单介绍，之后针对其不足，提出一种新的 SMLR 求解算法，该算法能够有效地处理特征数或者类别数较多的数据集。实验结果表明，使用该算法求解 SMLR 问题提升效果明显。

9.1.1　迭代重加权最小二乘法

迭代重加权最小二乘法(Iteratively Reweighted Least Squares，IRLS)最早由 D. Rubin 等[1]于 1983 年提出，用于求解鲁棒性回归问题的回归系数。其优化求解的过程采用了极大似然法，新的解基于旧的解并不断迭代更新，因此称为迭代重加权算法。而 B. Krishnapuram 等在 2005 年提出的 SMLR 问题的原始求解算法[2]采用了类似的重加权方式来对参数进行求解，因此将其称之为 IRLS 算法，后文中提到的 IRLS 也指 SMLR 问题的原始求解算法。

IRLS 算法通过以下方式对参数 $\boldsymbol{w}$ 进行估计

$$\hat{\boldsymbol{w}} = \underset{\boldsymbol{w}}{\operatorname{argmax}}\, L(\boldsymbol{w}) = \underset{\boldsymbol{w}}{\operatorname{argmax}}[l(\boldsymbol{w}) + \log\,(p(\boldsymbol{w})] \tag{9.1}$$

由于式(9.1)中包含拉普拉斯先验，无法直接使用重加权的方式进行迭代求解。可以借用边界优化算法的思想，通过引入代理函数 Q，并对代理函数 Q 进行迭代最大化以达到优化 $L(\boldsymbol{w})$ 的目的，那么有

$$\hat{\boldsymbol{w}}^{(t+1)} = \underset{\boldsymbol{w}}{\operatorname{argmax}}\, Q(\boldsymbol{w} \mid \hat{\boldsymbol{w}}^{(t)}) \tag{9.2}$$

且有

$$L(\hat{\boldsymbol{w}}^{(t+1)}) \geqslant L(\hat{\boldsymbol{w}}^{(t)}) \tag{9.3}$$

由于 $L(\boldsymbol{w})$ 为凸函数，一种获得代理函数 Q 的方法是利用海森矩阵的下界。记 $\boldsymbol{B}$ 为负定矩阵且对所有的 $\boldsymbol{w}$ 都有 $H(\boldsymbol{w}) \geqslant \boldsymbol{B}$。那么，可以找到一个合法的代理函数

$$Q(\boldsymbol{w} \mid \hat{\boldsymbol{w}}^{(t)}) = \boldsymbol{w}^{\mathrm{T}}(g(\hat{\boldsymbol{w}}^{(t)}) - \boldsymbol{B}\hat{\boldsymbol{w}}^{(t)}) + \frac{1}{2}\boldsymbol{w}^{\mathrm{T}}\boldsymbol{B}\boldsymbol{w} \tag{9.4}$$

其中

$$\boldsymbol{B} = -\frac{1}{2}[I - \boldsymbol{1}\boldsymbol{1}^{\mathrm{T}}/k] \otimes \left\{\sum_{i=1}^{m} \boldsymbol{x}^{(i)} \boldsymbol{x}^{(i)\mathrm{T}}\right\} \tag{9.5}$$

符号⊗称为克罗内克积(Kronecker product)且有 $1=[1,1,\cdots,1]^{\mathrm{T}}$。$l(\boldsymbol{w})$的梯度可以表示为

$$g(\boldsymbol{w}) = \sum_{i=1}^{m} (\boldsymbol{y}'^{(i)} - p^{(i)}(\boldsymbol{w})) \otimes \boldsymbol{x}^{(i)} \tag{9.6}$$

其中，$\boldsymbol{y}'^{(i)} = [\boldsymbol{y}_1^{(i)}, \boldsymbol{y}_2^{(i)}, \cdots, \boldsymbol{y}_{m-1}^{(i)}]^{\mathrm{T}}$，$p_j^{(i)}(\boldsymbol{w}) = p(y_j^{(i)} = 1 \mid \boldsymbol{x}^{(i)}; \boldsymbol{w})$，$p^{(i)}(\boldsymbol{w}) = [p_1^{(i)}(\boldsymbol{w}), p_2^{(i)}(\boldsymbol{w}), \cdots, p_{m-1}^{(i)}(\boldsymbol{w})]^{\mathrm{T}}$。

直接最小化 $Q(\boldsymbol{w} \mid \hat{\boldsymbol{w}}^{(t)}) - \lambda \|\boldsymbol{w}\|_1$ 很难得到闭式解，因此同样需要对对数先验取下界，

有$-\|\boldsymbol{w}\|_1 \geqslant -\frac{1}{2}\left(\sum_l \frac{\boldsymbol{w}_l^2}{|\boldsymbol{w}'_l|}+\sum_l |\boldsymbol{w}'_l|\right)$。这样，$L(\boldsymbol{w})=l(\boldsymbol{w})-\lambda\|\boldsymbol{w}\|_1$的代理函数可以表示为

$$Q(\boldsymbol{w} \mid \hat{\boldsymbol{w}}^{(t)})=\boldsymbol{w}^{\mathrm{T}}(g(\hat{\boldsymbol{w}}^{(t)})-\boldsymbol{B}\hat{\boldsymbol{w}}^{(t)})+\frac{1}{2}\boldsymbol{w}^{\mathrm{T}}(\boldsymbol{B}-\lambda\Lambda^{(t)})\boldsymbol{w} \tag{9.7}$$

其中

$$\Lambda^{(t)}=\operatorname{diag}\{|\hat{\boldsymbol{w}}_1^{(t)}|^{-1},\cdots,|\hat{\boldsymbol{w}}_{n(k-1)}^{(t)}|^{-1}\} \tag{9.8}$$

最大化式(9.7)中的$\boldsymbol{w}$有

$$\hat{\boldsymbol{w}}^{(t+1)}=(\boldsymbol{B}-\lambda\Lambda^{(t)})^{-1}(\boldsymbol{B}\hat{\boldsymbol{w}}^{(t)}-g(\hat{\boldsymbol{w}}^{(t)})) \tag{9.9}$$

另一种等价的表示形式为

$$\hat{\boldsymbol{w}}^{(t+1)}=\gamma^{(t)}(\gamma^{(t)}\boldsymbol{B}\gamma^{(t)}-\lambda I)^{-1}\gamma^{(t)}(\boldsymbol{B}\hat{\boldsymbol{w}}^{(t)}-g(\hat{\boldsymbol{w}}^{(t)})) \tag{9.10}$$

其中，

$$\gamma^{(t)}=\operatorname{diag}\{|\hat{\boldsymbol{w}}_1^{(t)}|^{1/2},\cdots,|\hat{\boldsymbol{w}}_{n(k-1)}^{(t)}|^{1/2}\} \tag{9.11}$$

此时，就能以迭代的方式对模型的参数进行更新。IRLS算法步骤如算法9.1所示。

算法 9.1：迭代重加权最小二乘法(IRLS)

输入：

- 初始化参数向量：$\boldsymbol{w}\in\Re^{n(k-1)}$
- 最大迭代次数：Iter
- 正则项参数：λ

输出：

- 算法最终的参数向量：$\boldsymbol{w}^{k+1}$

迭代步骤：

1：初始化计数器 $k\leftarrow 0$

2：初始化参数向量 $\boldsymbol{w}^k\leftarrow\boldsymbol{w}$

3：使用式(9.10)更新变量$\boldsymbol{w}$

4：当迭代到指定次数时算法终止，执行步骤5。否则，令$k\leftarrow k+1$，并返回到步骤3

5：返回更新完成的算法参数 $\boldsymbol{w}^{k+1}$

9.1.2 快速稀疏多元逻辑回归算法

尽管在IRLS算法采用了非冗余形式的参数表示，将参数数量减小至$k\times(n-1)$个，但参数量的减少并未降低算法本身的复杂度。在J. Borges等[3]论文中指出，对于样本数为m，特征数为n，类别数为k的数据集中，IRLS算法的计算复杂度为$O((nk)^3)$，这使得

IRLS 算法不易处理多特征或者多类别的数据集。

然而，近年来 SMLR 主要应用于图像分类、多类物体识别、疾病诊断等领域，其数据集都具有样本规模大、特征维度高的特性。因此，IRLS 算法在计算效率以及分类精度上仍有可优化的空间，为了提高 SMLR 问题的求解速度和分类精度，提出了一种快速稀疏多元逻辑回归(Fast Sparse Multinomial Logistic Regression，FSMLR)算法。该算法的理论基础为 ADMM 算法，通过利用 ADMM 可分解的特性，可以将原问题目标函数进行拆分，带有 l_1 正则项的最小化问题得以求解。

采用 ADMM 算法求解 SMLR 问题时，考虑如下的凸优化问题

$$\begin{aligned}&\underset{\boldsymbol{W},\boldsymbol{Z}}{\text{minimize}}\, l(\boldsymbol{XW})+\lambda\|\boldsymbol{Z}\|_1\\&\text{s. t.}\,\boldsymbol{W}-\boldsymbol{Z}=0\end{aligned} \tag{9.12}$$

采用增广拉格朗日方法可以将式(9.12)转化为无约束优化问题，形式如下

$$L_\rho(\boldsymbol{W},\boldsymbol{Z},\gamma)=l(\boldsymbol{XW})+\lambda\|\boldsymbol{Z}\|_1+\gamma^{\mathrm{T}}(\boldsymbol{W}-\boldsymbol{Z})+\frac{\rho}{2}\|\boldsymbol{W}-\boldsymbol{Z}\|_2^2 \tag{9.13}$$

其中，$\boldsymbol{W}\in\Re^{n\times k}$，$\boldsymbol{Z}\in\Re^{n\times k}$ 为待优化变量，$l(\boldsymbol{XW})$为负对数似然函数，也即稀疏多元逻辑回归问题的损失函数，变量$\boldsymbol{\gamma}$为对偶变量。

当采用缩放形式的 ADMM 时，变量的迭代更新公式为

$$\boldsymbol{W}^{k+1}:=\underset{\boldsymbol{W}}{\text{argmin}}\left(l(\boldsymbol{XW})+\frac{\rho}{2}\left\|\boldsymbol{W}-\boldsymbol{Z}^k+\boldsymbol{U}^k\right\|_2^2\right) \tag{9.14}$$

$$\boldsymbol{Z}^{k+1}:=\underset{\boldsymbol{Z}}{\text{argmin}}\left(\lambda\|\boldsymbol{Z}\|_1+\frac{\rho}{2}\left\|\boldsymbol{W}^{k+1}-\boldsymbol{Z}+\boldsymbol{U}^k\right\|_2^2\right) \tag{9.15}$$

$$\boldsymbol{U}^{k+1}:=\boldsymbol{U}^k+\boldsymbol{W}^{k+1}-\boldsymbol{Z}^{k+1} \tag{9.16}$$

上述的变量更新公式构成了 FSMLR 的主要算法框架。对于 FSMLR 算法的收敛判定条件，仍采用原始残差与对偶残差，当原始残差和对偶残差足够小时，迭代终止。FSMLR 算法的主要步骤如算法 9.2 所示。

算法 9.2：快速稀疏多元逻辑回归算法（FSMLR）

输入：

- 训练集：$D=\{\boldsymbol{X},\boldsymbol{Y}\}$
- 初始化参数矩阵：$\boldsymbol{W},\boldsymbol{Z},\boldsymbol{U}$
- 最大迭代次数：Iter
- 收敛阈值：$\varepsilon=10^{-4}>0$
- 超参数：λ,ρ

输出：

- FSMLR 算法参数矩阵：$\boldsymbol{Z}^{k+1}$

迭代步骤：

1： 初始化计数器 $k \leftarrow 0$

2： 初始化参数矩阵 $\boldsymbol{W}^k \leftarrow \boldsymbol{W}, \boldsymbol{Z}^k \leftarrow \boldsymbol{Z}, \boldsymbol{U}^k \leftarrow \boldsymbol{U}$

3： $\boldsymbol{W}^{k+1} := \underset{\boldsymbol{W}}{\operatorname{argmin}} l(\boldsymbol{XW}) + \frac{\rho}{2} \|\boldsymbol{W} - \boldsymbol{Z}^k + \boldsymbol{U}^k\|_2^2$

4： $\boldsymbol{Z}^{k+1} := \underset{\boldsymbol{Z}}{\operatorname{argmin}} (\lambda \|\boldsymbol{Z}\|_1 + \frac{\rho}{2} \|\boldsymbol{W}^{k+1} - \boldsymbol{Z} + \boldsymbol{U}^k\|_2^2)$

5： $\boldsymbol{U}^{k+1} := \boldsymbol{U}^k + \boldsymbol{W}^{k+1} - \boldsymbol{Z}^{k+1}$

6： $\boldsymbol{r}^{k+1} \leftarrow \boldsymbol{W}^{k+1} - \boldsymbol{Z}^{k+1}$

7： $\boldsymbol{s}^{k+1} \leftarrow \rho(\boldsymbol{Z}^{k+1} - \boldsymbol{Z}^k)$

8： 当满足 $\|\boldsymbol{r}^{k+1}\|_2 < \epsilon$ 且 $\|\boldsymbol{s}^{k+1}\|_2 < \epsilon$，或迭代到指定次数时算法终止，执行步骤 9。否则，令 $k \leftarrow k+1$，并返回到步骤 3。

9： 返回更新完成的算法参数 $\boldsymbol{Z}^{k+1}$

9.2 快速稀疏多元逻辑回归算法实验

为了验证串行 SMLR 优化算法 FSMLR 的有效性，本节将设置多组实验来进行实验。

9.2.1 实验设置

本章实验在单机环境下进行，其中串行实验所使用的机器具有 Intel (R) i7-7700HQ (2.8GHz)的处理器和 16GB 的随机存取存储器。实验选取了多个领域的不同大小的数据集，包括鸢尾花卉数据集 Iris、肺部基因数据集 Lung、图像分割数据集 Segment、小规模仿真稀疏数据集 Synthetic-Small；多类物体识别数据集 COIL20、人脸数据集 GT 和 Yale-B、手写体数字识别数据集 MNIST-Small 和 MNIST。表 9.1 列出了各数据集的描述信息。

表 9.1 串行实验数据集描述信息

数据集	样本数	特征数	类别数
Iris	150	4	3
Lung	203	3312	5
Segment	2310	19	7
Synthetic-Small	2000	50	3
COIL20	1440	1024	20
GT	750	1024	50

续表

数据集	样本数	特征数	类别数
Yale-B	1617	2016	38
MNIST-Small	4000	784	10
MNIST	60000	784	10

其中，COIL20 包含 20 个物体以 5°间隔拍摄的灰度图像，每个物体包含 72 张图像，每张图像被下采样为 32×32 像素大小。GT 数据集由不同时间拍摄的 50 个人的人脸构成，每张人脸由 15 张图像组成，并且具有不同的面部表情、光照、背景环境等，每张图片被下采样为 32×32 像素大小。MNIST 数据集包含了 0～9 在内的 10 类不同的手写体数字，训练集和测试集分别包含 60000 张和 10000 张 28×28 像素的灰度图像。小规模的 MNIST 数据集来自全量 MNIST 数据集的子集，包含了按类别均匀采样的 4000 张训练样本。Yale-B 数据集由 38 个人的人脸构成，每张人脸由 64 张图像组成，部分人脸不足 64 张，原始图像大小为 192×168 像素大小，本文将其下采样为 48×42 像素大小，图 9.1 和图 9.2 给出了 MNIST 及 COIL20 数据集的样例图片。

图 9.1　COIL20 数据集样例图片

Synthetic-Small 数据集为人工仿真的具有稀疏特性的数据集，包括了特征稀疏性和解的稀疏性。数据集采用式(9.17)生成

$$y = \operatorname{argmax}(\boldsymbol{x}^{\mathrm{T}}\boldsymbol{W} + \boldsymbol{\varepsilon}^{\mathrm{T}}) \tag{9.17}$$

其中，样本 $\boldsymbol{x} \in \Re^{n}$ 和参数矩阵 $\boldsymbol{W} \in \Re^{n \times k}$ 都生成于稀疏的标准随机正态分布 $N \sim (0,1)$ 并且具有 50%的非零元素，ε 是采样自标准正态分布 $N \sim (0,1)$ 的噪声数据。argmax($\boldsymbol{x}$)操作返

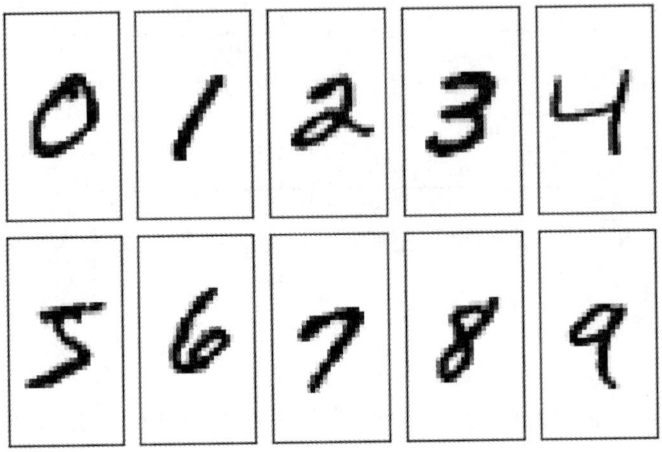

图 9.2 MNIST 数据集样例图片

回 $\boldsymbol{x}$ 中最大值的索引。

实验选用的评估指标包括算法的运行时间和分类准确率。其中,运行时间指算法从开始迭代到终止迭代所需的时间,不包括数据读取所占用的时间,分类准确率指被分类正确的样本数与所有样本数的比值。算法的收敛条件为原始残差和对偶残差均小于收敛阈值 $\varepsilon=10^{-4}$。实验采用五折交叉验证的形式,数据集被随机划分为 5 份,其中 4 份用作训练集,1 份用做测试集。实验得到的分类准确率及运行时间的最终结果为 5 次实验结果取平均值。

9.2.2 优化算法实验及分析

为了比较 FSMLR 算法与其他优化算法如 ISTA、FISTA、FASTA 等在分类准确率以及运行时间上的性能,分别选择了小规模数据集如 Iris、中等规模数据集如 Segment 以及较大规模的数据集如 Yale-B 进行实验。由于 ISTA、FISTA 以及 FASTA 算法本身并不支持求解 SMLR 问题,本文对上述几种算法进行了拓展以支持 SMLR 问题的求解。为保证实验的公正性,各算法的实验结果均在最优的超参数下求得,实验分别比较了各算法在不同数据集上的分类准确率和运行时间,单位分别为百分比和秒。实验结果如表 9.2 和表 9.3 所示,表中的“ —”符号表示算法运行时间过长,无运行结果。

表 9.2 各优化算法在不同数据集下的分类准确率 单位:%

算　法	ISTA	FISTA	FSMLR	FASTA	IRLS
Iris	97.33	97.33	**98**	**98**	**98**
Lung	93.67	95.57	**95.6**	95.07	95.17
Segment	93.67	93.87	**95.11**	94.4	94.24
COIL20	98.11	98.53	**99.51**	**99.51**	**99.51**
MNIST-Small	**88.56**	88.33	88.41	88.41	—

续表

算　法	ISTA	FISTA	FSMLR	FASTA	IRLS
MNIST	92.22	92.22	**92.62**	92.35	—
YALE-B	94.23	93.60	91.22	**94.6**	—

表 9.3　各优化算法在不同数据集下的运行时间　　单位：s

算　法	ISTA	FISTA	FSMLR	FASTA	IRLS
Iris	0.56	0.11	0.07	**0.03**	6.74
Lung	33.35	4.85	5.04	**1.12**	1000+
Segment	13.51	2.53	1.47	**0.51**	969.76
COIL20	21.64	**1.92**	1.94	2.7	1000+
MNIST-Small	9.28	1.58	1.58	**0.98**	—
MNIST	675.77	110	274.46	**93.44**	—
YALE-B	1000+	210.77	125.81	**63.18**	—

根据表 9.2 与表 9.3 的实验结果，可以得出以下结论。

(1) SMLR 问题的原始求解算法 IRLS 在 Iris 或者 Segment 等小规模数据集上运行才能得到结果，当样本数或特征数增加时，其算法的运行时间会显著增加。例如，在小规模数据集 Segment 上，其样本数、特征数以及类别数分别为 2310、19、7，但 IRLS 算法的运行时间却超过了 900s。在 Lung 或者 COIL20 数据集上，其运行时间甚至已经超过 1000s。当数据集规模更大时，例如在 MNIST 或者 Yale-B 数据集上，IRLS 算法因为迭代时间过长而无法得到结果。由于对于特征数为 n 的 k 分类问题中，IRLS 算法的计算复杂度为 $O((nk)^3)$，IRLS 也不适合处理类别数较多的数据集。因此，使用 IRLS 算法对 SMLR 问题进行求解时，对数据集有很高的要求。

(2) ISTA 和 FISTA 的分类准确率在不同数据集上的表现相当，在多数数据集上都没有取得最优的结果。而在算法迭代时间上，FISTA 要远快于 ISTA 算法，是由于 FISTA 在每一次迭代时并非只使用了$\boldsymbol{W}^t$，而是使用了前两次参数$\{\boldsymbol{w}^{t-1},\boldsymbol{w}^t\}$的线性组合，因此其迭代速度要远快于 ISTA 算法。对比 ISTA、FISTA 算法和其他优化算法的运行时间可以看到，ISTA 和 FISTA 算法在运行时间上也并无太大的优势，因此它们并不适合作为 SMLR 问题的最优求解算法。

(3) 对于 FSMLR 算法，它在 Iris、Lung、Segment、COIL20 以及 MNIST 等不同规模的数据集上都取得了最优。另外，虽然 FSMLR 算法没有在运行时间上取得最优，但可以看到它在小规模数据集上如 Iris，Lung，Segment 数据集上的运行时间与 FISTA 和 FASTA 算法相差不大。当应用于较大规模数据集时，FSMLR 算法与 FISTA 算法运行时间相当，但都略慢于 FASTA 算法。对比 FSMLR 与原始的 IRLS 两个优化算法，可知前者的分类准确率远高于后者并且具有更快的运行时间，因此也更适合于求解 SMLR 问题。

(4) FASTA 算法在数据集规模不大时,其在运行时间上具有一定的优势,并在 7 个数据集中的 5 个数据集中都取得了最优。但是从分类准确率的角度来讲,FASTA 算法的准确率仅在 Iris、COIL20、Yale-B 数据集取得了最优。对比 FSMLR 算法和 FASTA 算法可以发现,文中提出的 FSMLR 算法在数据集规模不大时能够在可接受的时间内进行求解,并且在牺牲一些运行时间后能获得更大的分类性能的提升。

此实验说明了 FSMLR 算法相比于 IRLS 算法更适合处理特征维度较高或者类别数较多的数据集。相比于其他优化算法,尽管 FSMLR 算法的运行时间要略慢于 FASTA 算法,但在分类准确率方面更胜一筹。另外,它很容易拓展成为分布式优化算法,通过提高并行度的方式来处理更大规模数据集,这是传统稀疏优化算法不具备的。因此,总体上来说 FSMLR 具有更优的性能。

9.2.3 传统算法实验及分析

除了与 ISTA、FISTA、FASTA 等稀疏优化算法进行比较,本节还选取了传统的机器学习算法 SLR、SVM、WDMLR 等进行多分类实验。实验数据集采用图像分类数据集 COIL20、GT、Segment 等。另外,仿真数据集 Synthetic-Small 也用作本次实验的数据集以验证各算法的稀疏求解性能,其中 SLR 与 SVM 属于二分类算法,进行多分类时需要对它们进行拓展,在实验时采用了 one-vs-rest 的策略进行多分类。同样,为了保证实验的公正性,各算法在不同数据集上的实验结果均在最优参数下取得,各算法的分类准确率如表 9.4 所示。

表 9.4 各分类算法在不同数据集下的分类准确率 单位:%

算 法	COIL20	GT	Segment	Synthetic-Small
SLR	98.26	84.13	94.93	95.9
SVM	98.54	**88**	93.6	94.5
WDMLR	98.75	83.87	93.93	97.15
FSMLR	**99.51**	87.73	**95.11**	**97.6**

从表 9.4 中可以发现,传统的二分类算法 SLR 与 SVM 的分类准确率几乎在所有数据集上都未达到最优,甚至与其他算法的分类准确率之间有较大的差距,可见 SLR 与 SVM 算法在处理多分类问题时没有明显的优势,或者说 one-vs-rest 策略在处理多分类问题时并不具有普适性。对比引入了l_2 正则项的传统多分类算法 WDMLR 和提出的 FSMLR 算法的实验结果可知,FSMLR 算法的分类准确率均高于 WDMLR 算法,并且在 COIL20、GT、Segment 和 Synthetic-Small 数据集上分别比 WDMLR 算法高出了 0.76%、3.86%、1.18% 和 0.45%。另外,FSMLR 算法在 COIL20、COIL20 以及 Synthetic-Small 数据集上均取得了最好的分类结果。虽然在 GT 数据集上未取得最优分类准确率,但与最优值之间只相差

了 0.27%，可以证明 FSMLR 算法在处理稀疏问题时要明显优于其他算法。

9.3 稀疏多元逻辑回归并行求解算法

在 9.2 节中可以看到，当数据集规模不大时，FSMLR 算法能够在可接受的时间范围内取得最优的分类准确率。而近年来，无论人们处理的是图像数据、文本数据还是基因数据，都不可避免地会遇到大规模样本或者大规模特征的场景。此时，单台计算机会因为计算能力或内存条件的限制而无法在可接受的时间内完成优化求解，甚至无法加载完整的数据集。因此，在本章中将会考虑稀疏多元逻辑回归问题的分布式优化求解。

在并行化与分布式计算领域中，解决大规模场景内问题的核心都是将复杂的任务分解为多个子任务，这些子任务之间可以并行执行。在由多台计算机组成的分布式系统中，子任务可以被分配到多台计算节点中完成计算，计算的中间结果则可以通过网络传输[4,5]。将 SMLR 问题进行分布式求解一方面可以解决大规模场景下单台计算机计算和存储能力不足的问题，另一方面使得计算具有可扩展性。然而 SMLR 问题的分布式求解并不像随机森林[6]等树模型一样具有天然的并行性，直接将数据集划分为多个子数据集的形式会受到 SMLR 问题目标函数的约束。ADMM 算法作为求解凸优化问题的计算框架，非常适用于分布式凸优化问题。受到 ADMM 算法的启发，基于 Spark 分布式并行计算框架，利用 ADMM 算法实现了 SMLR 问题的分布式并行算法。另外，任务并行化是并行计算和分布式计算都需要考虑的并行任务之一，这对这两种计算都非常重要。通过将 SMLR 的单一目标函数拆分为多个目标函数进行求解可以实现任务并行化。为了进一步降低分布式环境中任务的数据通信成本，按照多种方式将原始的大规模数据集拆分为多个子数据集来实现数据并行化。

为了统一符号，本章使用下标 i 作为第 i 个数据块的序号，N 表示数据块的个数，m 表示数据集样本个数，n 表示样本特征维度，k 表示类别数。

9.3.1 多元逻辑回归的一致性优化求解

首先考虑处理大规模样本的情形，设计并提出一种适用于包含大规模样本数据集的分布式优化算法，该算法被称之为 SP-SMLR。SP-SMLR 算法的理论基础为全局变量一致性优化，该理论已有很多学者进行过研究。其核心思想是当数据集样本规模较大时，尽管单台机器无法处理完整的数据集，但仍能够处理子数据集。数据集可以按照样本维度划分为多个子数据集，即按照图 9.3 的方式对数据集进行划分，被划分后的数据集表示为 $D=\{D_1, D_2,\cdots,D_N\}^{\mathrm{T}}$，其中 $D_i=\{\boldsymbol{X}_i,\boldsymbol{Y}_i\}$，$\boldsymbol{X}_i\in\Re^{m_i\times n}$，$\boldsymbol{Y}_i\in\Re^{k\times m_i}$。且有 $\sum_{i=1}^{N}m_i=m$，m_i 表示第 i 个数据块。

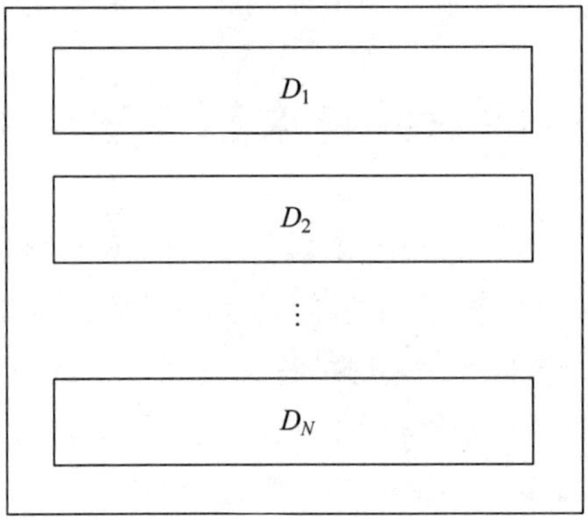

图 9.3 按照样本维度进行数据划分

为了独立地对多个数据块进行处理，可以轻易地将式(9.12)所示的 SMLR 问题的原始优化目标写为式(9.18)的形式从而进行分布式优化，形式如下

$$\underset{\boldsymbol{W}_i,\boldsymbol{Z}}{\text{minimize}}\sum_{i=1}^{N} l_i(\boldsymbol{X}_i\boldsymbol{W}_i)+\lambda\|\boldsymbol{Z}\|_1$$

$$\text{s.t.}\quad \boldsymbol{W}_i-\boldsymbol{Z}=0,\quad i=1,2,\cdots,N \tag{9.18}$$

其中

$$l_i(\boldsymbol{X}_i\boldsymbol{W}_i)=-\frac{1}{m}Tr\left[\boldsymbol{Y}_i^{\mathrm{T}}P(\boldsymbol{X}_i\boldsymbol{W}_i)\right] \tag{9.19}$$

式(9.18)所示的最小化问题被称为全局一致性问题。其中，约束项保证了局部变量最终将会趋于一致。方便起见，SMLR 的全局一致性问题被称之为基于样本划分策略的分布式优化问题，也即基于样本划分的分布式 SMLR 问题。其中，变量 $\boldsymbol{W}_i\in\Re^{n\times k}$ 和 $\boldsymbol{Z}_i\in\Re^{n\times k}$ 分别被称为局部变量和全局变量，第 i 部分的目标函数 l_i 使用第 i 个数据块来优化模型参数 $\boldsymbol{W}_i$，不同计算节点优化不同的局部变量。

使用增广拉格朗日形式对式(9.18)进行重写，则有

$$L_\rho(\boldsymbol{W}_1,\boldsymbol{W}_2,\cdots,\boldsymbol{W}_N,\boldsymbol{Z},\boldsymbol{U})=\sum_{i=1}^{N} l_i(\boldsymbol{X}_i\boldsymbol{W}_i,\boldsymbol{Y}_i)+\lambda\|\boldsymbol{Z}\|_1+\frac{\rho}{2}\|\boldsymbol{W}_i-\boldsymbol{Z}+\boldsymbol{U}_i\|_2^2 \tag{9.20}$$

此时，基于样本划分的分布式 SMLR 问题可以通过迭代的方式进行求解。变量的迭代公式如式(9.21)～式(9.23)所示

$$\boldsymbol{W}_i^{k+1}:=\underset{\boldsymbol{W}_i}{\operatorname{argmin}}\left(l_i(\boldsymbol{X}_i\boldsymbol{W}_i)+\frac{\rho}{2}\|\boldsymbol{W}_i-\boldsymbol{Z}^k+\boldsymbol{U}_i^k\|_2^2\right) \tag{9.21}$$

$$\boldsymbol{Z}^{k+1}:=\underset{\boldsymbol{Z}}{\operatorname{argmin}}\left(\lambda\|\boldsymbol{Z}\|_1+\frac{N\rho}{2}\|\boldsymbol{Z}-\overline{\boldsymbol{W}}^{k+1}-\overline{\boldsymbol{U}}^k\|_2^2\right) \tag{9.22}$$

$$\boldsymbol{U}_i^{k+1}:=\boldsymbol{U}_i^k+\boldsymbol{W}_i^{k+1}-\boldsymbol{Z}^{k+1} \tag{9.23}$$

其中，$\overline{\boldsymbol{W}}^{k+1}$ 和 $\overline{\boldsymbol{U}}^k$ 分别表示为 $\boldsymbol{W}_i^{k+1}$ 和 $\boldsymbol{U}_i^k$ 的平均值，i 取值为 $1,2,\cdots,N$。

在式(9.21)～式(9.23)中，第一步和第三步的计算可以分布在不同的计算节点。在第二步中，将会对各计算节点求得的局部变量 $\boldsymbol{W}_i$ 进行聚合并对全局变量 $\boldsymbol{Z}$ 进行更新。$\boldsymbol{Z}$ 的更新问题可以看作 Lasso 问题，可以使用任何一种 Lasso 求解算法进行求解。上述步骤不断迭代以保证局部变量和全局变量趋于一致。上述的变量更新公式构成了 SP-SMLR 的主要算法框架。

使用原始变量和对偶变量来判定 SP-SMLR 算法的收敛情况，原始变量 $\boldsymbol{r}^{k+1}$ 和对偶变量 $\boldsymbol{s}^{k+1}$ 可以表示为

$$\begin{cases} \boldsymbol{r}^{k+1} = (\boldsymbol{W}_1^{k+1} - \overline{\boldsymbol{W}}^{k+1}, \cdots, \boldsymbol{W}_N^{k+1} - \overline{\boldsymbol{W}}^{k+1}) \\ \boldsymbol{s}^{k+1} = \rho(\overline{\boldsymbol{W}}^{k+1} - \overline{\boldsymbol{W}}^{k}, \cdots, \overline{\boldsymbol{W}}^{k+1} - \overline{\boldsymbol{W}}^{k}) \end{cases} \tag{9.24}$$

算法 9.3 描述了 SP-SMLR 算法的主要步骤。

算法 9.3：基于样本划分的分布式 SMLR(SP-SMLR)

输入：

- 经分区后的数据集：$\boldsymbol{D} = \{(\boldsymbol{X}_1, \boldsymbol{Y}_1), \cdots, (\boldsymbol{X}_N, \boldsymbol{Y}_N)\}$
- 初始化的算法参数矩阵：$\boldsymbol{W}_1, \cdots, \boldsymbol{W}_N, \boldsymbol{Z}, \boldsymbol{U}_1, .., \boldsymbol{U}_N$
- 最大迭代次数：Iter
- 收敛阈值：$\varepsilon = 10^{-4} > 0$
- 超参数：λ, ρ

输出：

- SP-SMLR 算法参数矩阵：$\boldsymbol{Z}^{k+1}$

迭代步骤：

1：初始化计数器 $k \leftarrow 0$

2：初始化全局参数矩阵 $\boldsymbol{Z}^k \leftarrow \boldsymbol{Z}$

3：初始化局部和对偶参数矩阵 $\boldsymbol{W}_i^k \leftarrow \boldsymbol{W}_i, \boldsymbol{U}_i^k \leftarrow \boldsymbol{U}_i, i = 1, 2, \cdots, N$

4：各分区并行地执行步骤 5 和步骤 6

5：$\boldsymbol{U}_i^{k+1} := \boldsymbol{U}_i^k + \boldsymbol{W}_i^k - \boldsymbol{Z}^k$

6：$\boldsymbol{W}_i^{k+1} := \underset{\boldsymbol{W}_i}{\operatorname{argmin}}\, l_i(\boldsymbol{X}_i \boldsymbol{W}_i, \boldsymbol{Y}_i) + \frac{\rho}{2} \|\boldsymbol{W}_i - \boldsymbol{Z}^k + \boldsymbol{U}_i^{k+1}\|_2^2$

7：$\boldsymbol{Z}^{k+1} := \underset{\boldsymbol{Z}}{\operatorname{argmin}}\, \lambda \|\boldsymbol{Z}\|_1 + \frac{N\rho}{2} \|\boldsymbol{Z} - \overline{\boldsymbol{W}}^{k+1} - \overline{\boldsymbol{U}}^{k+1}\|_2^2$

8：$\boldsymbol{r}^{k+1} \leftarrow (\boldsymbol{W}_1^{k+1} - \overline{\boldsymbol{W}}^{k+1}, \cdots, \boldsymbol{W}_N^{k+1} - \overline{\boldsymbol{W}}^{k+1})$

9：$\boldsymbol{s}^{k+1} \leftarrow \rho(\overline{\boldsymbol{W}}^{k+1} - \overline{\boldsymbol{W}}^{k}, \cdots, \overline{\boldsymbol{W}}^{k+1} - \overline{\boldsymbol{W}}^{k})$

10：当满足 $\|\boldsymbol{r}^{k+1}\|_2 < \varepsilon$ 且 $\|\boldsymbol{s}^{k+1}\|_2 < \varepsilon$，或迭代到指定次数时算法终止，执行步骤 11。否则，令 $k \leftarrow k+1$，并返回步骤 4

11：返回更新完成的算法参数 $\boldsymbol{Z}^{k+1}$

9.3.2 多元逻辑回归的共享优化求解

使用原始的 IRLS 算法的一个缺点就是其算法复杂度为 $O((nk)^3)$，这使得 IRLS 算法并不适合处理大规模特征或者类别数较多的数据集。为了解决 IRLS 求解大规模特征数据集迭代速度慢的问题，设计并提出了一种适合数据集包含大规模特征的分布式优化算法 FP-SMLR，其理论基础为变量共享优化。其核心思想为当数据集特征规模较大时，可以通过将原始的高维特征划分为多个子数据集来进行分布式求解，数据集按照特征维度划分为多个子数据集，即按照图 9.4 所示的方式进行划分。

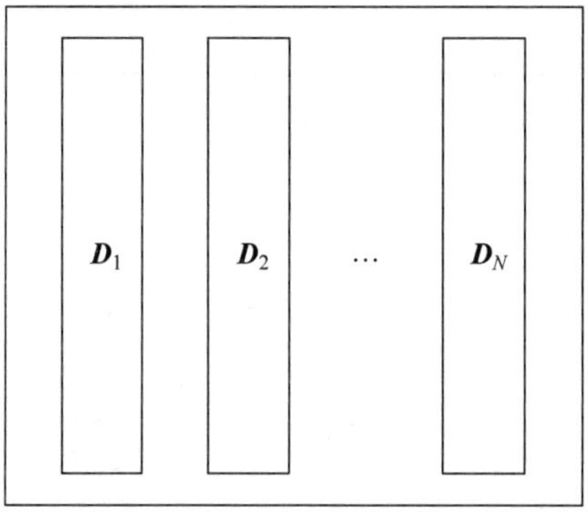

图 9.4 按照特征维度进行数据划分

被划分后的数据集表示为 $\boldsymbol{D}=\{\boldsymbol{D}_1,\boldsymbol{D}_2,\cdots,\boldsymbol{D}_N\}$，其中 $\boldsymbol{D}_i=\{\boldsymbol{X}_i,\boldsymbol{Y}\}$，$\boldsymbol{X}_i\in\Re^{m\times n_i}$，$\boldsymbol{Y}\in\Re^{k\times m}$。且有 $\sum_{i=1}^{N}n_i=n$，n_i 表示第 i 个数据块，也即按照特征进行划分后的子数据集。

本节中，将正则项划分为多项求和的形式，则可以将式(9.12)所示的 SMLR 问题的原始优化目标写为式(9.25)的形式从而进行分布式优化，形式如下

$$\begin{aligned}&\underset{\boldsymbol{W}_i,\boldsymbol{Z}_i}{\text{minimize}}\ l\left(\sum_{i=1}^{N}\boldsymbol{Z}_i\right)+\lambda\sum_{i=1}^{N}\|\boldsymbol{W}_i\|_1\\&\text{s.t.}\ \ \boldsymbol{X}_i\boldsymbol{W}_i-\boldsymbol{Z}_i=0,\quad i=1,\cdots,N\end{aligned}\tag{9.25}$$

其中

$$l\left(\sum_{i=1}^{N}\boldsymbol{Z}_i\right)=-\frac{1}{m}Tr\left[\boldsymbol{Y}^{\mathrm{T}}P\left(\sum_{i=1}^{N}\boldsymbol{Z}_i\right)\right]\tag{9.26}$$

变量 $\boldsymbol{W}^{\mathrm{T}}=[\boldsymbol{W}_1^{\mathrm{T}},\boldsymbol{W}_2^{\mathrm{T}},\cdots,\boldsymbol{W}_N^{\mathrm{T}}]^{\mathrm{T}}\in\Re^{k\times n}$。其中，$\boldsymbol{W}_i\in\Re^{n_i\times k}$，$\boldsymbol{Z}_i\in\Re^{m\times k}$ 为稀疏多元逻辑回归的参数。第 i 部分的目标函数使用第 i 部分的数据块来估计部分参数。

式(9.25)所示的最小化问题叫作 SMLR 的共享问题。方便起见，SMLR 的共享问题被称为基于特征划分策略的分布式优化问题，即基于特征划分的分布式 SMLR 问题。通过使

用 ADMM 算法来求解式(9.25),其增广拉格朗日形式可以表示为

$$L_\rho(\boldsymbol{W}_1,\boldsymbol{W}_2,\cdots,\boldsymbol{W}_N,\boldsymbol{Z},\boldsymbol{U})=l\left(\sum_{i=1}^{N}\boldsymbol{Z}_i\right)+\lambda\sum_{i=1}^{N}\|\boldsymbol{W}_i\|_1+\frac{\rho}{2}\|\boldsymbol{X}_i\boldsymbol{W}_i-\boldsymbol{Z}_i+\boldsymbol{U}_i\|_2^2 \tag{9.27}$$

此时,基于特征划分的分布式 SMLR 问题可以通过迭代的方式进行求解。变量的迭代如式(9.28)~式(9.30)所示

$$\boldsymbol{W}_i^{k+1}:=\underset{\boldsymbol{W}_i}{\operatorname{argmin}}\left(\lambda\sum_{i=1}^{N}\|\boldsymbol{W}_i\|_1+\frac{\rho}{2}\|\boldsymbol{X}_i\boldsymbol{W}_i-\boldsymbol{Z}_i^k+\boldsymbol{U}_i^k\|_2^2\right) \tag{9.28}$$

$$\boldsymbol{Z}^{k+1}:=\underset{\boldsymbol{Z}}{\operatorname{argmin}}\left(l\left(\sum_{i=1}^{N}\boldsymbol{Z}_i\right)+\frac{\rho}{2}\|\boldsymbol{X}_i\boldsymbol{W}_i^{k+1}-\boldsymbol{Z}_i+\boldsymbol{U}_i^k\|_2^2\right) \tag{9.29}$$

$$\boldsymbol{U}_i^{k+1}:=\boldsymbol{U}_i^k+\boldsymbol{W}_i^{k+1}-\boldsymbol{Z}_i^{k+1} \tag{9.30}$$

变量 $\boldsymbol{W}_i$ 的更新涉及 N 个并行的 Lasso 求解问题,可以使用任何一种 Lasso 求解算法进行求解。但变量 $\boldsymbol{Z}$ 的更新涉及对 N 个变量进行求解。通过引入新的变量 $\bar{\boldsymbol{Z}}$,可以将 N 个变量减小为 1 个。此时,变量 $\boldsymbol{Z}$ 的最小化问题可以重写为

$$\begin{aligned}&\min\ l(N\bar{\boldsymbol{Z}})+\frac{\rho}{2}\|\boldsymbol{X}_i\boldsymbol{W}_i^{k+1}-\boldsymbol{Z}_i+\boldsymbol{U}_i^k\|_2^2\\&\text{s.t.}\ \ \bar{\boldsymbol{Z}}-\frac{1}{N}\sum_{i=1}^{N}\boldsymbol{Z}_i=0\end{aligned} \tag{9.31}$$

求解最小化问题式(9.31)可以采用拉格朗日乘子法,从而得到变量$\boldsymbol{Z}_i$ 的解析解,如式(9.32)所示

$$\boldsymbol{Z}_i=\boldsymbol{U}_i^k+\boldsymbol{X}_i\boldsymbol{W}_i^{k+1}+\bar{\boldsymbol{Z}}-\bar{\boldsymbol{U}}^k-\overline{\boldsymbol{XW}}^{k+1} \tag{9.32}$$

使用式(9.31)中的变量 $\bar{\boldsymbol{Z}}$ 替换 $\boldsymbol{Z}_i$,则式(9.28)~式(9.30)变为

$$\begin{aligned}&\boldsymbol{W}_i^{k+1}:=\underset{\boldsymbol{W}_i}{\operatorname{argmin}}\left(\frac{\rho}{2}\|\boldsymbol{X}_i\boldsymbol{W}_i-\boldsymbol{X}_i\boldsymbol{W}_i^k-\boldsymbol{Z}^k+\overline{\boldsymbol{XW}}^k+\boldsymbol{U}^k\|_2^2+\lambda\|\boldsymbol{W}_i\|_1\right)\\&\bar{\boldsymbol{Z}}^{k+1}:=\underset{\bar{\boldsymbol{Z}}}{\operatorname{argmin}}\left(l(N\bar{\boldsymbol{Z}},\boldsymbol{Y})+\frac{N\rho}{2}\|\bar{\boldsymbol{Z}}-\overline{\boldsymbol{XW}}^{k+1}-\boldsymbol{U}^k\|_2^2\right)\end{aligned} \tag{9.33}$$

$$\boldsymbol{U}^{k+1}:=\boldsymbol{U}^k+\overline{\boldsymbol{XW}}^{k+1}-\bar{\boldsymbol{Z}}^{k+1} \tag{9.34}$$

其中,$\overline{\boldsymbol{XW}}^{k+1}$ 为 $\boldsymbol{X}_i\boldsymbol{W}_i^{k+1}$ 的平均值,i 取 $1,2,\cdots,N$。上述的变量更新公式构成了FP-SMLR 的主要算法框架。

使用原始变量和对偶变量来判定 FP-SMLR 算法的收敛情况,原始变量$\boldsymbol{r}^{k+1}$ 和对偶变量$\boldsymbol{s}^{k+1}$ 可以表示为

$$\begin{cases}\boldsymbol{r}^{k+1}=(\boldsymbol{X}_1\boldsymbol{W}_1-\boldsymbol{Z}_1,\cdots,\boldsymbol{X}_N\boldsymbol{W}_N-\boldsymbol{Z}_N)\\\boldsymbol{s}^{k+1}=\rho(\boldsymbol{W}^{k+1}-\boldsymbol{W}^k,\cdots,\boldsymbol{W}^{k+1}-\boldsymbol{W}^k)\end{cases} \tag{9.35}$$

算法 9.4 描述了 FP-SMLR 算法的主要步骤。

算法 9.4：基于特征划分的分布式 SMLR(FP-SMLR)

输入：

- 经分区后的数据集：$\boldsymbol{D}=\{(\boldsymbol{X}_1,\boldsymbol{Y}),\cdots,(\boldsymbol{X}_N,\boldsymbol{Y})\}$
- 初始化的算法参数矩阵：$\boldsymbol{W}_1,\cdots,\boldsymbol{W}_N,\boldsymbol{Z},\boldsymbol{U}$
- 最大迭代次数：Iter
- 收敛阈值：$\varepsilon=10^{-4}>0$
- 超参数：λ,ρ

输出：

- FP-SMLR 算法参数矩阵：$\boldsymbol{W}^{k+1}$

迭代步骤：

1： 初始化计数器 $k\leftarrow 0$

2： 初始化分裂变量对偶变量矩阵 $\boldsymbol{Z}^k\leftarrow\boldsymbol{Z},\boldsymbol{U}^k\leftarrow\boldsymbol{U}$

3： 初始化原变量矩阵$\boldsymbol{W}_1^k\leftarrow\boldsymbol{W}_1,\cdots,\boldsymbol{W}_N^k\leftarrow\boldsymbol{W}_N$

4： 各分区并行地执行步骤 5 和步骤 6

5： $\boldsymbol{W}_i^{k+1}:=\underset{\boldsymbol{W}_i}{\operatorname{argmin}}\left(\frac{\rho}{2}\|\boldsymbol{X}_i\boldsymbol{W}_i-\boldsymbol{X}_i\boldsymbol{W}_i^k-\boldsymbol{Z}^k+\overline{\boldsymbol{XW}}^k+\boldsymbol{U}^k\|_2^2+\lambda\|\boldsymbol{W}_i\|_1\right)$

6： $\bar{\boldsymbol{Z}}^{k+1}:=\underset{\bar{\boldsymbol{Z}}}{\operatorname{argmin}}\left(l(N\bar{\boldsymbol{Z}})+\frac{N\rho}{2}\|\bar{\boldsymbol{Z}}-\overline{\boldsymbol{XW}}^{k+1}-\boldsymbol{U}^k\|_2^2\right)$

7： $\boldsymbol{U}^{k+1}:=\boldsymbol{U}^k+\overline{\boldsymbol{XW}}^{k+1}-\bar{\boldsymbol{Z}}^{k+1}$

8： $\boldsymbol{W}^{k+1\mathrm{T}}\leftarrow[\boldsymbol{W}_1^{k+1\mathrm{T}},\boldsymbol{W}_2^{k+1\mathrm{T}},\cdots,\boldsymbol{W}_N^{k+1\mathrm{T}}]^{\mathrm{T}}$

9： $\boldsymbol{r}^{k+1}\leftarrow(\boldsymbol{X}_1\boldsymbol{W}_1-\boldsymbol{Z}_1,\cdots,\boldsymbol{X}_N\boldsymbol{W}_N-\boldsymbol{Z}_N)$

10： $\boldsymbol{s}^{k+1}\leftarrow\rho(\boldsymbol{W}^{k+1}-\boldsymbol{W}^k,\cdots,\boldsymbol{W}^{k+1}-\boldsymbol{W}^k)$

11： 当满足$\|\boldsymbol{r}^{k+1}\|_2<\varepsilon$ 且$\|\boldsymbol{s}^{k+1}\|_2<\varepsilon$，或迭代到指定次数时算法终止，执行步骤 12。否则，令 $k\leftarrow k+1$，并返回步骤 4

12： 返回更新完成的算法参数 $\boldsymbol{W}$

9.3.3 求解算法收敛性分析

在证明收敛性之前，针对式(9.12)给出关于函数 $f(\boldsymbol{W})=l(\boldsymbol{XW}),g(\boldsymbol{Z})=\lambda\|\boldsymbol{Z}\|_1$ 的两个定理。

定理 9.1：函数 $f(\boldsymbol{W}),g(\boldsymbol{Z})$都是正常的闭凸函数。

证明：显然，对于 $g(\boldsymbol{Z})=\lambda\|\boldsymbol{Z}\|_1$，当 $\lambda>0$ 时，由于范数一定满足三角不等式，所以 $g(\boldsymbol{Z})$一定是正常的闭凸函数。对于 $f(\boldsymbol{W})$，其上境图分别可以表示为以下形式

$$\text{ep if}=\{(\boldsymbol{W},t_{\boldsymbol{W}})\in\Re^n\times\Re\mid f(\boldsymbol{W})\leqslant t_{\boldsymbol{W}}\}\tag{9.36}$$

其定义域可知为$\boldsymbol{W}\in\Re^n$,在定义域内$f(\boldsymbol{W})$的上境图 ep if 是非空的闭凸集合,由上境图的几个性质可知,$f(\boldsymbol{W})$是正常的闭凸函数。ADMM 算法的迭代步骤是求解每个子问题的最优解,显然子问题的最优解$\boldsymbol{W}^{k+1}$,$\boldsymbol{Z}^{k+1}$都是可行的。$\boldsymbol{W}^{k+1}$,$\boldsymbol{Z}^{k+1}$的极小化问题有解(不一定唯一)。同时由凸函数的定义,当$f(\boldsymbol{W})$,$g(\boldsymbol{Z})$是正常的闭凸函数时,$f(\boldsymbol{W})+g(\boldsymbol{Z})$也是正常的闭凸函数。证毕。

定理 9.2:标准拉格朗日函数

$$\mathcal{L}_0(\boldsymbol{W},\boldsymbol{Z},\boldsymbol{Y})=f(\boldsymbol{W})+g(\boldsymbol{Z})+\boldsymbol{Y}^{\mathrm{T}}(\boldsymbol{W}-\boldsymbol{Z})\tag{9.37}$$

有一个鞍点,即存在点$(\boldsymbol{W}^*,\boldsymbol{Z}^*,\boldsymbol{Y}^*)$,不一定唯一,使得有下式

$$\mathcal{L}_0(\boldsymbol{W}^*,\boldsymbol{Z}^*,\boldsymbol{Y})\leqslant\mathcal{L}_0(\boldsymbol{W}^*,\boldsymbol{Z}^*,\boldsymbol{Y}^*)\leqslant\mathcal{L}_0(\boldsymbol{W},\boldsymbol{Z},\boldsymbol{Y}^*)\tag{9.38}$$

对所有的$\boldsymbol{W},\boldsymbol{Z},\boldsymbol{Y}$都成立。

证明:原问题$\min\limits_{\boldsymbol{W},\boldsymbol{Z}}\sup\limits_{\boldsymbol{Y}}\mathcal{L}_0(\boldsymbol{W},\boldsymbol{Z},\boldsymbol{Y})$,由$P^{\mathrm{L}}$表示,对偶问题是$\max\limits_{\boldsymbol{Y}}\inf\limits_{\boldsymbol{W},\boldsymbol{Z}}\mathcal{L}_0(\boldsymbol{W},\boldsymbol{Z},\boldsymbol{Y})$,由$D^{\mathrm{L}}$表示。对于$\mathcal{L}_0(\boldsymbol{W},\boldsymbol{Z},\boldsymbol{Y})$,因为$f(\boldsymbol{W})+g(\boldsymbol{Z})$是正常的闭凸函数,$\boldsymbol{W}-\boldsymbol{Z}=0$是仿射函数,且存在点$(\boldsymbol{W}^*,\boldsymbol{Z}^*,\boldsymbol{Y}^*)$满足 KKT 条件,所以根据拉格朗日乘子法的强弱对偶性及最优性条件可以得到以下结论:

原问题P^{L}和对偶问题D^{L}的最优值相等。即$\mathrm{val}(P^{\mathrm{L}})=\mathrm{val}(D^{\mathrm{L}})$,原问题与对偶问题的对偶间隙为零,满足强对偶条件。P^{L}和D^{L}有相同的最优解,其中$\mathrm{val}(x)$表示x的值。

在$\mathcal{L}_0(\boldsymbol{W},\boldsymbol{Z},\boldsymbol{Y})$中的满足 KKT 条件的任一点$(\boldsymbol{W}^*,\boldsymbol{Z}^*,\boldsymbol{Y}^*)$,有

$$\inf_{\boldsymbol{W},\boldsymbol{Z}}\mathcal{L}_0(\boldsymbol{W},\boldsymbol{Z},\boldsymbol{Y}^*)\leqslant\mathcal{L}_0(\boldsymbol{W}^*,\boldsymbol{Z}^*,\boldsymbol{Y}^*)\leqslant\sup_{\boldsymbol{Y}}\mathcal{L}_0(\boldsymbol{W}^*,\boldsymbol{Z}^*,\boldsymbol{Y})\tag{9.39}$$

即

$$\mathrm{val}(D^{\mathrm{L}})\leqslant\mathcal{L}_0(\boldsymbol{W}^*,\boldsymbol{Z}^*,\boldsymbol{Y}^*)\leqslant\mathrm{val}(P^{\mathrm{L}})\tag{9.40}$$

当原问题P^{L}和对偶问题D^{L}的对偶间隙为 0 时,$\mathrm{val}(P^{\mathrm{L}})=\mathrm{val}(D^{\mathrm{L}})$,此时可以得到

$$\mathcal{L}_0(\boldsymbol{W}^*,\boldsymbol{Z}^*,\boldsymbol{Y}^*)=\inf_{\boldsymbol{W},\boldsymbol{Z}}\mathcal{L}_0(\boldsymbol{W},\boldsymbol{Z},\boldsymbol{Y}^*)\leqslant\mathcal{L}_0(\boldsymbol{W},\boldsymbol{Z},\boldsymbol{Y}^*),\ \forall\boldsymbol{W},\boldsymbol{Z}\in\Re^n\tag{9.41}$$

同理可得

$$\mathcal{L}_0(\boldsymbol{W}^*,\boldsymbol{Z}^*,\boldsymbol{Y}^*)=\sup_{\boldsymbol{Y}}\mathcal{L}_0(\boldsymbol{W}^*,\boldsymbol{Z}^*,\boldsymbol{Y})\geqslant\mathcal{L}_0(\boldsymbol{W}^*,\boldsymbol{Z}^*,\boldsymbol{Y}),\ \forall\boldsymbol{Y}\in\Re^n\tag{9.42}$$

综上可得

$$\mathcal{L}_0(\boldsymbol{W}^*,\boldsymbol{Z}^*,\boldsymbol{Y})\leqslant\mathcal{L}_0(\boldsymbol{W}^*,\boldsymbol{Z}^*,\boldsymbol{Y}^*)\leqslant\mathcal{L}_0(\boldsymbol{W},\boldsymbol{Z},\boldsymbol{Y}^*)\tag{9.43}$$

即$\mathcal{L}_0(\boldsymbol{W},\boldsymbol{Z},\boldsymbol{Y})$存在鞍点$(\boldsymbol{W}^*,\boldsymbol{Z}^*,\boldsymbol{Y}^*)$,但不一定唯一,式(3.12)的标准拉格朗日函数满足定理 2 得证。

根据定理 1 和定理 2,ADMM 迭代满足以下条件,收敛性证明参照文献[11]中的附录 A。

(1) 残差收敛。当$k\to\infty$时,$\boldsymbol{r}^k\to\boldsymbol{0}$,即迭代产生解是可行的。

(2) 目标收敛。当$k\to\infty$时,$f(\boldsymbol{W}^k)+g(\boldsymbol{Z}^k)\to f(\boldsymbol{W}^*)+g(\boldsymbol{Z}^*)$,迭代的目标函数逼近

最优值。

(3) 对偶变量收敛。当 $k\to\infty$ 时，$\boldsymbol{Y}^k\to\boldsymbol{Y}^*$，$\boldsymbol{Y}^*$ 是一个对偶最优点。

收敛率是一个重要的概念，它反映了迭代算法的收敛速度。论文[12，10]的作者已经证明在函数强凸性假设下，ADMM 可以实现 $O(1/k)$ 的全局收敛，k 是迭代次数。在没有这种强凸性假设的情况下，B. He 等[13]给出了 ADMM 收敛速度的最一般结果，证明只需要目标函数项都是凸的（不一定是平滑的）。由于这里 $f(\boldsymbol{W})$，$g(\boldsymbol{Z})$ 都是凸的，SMLR 算法的 ADMM 求解可以实现 $O(1/k)$ 收敛。实际上，分布式算法 SP-SMLR 和 FP-SMLR 本质上是将复杂任务进行分解，它们仍遵循串行 ADMM 的迭代步骤。因此，SP-SMLR 和 FP-SMLR 算法并不改变 ADMM 算法收敛性，它们和 FSMLR 算法具有相同的收敛率。

9.3.4 求解算法计算复杂度分析

串行算法 FSMLR 的计算复杂度主要来自变量 $\boldsymbol{W}$ 的更新。更新 $\boldsymbol{W}$ 的计算复杂度为 $O(mnk)$[3]。其中，m 为样本数，n 为特征数，k 为类别数。假设更新 $\boldsymbol{W}$ 时所需的迭代次数为 l_1，而 FSMLR 算法迭代至收敛所需的迭代次数为 l_2。那么，FSMLR 算法总的计算复杂度为 $O(l_1l_2mnk)$，在实验中，l_1 和 l_2 均被设置为 50。后文会将 FSMLR 算法拓展为两种不同的分布式优化算法 SP-SMLR 和 FP-SMLR。当分布式算法 SP-SMLR 和 FP-SMLR 的分块数为 N 时，则此时有 N 个计算节点同时进行参数 $\boldsymbol{W}_i$ 的更新。由于上述串行 ADMM 的计算复杂度为 $O(l_1l_2mnk)$。因此，当不考虑通信开销时，SP-SMLR 和 FP-SMLR 算法理论上的计算复杂度为 $O(l_1l_2mnk/N)$。

9.4 SP-SMLR 算法和 FP-SMLR 算法实验

本节主要验证 SP-SMLR 和 FP-SMLR 算法的分布式求解性能，本节将会在不同的大规模数据集上进行实验。

9.4.1 实验设置

实验在分布式环境下进行，所使用的大数据平台部署在由 11 台服务器搭建的真实物理集群上。其中，单台服务器的中央处理器为 12 核、主频为 2.0GHz 的 Intel(R) Xeon(R) E5-2620，具有 64GB 的随机存取存储器。算法 SP-SMLR 和 FP-SMLR 基于 Spark 分布式计算框架实现，其中 Spark 的版本号为 1.5.1。选取 Spark 作为并行化框架是因为其采用了类 MapReduce 的编程模型，具有先分发再聚合的同步计算机制，而本文提出的 SP-SMLR 和 FP-SMLR 分布式算法也采用了类似的同步更新策略。但实际上，本算法并不受限于分布式计算框架，其他可选的框架包括 Twister、MPI 等也能对算法进行高效实现。

实验选取了多个较大规模的数据集，其描述信息如表 9.5 所示。

表 9.5 分布式实验数据集描述信息

数据集	样本数	特征数	类别数
MNIST	60000	784	10
Yale-B	1617	2016	38
RCV1	20242	47236	2
Realsim	72309	20958	2
Synthetic-SP	512000	128	10
Synthetic-FP	64000	1024	10

上述数据集中，Realsim 和 RCV1 为经典的二分类数据集，RCV1 为路透社英文新闻文本分类数据集。Synthetic-SP 和 Synthetic-FP 为人工仿真的数据集，其生成方法如式(9.44)所示。值得注意的是，当处理高维数据时，式(9.20)和式(9.32)中 $\boldsymbol{X}_i\boldsymbol{W}_i$ 的计算开销非常大。为了解决数据存储和计算上的瓶颈，数据集$\boldsymbol{X}_i$ 被组织成稀疏格式来存储，而参数矩阵$\boldsymbol{W}_i$ 仍然表示为密集矩阵的形式，$\boldsymbol{X}_i\boldsymbol{W}_i$ 的计算采用稀疏矩阵乘积操作。在实验中，数据集 RCV1、Realsim、Synthetic-SP 和 Synthetic-FP 均被表示为 LIBSVM[14] 的稀疏格式。

另外，为了评估 SP-SMLR 和 FP-SMLR 算法相较于串行算法的求解性能，本文还使用了加速比(speed up)指标，其定义如下

$$\text{speedup}=\frac{\text{serial\_time}}{\text{parallel\_time}}$$

其中，serial_time 和 parallel_time 分别为串行算法和分布式算法的运行时间。

9.4.2 样本划分实验及分析

为了评估 SP-SMLR 算法的性能，本文选用 MNIST、Synthetic-SP、RCV1、Realsim 数据集进行实验，所有并行实验均使用了数据集的 67%作为训练集，剩下的部分作为测试集。本节中若无特殊说明，算法的参数均取为 $\lambda=10^{-4}$，$\rho=10^{-3}$。图 9.5～图 9.8 给出了 SP-SMLR 算法在不同数据集上的分类准确率、运行时间和加速比随数据分割块数的变化情况。

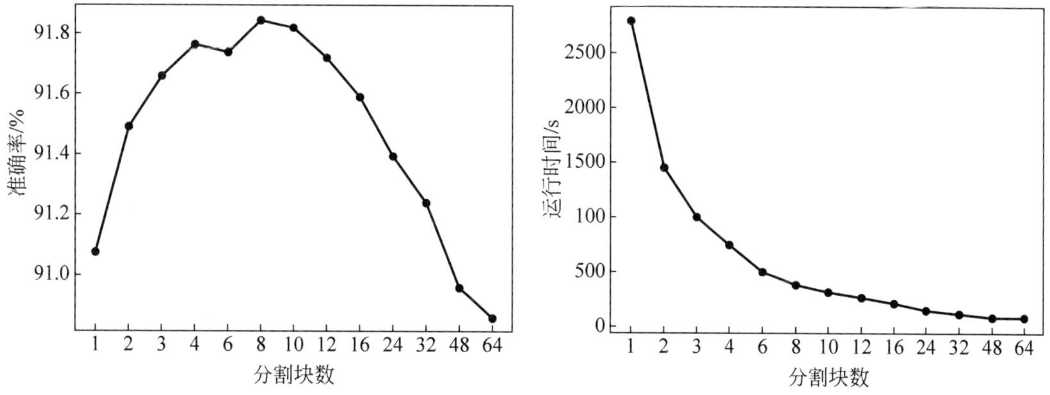

图 9.5 算法 SP-SMLR 在 MNIST 数据集上的运行结果

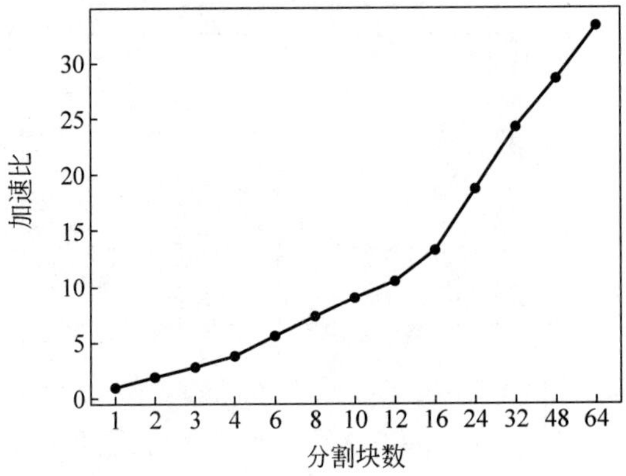

图 9.5（续）

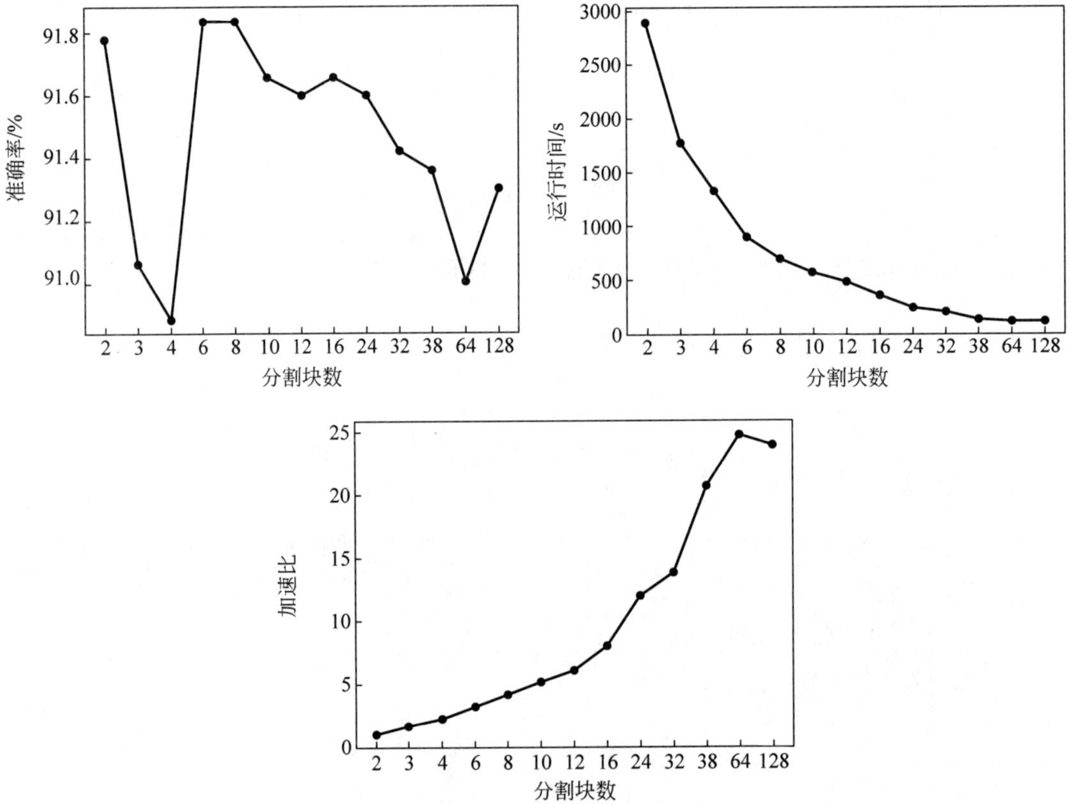

图 9.6 算法 SP-SMLR 在 Synthetic-SP 数据集上的运行结果

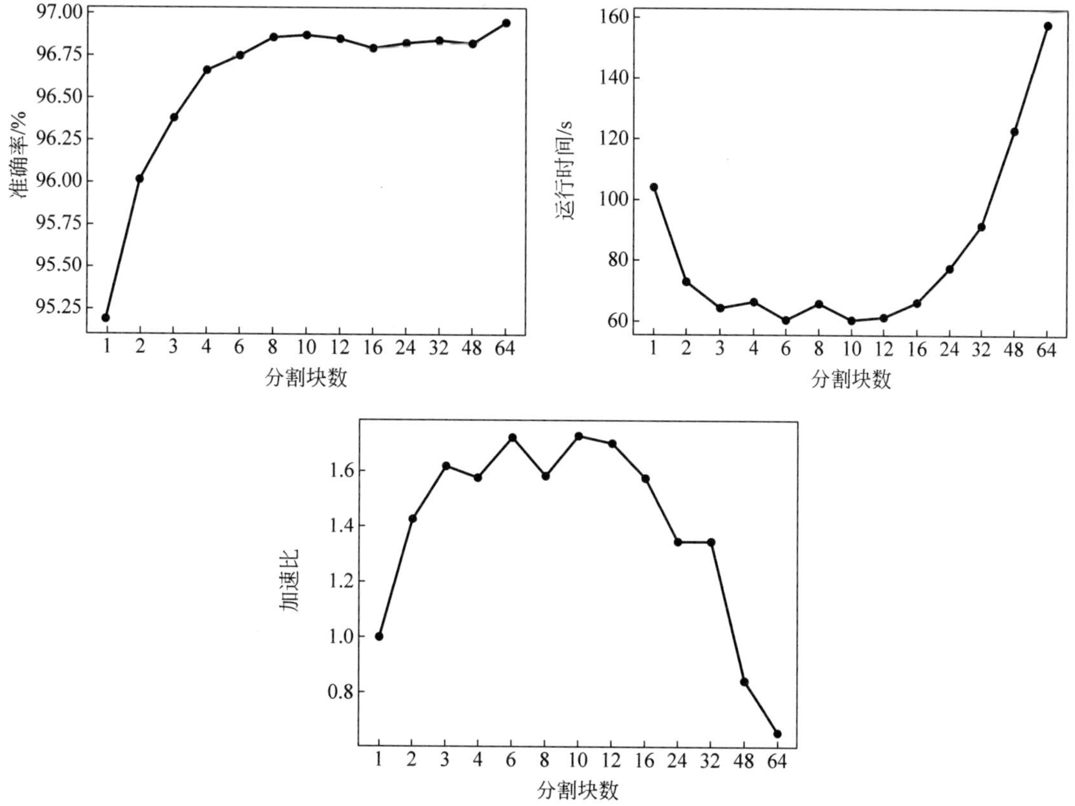

图 9.7　算法 SP-SMLR 在 RCV1 数据集上的运行结果

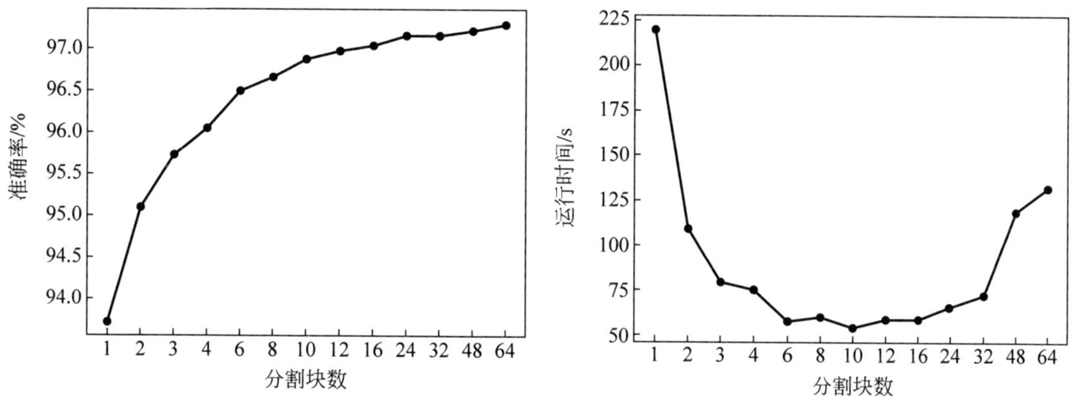

图 9.8　算法 SP-SMLR 在 Realsim 数据集上的运行结果

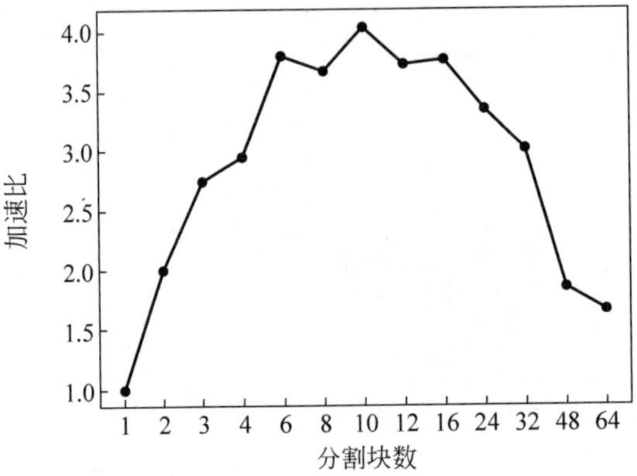

图 9.8（续）

由图 9.5～图 9.8 左侧的分类准确率随分块数变化的曲线中可以看到，SP-SMLR 算法在 MNIST 和 Synthetic-SP 数据集上的分类准确率呈现了先增后减的趋势，而在 RCV1 和 Realsim 数据集上其分类准确率随着分块数的增加而增加。SP-SMLR 算法的实验结果可以从集成学习角度去理解，即基分类器为一个 FSMLR 模型，每个模型使用不相交的子训练集进行训练，最终的预测结果为多个模型预测结果的平均。当分割块数不是很多时，各计算节点有足够的训练数据来训练基分类器，分割块数越多则集成的效果越明显。当分割块数达到某一临界值时，各计算节点用于训练的数据变少，过拟合的风险增加，这也使得模型泛化能力降低从而导致分类准确率下降。从 RCV1 和 Realsim 数据集的实验结果中可以看到，当分割块数达到 128 后，算法的分类准确率仍呈现增加的趋势。一种可能的解释是，这两个数据集的特征具有很好的表达能力，即使训练数据很小时也可以训练得很好。

图 9.5 到图 9.8 中的中间部分显示了算法运行时间随分割块数变化的曲线。可以看到，SP-SMLR 算法在 4 个数据集上的运行时间呈现出随着分割块数增加而减少的趋势，当分割块数，也即并行度，逐渐地增长到某个饱和点时，集群上节点之间的通信时间增加，算法的时间性能趋于平缓，甚至出现运行时间增加的情况。另外，可以看出当割分块数为 1 时，SP-SMLR 算法实际是以串行方式运行，因此可以据此画出 SP-SMLR 算法在不同分割块数下的加速比，如图 9.6 到图 9.8 的右侧图像所示。结合分类准确率曲线可以发现，当选择合适的并行度时，SP-SMLR 算法能够在保持分类准确率的同时极大地加速训练过程。

9.4.3 特征划分实验及分析

为了评估 FP-SMLR 算法的性能，选用 Yale-B、Synthetic-FP、RCV1 和 Realsim 数据集进行实验，图 9.9～图 9.12 给出了 FP-SMLR 算法在不同数据集上的分类准确率、运行时间和加速比随数据分割块数的变化情况。

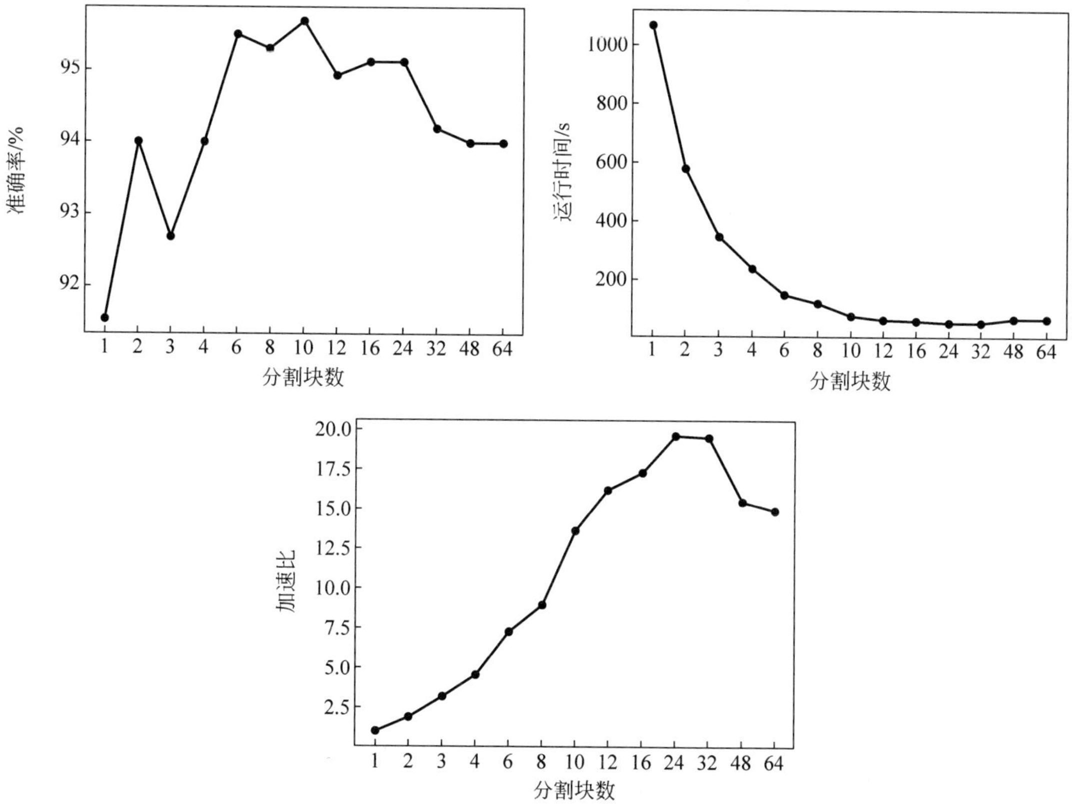

图 9.9　算法 FP-SMLR 在 Yale-B 数据集上的运行结果

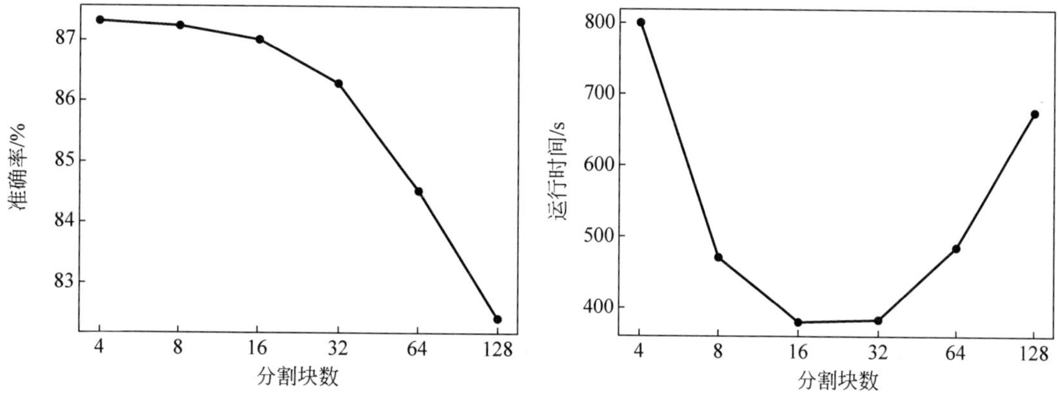

图 9.10　算法 FP-SMLR 在 Synthetic-FP 数据集上的运行结果

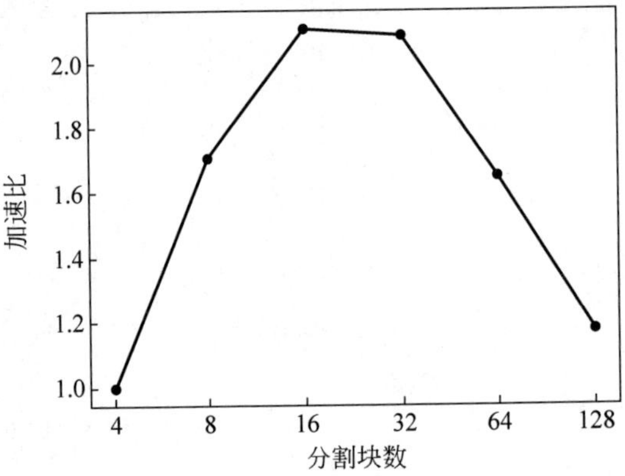

图 9.10（续）

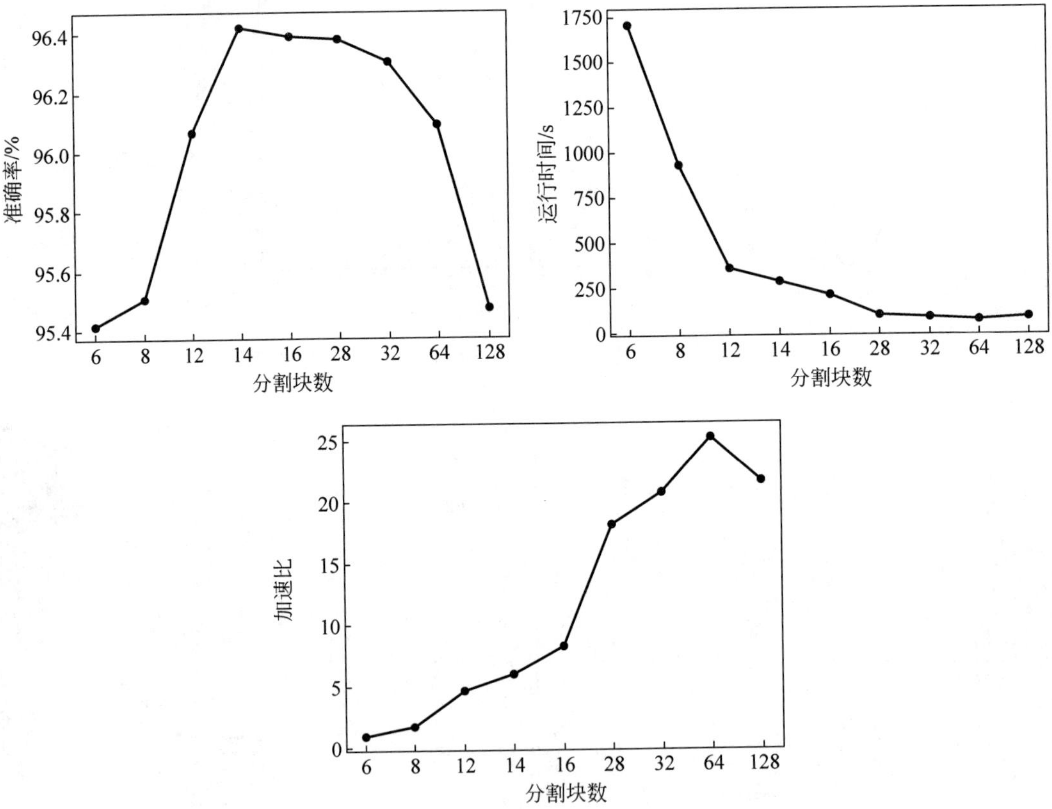

图 9.11 算法 FP-SMLR 在 RCV1 数据集上的运行结果

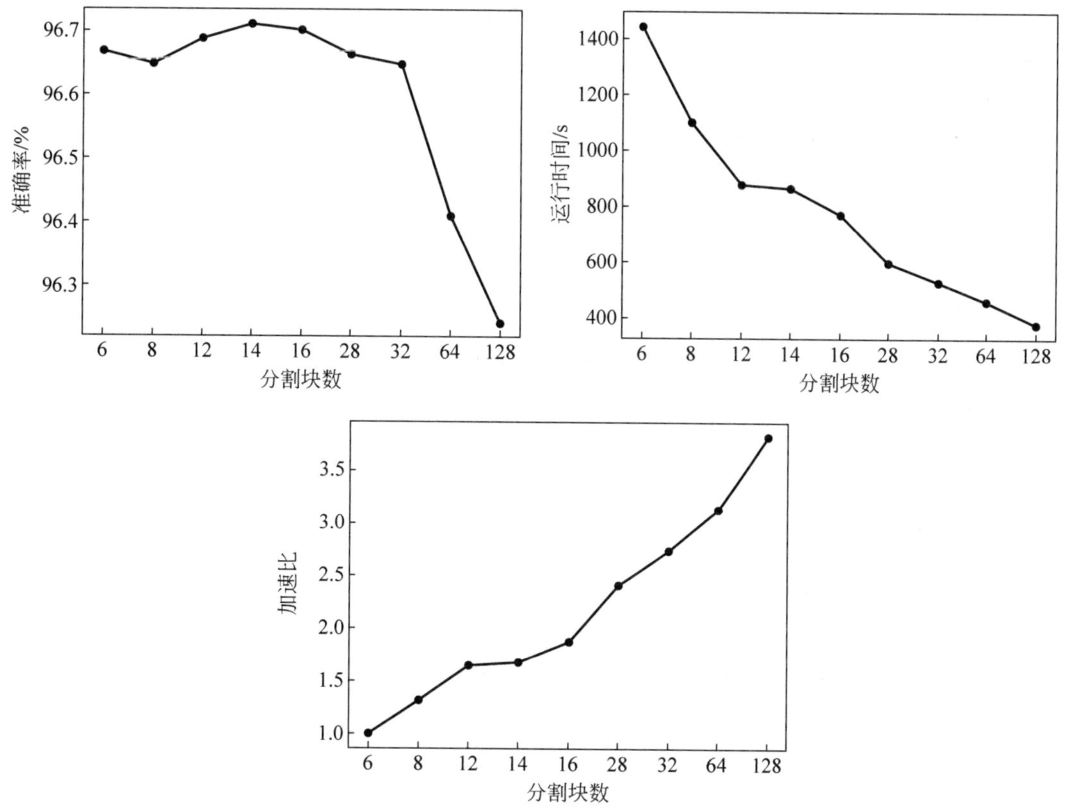

图 9.12 算法 FP-SMLR 在 Realsim 数据集上的运行结果

在 FP-SMLR 算法的分布式实验中，当设置的分区数较少时算法实际是以串行或者近似串行的方式运行的，需要很长的运行时间或者无法运行。因此在实验中，分区数并非从 1 开始而是从 4 或者 6 开始的，图 9.9～图 9.12 中计算加速比时采用的是不同分区数下的运行时间与最小分区数下运行时间之间的比值。

可以发现，在 Yale-B、RCV1、Realsim 数据集上，FP-SMLR 算法的分类准确率随着分区数增加而上升并且在分区数等于 12 或 14 时达到最优，当分区数继续增加时，FP-SMLR 算法的识别率开始下降。但并不是在所有的数据集上都具有同样的规律。在 Synthetic-FP 数据集上，FP-SMLR 算法的识别率会随着分区数的增加而呈现下降趋势。与 SP-SMLR 算法相似，FP-SMLR 算法的运行时间会随着分区数的增加而增加，当分区数超过某个值时，集群之间的通信开销增加，导致算法训练时间的增加。

由实验分析及结果可知，SP-SMLR 算法将数据集按照样本进行划分，适合应用到样本规模较大但特征维度适中的场景；FP-SMLR 算法将数据集按照特征维度进行划分，适合应用到特征维度较高但样本规模适中的场景，例如文本分类、高光谱图像分类以及基因诊断等领域。从数据划分角度，两个算法都通过数据划分的方式来将大规模数据分割为多个数据子集，解决了大规模场景下数据集无法在单机上处理的问题；从任务划分的角度，两个算法通过将子任务分发到各计算节点来并行优化，极大地提高了算法的运行时间，解决了串行算法优化求解速度过慢的问题。通过设置合理的分块数，SP-SMLR 与 FP-SMLR 算法可以取得更快更好的结果，但需要在运行时间和分类准确率之间权衡。尽管在某些数据集上，数据分割块数大于 32 能够取得更好的结果，但建议数据分割块数不超过 32 个，这样能保证算法在较快的时间内取得较高的分类准确率。

9.4.4 大规模算法实验及分析

为了比较 SP-SMLR 和 FP-SMLR 算法与其他分布式机器学习算法的性能，本节选择使用 Spark MLlib 分布式机器学习库进行实验，在 Spark MLlib 库中提供了两个版本的 LR 分类算法，其中一个是 LogisticRegressionWithSGD 算法，另一个是 LogisticRegressionWithLBFGS 算法。前者采用 SGD 作为优化算法，支持 l_1 和 l_2 正则项，但它仅支持二分类算法，想要将其用于多分类则需要做一些额外的工作，例如采用 one-vs-rest 或 one-vs-one 策略将其拓展为多分类算法，这超出了本文的研究范围。后者采用 LBFGS 作为优化算法，支持 l_2 正则项并且能够用于多分类。因此，本文选择了 LogisticRegressionWithLBFGS 算法进行分布式实验，引入了 l_2 正则项的 LogisticRegressionWithLBFGS 算法在实验中被称之为 MLlib-WDMLR 算法。

实验数据集仍选择 MNIST、RCV1、Realsim、Synthetic-SP、Synthetic-FP 和 Yale-B。SP-SMLR 算法在 MNIST、Synthetic-SP、RCV1 和 Realsim 数据集上进行了实验，FP-SMLR 算法在 RCV1、Realsim、Synthetic-FP 和 Yale-B 数据集上进行了实验。由于 SP-SMLR 和 FP-SMLR 算法在不同分块数下的分类准确率和运行时间不同，通过对两个算法的分类准确率和运行时间进行权衡后，在上述 6 个数据集中分别选取分块数取值为 12、32、32、24、16 和 12 时的分类准确率和运行时间作为对比数据，LogisticRegressionWithLBFGS 算法则在相同的分块数下进行了实验。在实验中，MLlib-WDMLR 算法的迭代次数、收敛阈值 ε 和正则项 λ 等超参数设置为 100、10^{-6} 和 10^{-3}。表 9.6 和表 9.7 中列出了 SP-SMLR 和 FP-SMLR 与 MLlib-WDMLR 算法在不同数据集下的分类准确率和运行时间。表中的“—”符号表示算法未在当前数据集下进行实验。

表 9.6 不同算法在大规模数据集下的分类准确率 单位：%

算 法	MLlib-WDMLR	SP-SMLR	FP-SMLR
MNIST	**92.63**	91.72	—
Synthetic-SP	72.29	**93.17**	—
RCV1	95.60	**96.84**	96.30
Realsim	95.83	**97.17**	96.65
Synthetic-FP	66.22	—	**87.00**
Yale-B	94.00	—	**95.68**

表 9.7　不同算法在大规模数据集下的运行时间　　单位：s

算　法	MLlib-WDMLR	SP-SMLR	FP-SMLR
MNIST	**70.21**	264.00	—
Synthetic-SP	**30.68**	242.27	—
RCV1	**28.66**	91.27	82.22
Realsim	**26.40**	72.61	526.88
Synthetic-FP	**23.35**	—	379.62
Yale-B	85.48	—	**78.17**

从表 9.6 中可以看到，除了 MNIST 数据集外，SP-SMLR 和 FP-SMLR 算法在 Synthetic-SP、RCV1、Realsim、Synthetic-FP、Yale-B 上的分类准确率都要优于 MLlib-WDMLR 算法。值得注意的是，Synthetic-SP 和 Synthetic-FP 为两个具有稀疏特性的数据集，由于 MLlib-WDMLR 算法不具有特征选择的特性，因此在包含稀疏解的 Synthetic-SP 和 Synthetic-FP 数据集中其分类准确率要远低于 SP-SMLR 和 FP-SMLR 算法，在分类准确率上与论文提出的算法相差了 20.88%和 20.78%。表 9.7 比较了 SP-SMLR、FP-SMLR 和 MLlib-WDMLR 算法的时间性能。MLlib-WDMLR 算法采用了二阶优化算法 LBFGS，该算法通过拟牛顿法来逼近逆海森矩阵。而 SP-SMLR 和 FP-SMLR 算法的内部迭代求解是采用了基于梯度的一阶优化算法。因此，Mllib-WDMLR 具有更快的收敛速度。可以看到，除了 Yale-B 数据集以外，MLlib-WDMLR 算法的运行时间都比 SP-SMLR 和 FP-SMLR 算法更快。

总的来说，SP-SMLR 和 FP-SMLR 算法相比于 MLlib-WDMLR 算法更适合求解具有稀疏解的问题。尽管它们运行时间要慢于 MLlib-WDMLR 算法，但牺牲一定的运算时间可以带来极大的分类性能的提升。另一方面，从图 9.5～图 9.12 的运行时间曲线中可知，SP-SMLR 和 FP-SMLR 算法相比于串行 SMLR 算法具有更快的求解速度，能够快速地求解大规模的 SMLR 问题。

9.5　本章小结

在本章中，针对稀疏多元逻辑回归原始求解算法 IRLS 处理多特征或者多类别数据集计算复杂度高的问题，提出了一种用于求解稀疏多元逻辑回归问题的新算法 FSMLR。该算法利用了目标函数的可分性，通过引入新的变量并进行迭代优化，从而达到快速求解的目的。另外，本章从理论上证明了 FSMLR 具有 $O(1/k)$的收敛率并且相比于 IRLS 具有更低的计算复杂度。

为了评估 FSMLR 算法的性能，选择了不同规模的数据集包括了经典的小规模数据集 Iris、Lung，中等规模的图像分类数据集 Segment、COIL20、GT 等以及较大规模的数据集

MNIST 和 Yale-B,在这些数据集上进行了实验分析。实验比较了 FSMLR 算法与近几年的稀疏优化算法的分类准确率和迭代速度,实验结果表明,当数据集规模不大时,FSMLR 算法能够在可接受的时间内达到最优的分类准确率。另外,本章还比较了 FSMLR 算法与传统分类算法的分类准确率,可以发现 FSMLR 算法在处理稀疏问题时更具优势。

并且,本章将 FSMLR 算法拓展为分布式优化算法,以解决大规模场景下的稀疏优化问题。本章针对大规模数据和大规模特征两类场景,通过对 FSMLR 算法的优化目标进行改写,设计并提出了两种稀疏多元逻辑回归的分布式优化算法 SP-SMLR 和 FP-SMLR 算法。通过采用不同的方式对数据集进行划分,可以得到不同形式的子数据集,使得单台计算节点有足够的内存空间对子数据集进行处理,各计算节点基于子数据集对局部目标函数进行优化并在中心计算节点将局部解进行聚合,从而解决大规模场景下的分布式稀疏优化问题。

基于 Spark 分布式计算框架实现了 SP-SMLR 和 FP-SMLR 两个算法。为了评估两个算法的分布式优化性能,本章选择了不同规模数据集实验,从分类准确率、算法运行时间及加速比 3 个方面对串行算法与分布式算法的性能进行了考察。实验结果表明,分布式算法 SP-SMLR 和 FP-SMLR 能够有效地处理大规模稀疏优化问题,通过合理地选择数据分块数,SP-SMLR 算法和 FP-SMLR 算法能够在保证分类准确率的同时显著降低算法的运行时间。同时,本章还与目前 Spark MLlib 库中的多分类算法进行了实验对比。实验结果显示,采用 SP-SMLR 算法或者 FP-SMLR 算法时,在牺牲一定的时间性能后能够获得极大的分类性能提升。

9.6 参考文献

[1] Rubin D B. Iteratively reweighted least squares[J]. Encyclopedia of Statistical Science, 1983, 4(1): 1-8.

[2] Krishnapuram B, Carin L, Figueiredo M A, et al. Sparse multinomial logistic regression: Fast algorithms and generalization bounds[J]. IEEE transactions on pattern analysis and machine intelligence, 2005, 27(6): 957-968.

[3] Borges J S, Bioucas-Dias J M, Marçal A R S. Fast Sparse Multinomial Regression Applied to Hyperspectral Data[C]//Proceedings of the 3rd International Conference on Image Analysis and Recognition, ICIAR 2006. Povoa de Varzim, Portugal: Springer Berlin Heidelberg, 2006: 700-709.

[4] Li S, Maddah-Ali M A, Avestimehr A S. Fundamental tradeoff between computation and communication in distributed computing[C]//Proceedings of the IEEE International Symposium on Information Theory. Los Angeles, CA, United States: IEEE, 2018: 109-128.

[5] Liu T-Y, Chen W, Wang T. Distributed Machine Learning: Foundations, Trends, and Practices[C]//Proceedings of the Proceedings of the 26th International Conference on World Wide Web Companion. Perth, WA, Australia: International World Wide Web Conferences Steering Committee, 2019: 913-915.

[6] Chen J, Li K, Tang Z, et al. A Parallel Random Forest Algorithm for Big Data in a Spark Cloud

Computing Environment[J]. IEEE Transactions on Parallel and Distributed Systems, 2017, 28(4): 919-933.

[7] Mateos G, Bazerque J A, Giannakis G B. Distributed Sparse Linear Regression [J]. IEEE Transactions on Signal Processing, 2010, 58(10): 5262-5276.

[8] Hao Z, Cano A, Giannakis G B. Distributed Consensus-Based Demodulation: Algorithms and Error Analysis[J]. IEEE Transactions on Wireless Communications, 2010, 9(6): 2044-2054.

[9] Schizas I D, Mateos G, Giannakis G B. Distributed LMS for Consensus-Based In-Network Adaptive Processing[J]. IEEE Transactions on Signal Processing, 2009, 57(6): 2365-2382.

[10] Deng W, Yin W. On the Global and Linear Convergence of the Generalized Alternating Direction Method of Multipliers[J]. Journal of Scientific Computing, 2015, 66(3): 889-916.

[11] Boyd S, Parikh N, Chu E, et al. Distributed Optimization and Statistical Learning via the Alternating Direction Method of Multipliers[J]. Foundations & Trends in Machine Learning, 2010, 3(1): 1-122.

[12] Goldstein T, O'Donoghue B, Setzer S, et al. Fast alternating direction optimization methods[J]. Siam Journal on Imaging Sciences, 2014, 7(3): 1588-1623.

[13] He B, Yuan X. On non-ergodic convergence rate of Douglas - Rachford alternating direction method of multipliers[J]. Numerische Mathematik, 2012, 130(3): 567-577.

[14] Chang C C, Lin C J. LIBSVM: A library for support vector machines[J]. ACM Trans. Intell. Syst. Technol., 2011, 2(3): 1-27.

第 10 章

CoCoA 框架下的 Lasso 回归分布式求解

10.1 CoCoA 框架介绍

对于机器学习算法的分布式求解，最具有代表性的是 SGD[1] 和 ADMM[2]。SGD 因其有低内存消耗、低单次迭代计算复杂度等特点，被广泛应用于大规模机器学习模型训练中，包括绝大多数深度学习模型的训练。但 SGD 需要计算目标函数的梯度，在目标函数非光滑时无法直接进行求解。ADMM 作为一种求解优化问题的计算框架，适用于求解光滑和非光滑的分布式凸优化问题，与之相比 SGD 更具有通用性。

在前面章节我们介绍了 ADMM 算法，ADMM 算法在分布式优化和统计学习中有着举足轻重的地位。ADMM 的算法特性决定其对集群计算资源利用率不够高。为了改进以上问题，Smith V 和 Forte S 等提出了一种通用的高效分布式优化框架 CoCoA[3]。在如今的大数据时代，如何进行分布式优化已经成为在大规模数据集上训练机器学习模型的关键。例如，当数据集不适合存储在单个机器的内存中，而必须以分布式方式存储在许多机器上时，如何有效进行分布式计算是一个关键问题，因为每个机器只能访问自己的(本地)训练数据段。在这样的网络环境下，有效地训练机器学习模型十分具有挑战性，因为与单机上相对便宜的本地计算成本相比，机器之间的信息通信成本很高。因此，设计高效的分布式优化算法是至关重要的，它能够平衡本地计算量和机器之间必要的通信量，特别是在当下通信瓶颈和大规模计算系统的异构性不断增加的情况下。在真实的系统中，通信与计算的成本可能相差很大，因此一个可以根据现有资源灵活设置的框架是十分有益的，在 CoCoA 框架中就提供了这样的控制。此外，框架允许在每台机器上使用任意的求解算法，因此可以对现有代码实现重用，并可实现单机的多核或其他优化，从而进一步提升集群利用率。综上所述，CoCoA 开发了一个具有高效通信策略的原问题和对偶问题计算框架，它适用于一类广泛的凸优化问题。CoCoA 高效分布式优化框架框架具有如下优点

(1) 框架涵盖了 l_1 正则化和其他困难的非强凸正则化问题的求解；

(2) 允许灵活地按特征或样本分割数据；

(3) 可以运行在原始或对偶问题形式，这对实际应用有重大的理论和实践意义。

在接下来的内容中，我们将介绍如何使用 CoCoA 框架求解优化问题，以求解 Lasso[4] 问题和稀疏多元逻辑回归[5](SMLR)为例详细介绍框架应用过程，并给出详细的实验操作步骤，方便读者理解和使用 CoCoA 框架。

10.1.1 框架应用的两种问题形式

对于形如(10.1)的优化问题，需要将其按照框架要求改写成框架可求解的问题形式，这是运用 CoCoA 进行分布式求解优化的第一步，也是十分重要的一步。下面就框架可求解的问题形式进行介绍。框架给出了两种问题形式，原始问题和其对偶问题。

$$\text{minimize } f(\boldsymbol{\alpha}) + g(\boldsymbol{\alpha}) \tag{10.1}$$

其中，$\boldsymbol{\alpha}$ 是待求解的变量，$f(\boldsymbol{\alpha})$是损失函数，$g(\boldsymbol{\alpha})$是约束项，如 l_1 或者 l_2 范数。

对于(10.1)中的损失函数 $f(\boldsymbol{\alpha})$，将其变量$\boldsymbol{\alpha}$ 与样本矩阵 $\boldsymbol{A}$ 的乘积作为新的变量就得到了原始问题形式，由于 $\boldsymbol{A}$ 是已知的输入数据形成的矩阵，所以不会对原问题定义产生影响。原问题形式如下

$$\text{minimize } f(\boldsymbol{A\alpha}) + g(\boldsymbol{\alpha}) \tag{10.2}$$

其中，$\boldsymbol{\alpha} \in \Re^n$，$\boldsymbol{A} \in \Re^{m \times n}$，$\boldsymbol{A}$ 是样本矩阵，$\boldsymbol{A}$ 的每一行代表一个样本。

对于对偶问题形式，首先写出式(10.2)的拉格朗日函数，如下

$$L(\boldsymbol{\alpha}, \boldsymbol{v}; w) = f(\boldsymbol{v}) + g(\boldsymbol{\alpha}) + w^{\mathrm{T}}(\boldsymbol{A\alpha} - \boldsymbol{v})$$

其中，$\boldsymbol{v} = \boldsymbol{A\alpha}$，$w$ 为拉格朗日乘子。这时待求解的问题变为

$$\begin{aligned}\text{maximize } L(\boldsymbol{\alpha}, \boldsymbol{v}; \boldsymbol{w}) &= \text{maximize}\{f(\boldsymbol{v}) - \boldsymbol{w}^{\mathrm{T}}\boldsymbol{v}\} + \text{maximize}\{g(\boldsymbol{\alpha}) + \boldsymbol{w}^{\mathrm{T}}\boldsymbol{A\alpha}\} \\ &= -\text{maximize}\{\boldsymbol{w}^{\mathrm{T}}\boldsymbol{v} - f(\boldsymbol{v})\} - \text{maximize}\{-\boldsymbol{w}^{\mathrm{T}}\boldsymbol{A\alpha} - g(\boldsymbol{\alpha})\} \\ &= -f^*(\boldsymbol{w}) - g^*(-\boldsymbol{A}^{\mathrm{T}}\boldsymbol{w})\end{aligned}$$

其中，$f^*(\boldsymbol{w}) = \boldsymbol{w}^{\mathrm{T}}\boldsymbol{v} - f(\boldsymbol{v})$，$g^*(-\boldsymbol{A}^{\mathrm{T}}\boldsymbol{w}) = -\boldsymbol{A}^{\mathrm{T}}\boldsymbol{w\alpha} - g(\boldsymbol{\alpha})$。

将上式转换为求其最小化形式，得到对偶问题形式如下

$$\text{minimize } f^*(\boldsymbol{w}) + g^*(-\boldsymbol{A}^{\mathrm{T}}\boldsymbol{w}) \tag{10.3}$$

其中，$\boldsymbol{w} = \nabla f(\boldsymbol{A\alpha})$，$f^*(\boldsymbol{w}) = \boldsymbol{w}^{\mathrm{T}}\boldsymbol{v} - f(\boldsymbol{v})$，$g^*(-\boldsymbol{A}^{\mathrm{T}}\boldsymbol{w}) = -\boldsymbol{A}^{\mathrm{T}}\boldsymbol{w\alpha} - g(\boldsymbol{\alpha})$。

对于(10.1)定义的问题，一般有如下几种形式。第一类，损失函数是光滑的且约束项是强凸的，如弹性网回归(Elastic Net Regression)[6]；第二类，损失函数是光滑的，并且约束项是非强凸的但可分离的，如 Lasso，SMLR；第三类，损失函数是非光滑但可分离的，并且约束项是强凸的，如支持向量机(SVM)[7]。以上三类都可以运用 CoCoA 框架进行求解。

那么在面对具体问题时该使用哪种问题形式，哪种更有利于求解问题呢？在使用框架来分布式求解优化问题时，选择应用哪种问题形式有如表 10.1 所示的准则。

表 10.1 选择框架问题形式的准则

问题形式	光滑的损失函数	非光滑,可分离的损失函数
强凸的约束项	(10.2)/(10.3)	(10.3)
非强凸,可分离的约束项	(10.2)	不可用

根据以上规则,将需解决的问题转化为 CoCoA 定义的问题形式后就可以根据框架的算法开始分布式求解。框架将待解决的问题分解成一个个等价的子问题,让每个节点单独求解这个子问题,从而实现高效的分布式计算。下面将具体介绍每个节点需要求解的本地子问题是如何定义和求解的。

10.1.2 各节点求解的子问题

CoCoA 通过将原始的训练数据划分为 K 份分发到各节点,各节点根据自己的本地数据实现高效的分布式优化问题求解。各节点需要利用自己得到的数据分块求解本地子问题,各节点的子问题定义如下

$$\text{minimize}\ G(\Delta\boldsymbol{\alpha}_{[k]}) \tag{10.4}$$

$$G(\Delta\boldsymbol{\alpha}_{[k]})=\frac{1}{K}f(\boldsymbol{v})+\boldsymbol{w}^{\mathrm{T}}\boldsymbol{A}_{[k]}\Delta\boldsymbol{\alpha}_{[k]}+\frac{\sigma}{2\tau}\|\boldsymbol{A}_{[k]}\Delta\boldsymbol{\alpha}_{[k]}\|^2+\sum_{i\in P_k}g_i(\boldsymbol{\alpha}_i+\Delta\boldsymbol{\alpha}_{[k]i})$$

子问题中涉及的参数详情如表 10.2 所示。

表 10.2 子问题参数详情

参数	解释
$\boldsymbol{A}_{[k]}$	样本矩阵 $\boldsymbol{A}$ 的第 k 分块
$\boldsymbol{\alpha}$	待求解的变量
$\boldsymbol{\alpha}_{[k]}$	k 分块对应的局部变量
$\Delta\boldsymbol{\alpha}_{[k]}$	$\boldsymbol{\alpha}_{[k]}$ 的变化量
v	$\boldsymbol{v}=\boldsymbol{A\alpha}$
w	$\boldsymbol{w}=\Delta f(\boldsymbol{v})$
γ	局部变量聚集参数
σ	$\sigma=\gamma K$
τ	$f(\boldsymbol{v})$ 光滑程度估计
$\boldsymbol{P}_k$	$\boldsymbol{\alpha}_{[k]}$ 在 $\boldsymbol{\alpha}$ 中对应的位置
g_i	g 中分离的局部约束函数

了解了各节点求解的子问题后,我们需要知道如何进行分布式计算,下面一节对 CoCoA 的计算框架进行介绍。根据本章开始的两种问题定义形式,分布式计算过程有所区别。

10.1.3 CoCoA 总体计算框架

算法 10.1 描述了 CoCoA 总体计算框架，步骤 4 是各节点分别进行各自的子问题求解的过程，也是计算框架最重要的一步。前面各节介绍了框架求解问题的两种形式，对于每种问题形式，算法 10.1 的执行有所不同，主要区别在步骤 4 上。

对于待求解问题是原始问题形式，首先按照(10.4)写出其子问题，并选择合适的算法进行求解，如用 CoCoA 求解 Lasso，其子问题也是 Lasso，可以采用前面章节介绍的 ADMM 进行求解。原始问题形式需将训练数据按特征划分为 K 块，按照计算框架进行分布式求解。

若是采用原始问题的对偶问题形式，首先写出其子问题，选择并实现求解子问题的算法，用于计算框架步骤 4 的求解。对偶问题形式将训练数据按样本划分为 K 块。

算法 10.1：CoCoA 总体计算框架

1. 初始条件：$\boldsymbol{\alpha}=0, \boldsymbol{v}=0$
2. for $t=0$ until 迭代次数 do
3. for $k=1$ to K 分布式求解 do
4. 各节点根据本地划分$\boldsymbol{A}_{[k]}$，通过求解(10.4)得出 $\Delta\boldsymbol{\alpha}_{[k]}$；
5. 更新局部变量$\boldsymbol{\alpha}_{[k]}$；
6. 各节点 return $\Delta\boldsymbol{v}_k=\boldsymbol{A}_{[k]}\Delta\boldsymbol{\alpha}_{[k]}$；
7. end for
8. reduce $\boldsymbol{v}^{(t+1)}=\boldsymbol{v}^t+\gamma\sum_{k=1}^{K}\Delta v_k$
9. end for

基于 CoCoA 分布式计算框架的计算步骤，通过求解 Lasso 和 SMLR 这两个常见且重要的非强凸优化问题，详细地讲解 CoCoA 分布式求解的步骤。

10.2 CoCoA 框架下求解 Lasso 回归

Lasso 算法在模型系数绝对值之和小于某常数的条件下，谋求残差平方和最小，在变量选取方面的效果优于逐步回归、主成分回归、岭回归、偏最小二乘等，能较好地克服传统方法在模型选取上的不足。众所周知，在大数据分布式计算中，需要面对十分巨大的数据量，而通常这些数据的数据密度较低，数据中会存在大量的 0 值数据，因此 Lasso 算法对处理这些数据有着一定优势。下面我们就详细讲解如何利用 CoCoA 框架分布式求解 Lasso 回归。

对于 Lasso 回归问题，其定义如下

$$\text{minimize } \frac{1}{2}\left\|\boldsymbol{A\alpha}-\boldsymbol{b}\right\|_2^2+\lambda\|\boldsymbol{\alpha}\|_1 \tag{10.5}$$

根据之前小节的准则，我们需要先判断 Lasso 问题是否可以应用 CoCoA 求解，可以求解的话，可以应用哪个问题定义形式求解。根据问题定义，Lasso 回归中损失函数是光滑的，约束项是不可导的，但其可分离，因此根据表 10.1 中的准则，Lasso 问题只能应用(10.2)来求解，将其代入式(10.4)的子问题定义，得到

$$G_k(\Delta\boldsymbol{\alpha}_{[k]};\boldsymbol{v},\boldsymbol{\alpha}_{[k]})=\frac{1}{2K}\|\boldsymbol{v}-\boldsymbol{b}\|+\boldsymbol{w}^{\mathrm{T}}\boldsymbol{A}_{[k]}\Delta\boldsymbol{\alpha}_{[k]}+\frac{\sigma}{2\tau}\|\boldsymbol{A}_{[k]}\Delta\boldsymbol{\alpha}_{[k]}\|^2+\lambda\sum_{i\Delta P_k}|\boldsymbol{\alpha}_i+\Delta\alpha_{[k]i}|$$

这样我们就得到了各节点需要本地求解的子问题，这是分布式求解 Lasso 回归的关键一步，需要检查并确认子问题形式正确。为了简化求解过程，方便后面的计算，令

$$H(\Delta\boldsymbol{\alpha}_{[k]})=\frac{1}{2K}\|\boldsymbol{v}-\boldsymbol{b}\|+\boldsymbol{w}^{\mathrm{T}}\boldsymbol{A}_{[k]}\Delta\boldsymbol{\alpha}_{[k]}+\frac{\sigma}{2\tau}\|\boldsymbol{A}_{[k]}\Delta\boldsymbol{\alpha}_{[k]}\|^2$$

得下式

$$\text{minimize } H(\Delta\boldsymbol{\alpha}_{[k]})+\lambda\sum_{i\epsilon P_k}|\boldsymbol{\alpha}_i+\Delta\boldsymbol{\alpha}_{[k]i}|$$

等同于

$$\text{minimize } H(\Delta\boldsymbol{\alpha}_{[k]})+\lambda\|\boldsymbol{\alpha}_{[k]}+\Delta\boldsymbol{\alpha}_{[k]}\|_1$$

可以看出这仍是一个典型的 Lasso 问题，运用 ADMM 可以进行求解。

根据 ADMM，问题描述为

$$\begin{aligned}&\text{minimize } H(\Delta\boldsymbol{\alpha}_{[k]})+\lambda\|\boldsymbol{\alpha}_{[k]}+\boldsymbol{z}\|_1\\&\text{subject to } \Delta\boldsymbol{\alpha}_{[k]}-\boldsymbol{z}=0\end{aligned} \tag{10.6}$$

其增广拉格朗日函数如下

$$L_\rho(\Delta\boldsymbol{\alpha}_{[k]},\boldsymbol{z},\boldsymbol{u})=H(\Delta\boldsymbol{\alpha}_{[k]})+\frac{\rho}{2}\|\Delta\alpha_{[k]}-\boldsymbol{z}+\boldsymbol{u}\|_2^2-\frac{\rho}{2}\|\boldsymbol{u}\|_2^2+\lambda\|\boldsymbol{\alpha}+\Delta\boldsymbol{\alpha}_{[k]}\|_1$$

由 ADMM 得到求解过程如下

$$\Delta\boldsymbol{\alpha}_{[k]}^{t+1}=\left(\frac{\sigma}{\tau}\boldsymbol{A}_{[k]}^{\mathrm{T}}\boldsymbol{A}_{[k]}+\rho\boldsymbol{I}\right)^{-1}[\rho(\boldsymbol{z}-\boldsymbol{u})-\boldsymbol{A}_{[k]}^{\mathrm{T}}\boldsymbol{w}]$$

$$\boldsymbol{z}^{t+1}=\begin{cases}\boldsymbol{a}-\dfrac{\lambda}{\rho}, & \boldsymbol{a}>\dfrac{\lambda}{\rho}\\ 0, & \boldsymbol{a}\leqslant\left|\dfrac{\lambda}{\rho}\right|\\ \boldsymbol{a}+\dfrac{\lambda}{\rho}, & \boldsymbol{a}<-\dfrac{\lambda}{\rho}\end{cases}$$

$$\boldsymbol{u}^{t+1}=\boldsymbol{u}^t+\Delta\boldsymbol{\alpha}_{[k]}^{t+1}-\boldsymbol{z}^{t+1}$$

其中，$\boldsymbol{w}=\Delta f(\boldsymbol{v})=\boldsymbol{v}-\boldsymbol{b}$；$\boldsymbol{I}$ 为单位矩阵；$\boldsymbol{a}=\Delta\boldsymbol{\alpha}_{[k]}^{t+1}+\boldsymbol{z}^t$。

将上面对子问题的求解过程应用于算法 10.1 的步骤 4，就可以实现 Lasso 的分布式优

化求解。因为采用原始问题形式求解，所以训练样本需要按特征进行划分。详细求解步骤见算法 10.2。

算法 10.2：基于 CoCoA 的分布式 Lasso(基于特征划分)

输入：

- 经分区后的数据集：$\boldsymbol{A}=\{(\boldsymbol{X}_1,\boldsymbol{b}),\cdots,(\boldsymbol{X}_K,\boldsymbol{b})\},\boldsymbol{P}_k,\boldsymbol{v}=0$
- 初始化的算法参数矩阵：$\boldsymbol{\alpha}_{[1]},\cdots,\boldsymbol{\alpha}_{[K]},\Delta\boldsymbol{\alpha}_{[1]},\cdots,\Delta\boldsymbol{\alpha}_{[K]},\boldsymbol{z},\boldsymbol{u}$
- 最大迭代次数：Iter
- 聚合参数：$\gamma=1,\sigma=\gamma K$
- 超参数：λ,ρ,τ

输出：

- CoCoA-Lasso 回归参数矩阵：$\boldsymbol{\alpha}$

迭代步骤：

1：初始化计数器 t←0

2：初始化分裂变量对偶变量矩阵 $\boldsymbol{z}^t\leftarrow\boldsymbol{z},\boldsymbol{u}^t\leftarrow\boldsymbol{u}$，$\Delta\boldsymbol{\alpha}^t_{[k]}\leftarrow\Delta\boldsymbol{\alpha}_{[k]}$，$k$ 为分块号

3：初始化原变量矩阵$\boldsymbol{\alpha}^t_{[1]}\leftarrow\boldsymbol{\alpha}_{[1]},\cdots,\boldsymbol{\alpha}^t_{[K]}\leftarrow\boldsymbol{\alpha}_{[K]}$，$\Delta\boldsymbol{v}^t_{[1]}\leftarrow\Delta\boldsymbol{v}_{[1]},\cdots,\Delta\boldsymbol{v}^t_{[K]}\leftarrow\Delta\boldsymbol{v}_{[K]}$

4：　　各分区并行地执行步骤 5、6、7、8、9

5：　　计算 $\boldsymbol{w}=\boldsymbol{v}-\boldsymbol{b}$

$$\Delta\boldsymbol{\alpha}^{t+1}_{[k]}=\left(\frac{\sigma}{\tau}\boldsymbol{A}^{\mathrm{T}}_{[k]}\boldsymbol{A}_{[k]}+\rho\boldsymbol{I}\right)^{-1}[\rho(\boldsymbol{z}-\boldsymbol{u})-\boldsymbol{A}^{\mathrm{T}}_{[k]}\boldsymbol{w}]，\boldsymbol{I}\text{ 为单位矩阵；}$$

6：
$$\boldsymbol{z}^{t+1}=\begin{cases}\boldsymbol{a}-\dfrac{\lambda}{\rho}, & \boldsymbol{a}>\dfrac{\lambda}{\rho}\\ 0, & \boldsymbol{a}\leqslant\left|\dfrac{\lambda}{\rho}\right|\\ \boldsymbol{a}+\dfrac{\lambda}{\rho}, & \boldsymbol{a}<-\dfrac{\lambda}{\rho}\end{cases}\text{，其中 }\boldsymbol{a}=\Delta\boldsymbol{\alpha}^{t+1}_{[k]}+\boldsymbol{z}^t\text{；}$$

7：　　$\boldsymbol{u}^{t+1}=\boldsymbol{u}^t+\Delta\boldsymbol{\alpha}^{t+1}_{[k]}-\boldsymbol{z}^{t+1}$

8：　　$\boldsymbol{\alpha}^{t+1}_{[k]}\leftarrow\boldsymbol{\alpha}^t_{[k]}+\Delta\boldsymbol{\alpha}^{t+1}_{[k]}$

9：　　各节点返回 $\Delta\boldsymbol{v}^{t+1}_{[k]}\leftarrow\boldsymbol{A}_{[k]}\Delta\boldsymbol{\alpha}^{t+1}_{[k]}$

10：　　更新每个分块的$\boldsymbol{v}^{t+1}\leftarrow\boldsymbol{v}^t+\gamma\sum\limits_{k=1}^{K}\Delta\boldsymbol{v}^{t+1}_{[k]}$

11：　　迭代到指定次数时算法终止，执行步骤 12。否则，令 $t\leftarrow t+1$，并返回步骤 4。

12：返回更新完成的算法参数 $\boldsymbol{\alpha}$

到此,已介绍了如何用 CoCoA 框架分布式求解 Lasso 回归,下节将通过具体的实验介绍相关算法的实现。

10.3 CoCoA 框架下求解 Lasso 回归实验

10.3.1 实验设置

本章实验在单机环境和大数据集群环境下进行,通过比较两种环境下的实验结果可以让读者对分布式计算框架 CoCoA 有更深入的理解。其中串行实验所使用的机器具有 Intel (R) i5-7300HQ(2.5 GHz)的四核四线程处理器和 16GB 的随机存取存储器。分布式环境下所使用的大数据平台部署在由 5 台服务器搭建的真实物理集群上。其中,单台服务器的中央处理器为 12 核、主频为 2.0GHz 的 Intel(R) Xeon(R) E5-2620,具有 64GB 的随机存取存储器。

回归数据集采用 UCI 数据库的 Online News Popularity Data Set。UCI 数据集是一个常用的机器学习标准测试数据集,是加州大学欧文分校提出的用于机器学习的数据库,其数据集作为标准测试数据集经常出现在许多机器学习的论文中,新编的机器学习程序可以采用 UCI 数据集进行测试。数据集的基本信息见表 10.3。

表 10.3 回归数据集信息

数据集类型	多变量
特征数据类型	整型,实数型
特征数量	61
样本数量	39797

这个数据集总结了 Mashable 网站上 2014 到 2015 两年内发布的文章的一组和分享次数有关的异构特性。其目标是预测某个文章或内容在社交网络中的共享次数(流行度),同时该数据集又可以承担分类任务,通过设定一个流行度阈值,可以实现二分类任务。本次实验执行回归任务,该数据集中存在大量的 0 值,数据稀疏性较高,在其上应用 Lasso 回归进行预测应该能够取得较好的效果。

本次实验的串行算法采用 Scala 语言和 Spark 的 MLlib 实现,分布式算法通过 Spark 实现,数据集的分布式存储使用 Hadoop 的 HDFS,编程语言采用 Scala,同时 Spark 也支持 Python 和 Java,选择 Scala 是因为 Spark 由 Scala 编写,其兼容性最佳。下面对分布式机器学习所使用的工具进行介绍。

Apache Spark 是专为大规模数据处理而设计的快速通用的计算引擎。Spark 是 UC Berkeley AMP lab (加州大学伯克利分校的 AMP 实验室)所开源的类 Hadoop MapReduce

的通用并行框架，Spark 拥有 Hadoop MapReduce 所具有的优点；但不同于 MapReduce 的是 Job 中间输出结果可以保存在内存中，从而不再需要读写 HDFS，因此 Spark 能更好地适用于数据挖掘与机器学习等需要迭代的 MapReduce 的算法。

Hadoop 分布式文件系统（HDFS）是指被设计成适合运行在通用硬件（commodity hardware）上的分布式文件系统。它和现有的分布式文件系统有很多共同点。但同时，它和其他的分布式文件系统的区别也是很明显的。HDFS 是一个高度容错性的系统，适合部署在廉价的机器上。HDFS 能提供高吞吐量的数据访问，非常适合应用在大规模数据集上。HDFS 放宽了一部分 POSIX 约束，来实现流式读取文件系统数据的目的。HDFS 是 Apache Hadoop Core 项目的一部分。HDFS 有着高容错性，并且设计用来部署在低廉的硬件上。而且它提供高吞吐量来访问应用程序的数据，适合那些有着超大数据集（large data set）的应用程序。

实验选用的评估指标包括算法的运行时间和均方误差（Mean Squared Error，MSE）。其中，运行时间指算法从开始迭代到终止迭代所需的时间，不包括数据读取所占用的时间，均方误差是指参数估计值与参数真实值之差平方的期望值，其定义见式（10.7），MSE 可以评价数据的变化程度，MSE 的值越小，说明预测模型描述实验数据具有更好的精确度。实验采用 5 折交叉验证的形式，数据集被随机划分为 5 份，其中 4 份用作训练集，1 份用做测试集。实验得到的均方误差及运行时间的最终结果为 5 次实验结果取平均值。

$$\mathrm{MSE}=\frac{1}{m}\sum_{k=1}^{m}(y_k-\tilde{y}_k)^2 \tag{10.7}$$

其中，m 为样本个数，y_k 是第 k 个的样本真实值，$\tilde{y}_k$ 是第 k 个的样本的预测值。

10.3.2　实验结果与分析

串行 Lasso 回归采用 Spark 的机器学习库 MLlib 中的 LR 模型进行优化求解，模型运行在单机模式下，采用 Scala 语言实现。分布式 Lasso 回归采用 CoCoA 框架进行优化求解，其子问题采用 ADMM 求解，数据集通过 HDFS 存储和访问，算法采用 Spark 计算引擎实现并用 Scala 编写，算法将数据集按特征划分为 4 块进行分布式求解。同时，为了更好地比较性能指标，我们调用 Spark 的机器学习库 MLlib 中 LR 模型参与实验结果分析，模型运行在集群模式下进行分布式求解。MLlib 是 Spark 提供的可扩展的机器学习库。MLlib 中已经包含了一些通用的学习算法和工具，如分类、回归、聚类、协同过滤、降维以及底层的优化原语等算法和工具。三者的实验结果如表 10.4 所示。

表 10.4　Lasso 回归实验结果

算　法	运行时间/s	均方误差(MSE)
串行 Lasso	12.858	**0.0152**

续表

算　法	运行时间/s	均方误差(MSE)
CoCoA_Lasso	**5.729**	0.0171
MLlib_Lasso	7.062	0.0158

从实验结果可以看出用 CoCoA 框架分布式求解的 Lasso 回归和串行的算法有着几乎一致的准确度和最快的运行时间，准确度的损失是由于分块导致的局部特征过少。CoCoA_Lasso 与 MLlib 实现的 Lasso 回归有着相近的性能，性能上的差距是由于库中实现的模型采用更快的求解方法和更好的优化，且 CoCoA 在面对特征量不是那么巨大的任务时优势不明显。通过实验我们可以看到，CoCoA 框架能够很好地实现 Lasso 回归的分布式求解，并有不错的性能表现和更快的求解速度。

10.4 本章小结

本章首先介绍了高通信效率分布式优化框架 CoCoA，具体分析了 CoCoA 与 ADMM 的区别，突出了 CoCoA 作为 ADMM 的下一代分布式优化求解框架的特点；具体介绍了 CoCoA 适用的优化问题形式，并阐述了如何将待求解的优化问题转化成 CoCoA 框架能否进行分布式优化求解的问题形式。接着为了详细阐述 CoCoA 如何对优化问题进行分布式优化求解，给出了 CoCoA 框架求解 Lasso 回归问题的步骤和算法。最后为了证明 CoCoA 分布式优化求解框架的高效性，采用 Spark 框架实现了 CoCoA 分布式优化求解的 Lasso 问题，并与串行、ADMM 实现 Lasso 进行了对比实验。实验表明，CoCoA 作为一种高通信效率分布式优化框架，在保证回归算法精度的情况下，具有较快的分布式求解效率。

10.5 参考文献

[1] Bottou L. Large-scale machine learning with stochastic gradient descent[C]//Proceedings of COMPSTAT '2010. Physica-Verlag HD, 2010: 177-186.

[2] Boyd S, Parikh N, Chu E, et al. Distributed Optimization and Statistical Learning via the Alternating Direction Method of Multipliers [J]. Foundations & Trends in Machine Learning, 2010, 3(1): 1-122.

[3] Smith V, Forte S, Ma C, et al. CoCoA: A general framework for communication-efficient distributed optimization[J]. The Journal of Machine Learning Research, 2017, 18(1): 8590-8638.

[4] Wang J, Kolar M, Srebro N, et al. Efficient distributed learning with sparsity[C]//Proceedings of the 34th International Conference on Machine Learning-Volume 70. JMLR. org, 2017: 3636-3645.

[5] Krishnapuram B, Carin L, Figueiredo M A T, et al. Sparse multinomial logistic regression: Fast algorithms and generalization bounds [J]. IEEE transactions on pattern analysis and machine intelligence, 2005, 27(6): 957-968.

[6] Zou H, Hastie T. Regularization and Variable Selection via the Elastic Net [J]. Journal of The Royal Statistical Society Series B-statistical Methodology, 2005, 67, 301-320.

[7] Vapnik V. Statistical Learning Theory[M]. New York, NY: Wiley, 1998.

第 11 章 CoCoA 框架下的稀疏多元逻辑回归分布式求解

11.1 稀疏多元逻辑回归

逻辑回归[1-3]是一种经典的机器学习算法，虽然名字中有回归，实则是通过概率估计将回归转化为分类问题。SMLR[4,5]就是在基本逻辑回归的基础上将二分类问题扩展到多分类问题，再对其加上一范数约束从而产生稀疏性。其问题定义如下

$$\text{minimize} -\frac{1}{m}\left(\sum_{i=1}^{m}\sum_{j=1}^{c}\mathbf{1}\{y_j^{(i)}=1\}\cdot\ln\frac{e^{\boldsymbol{A}^{(i)}\boldsymbol{\alpha}_j^{\mathrm{T}}}}{\sum_{l=1}^{c}e^{\boldsymbol{A}^{(i)}\boldsymbol{\alpha}_l^{\mathrm{T}}}}\right)+\lambda\|\boldsymbol{\alpha}\|_1 \tag{11.1}$$

其中 m 为样本个数，c 为样本包含类别数，$\mathbf{1}\{y_j^{(i)}=1\}$表示当第 i 行的样本属于 j 类时函数值为 1，否则为 0，$\boldsymbol{\alpha}_j^{\mathrm{T}}$表示类别 j 对应的参数矩阵，$\boldsymbol{A}$ 为样本矩阵，每一行为一条样本，$\boldsymbol{\alpha}$ 为所有类别的参数矩阵的组合。下一节我们将尝试采用 CoCoA 框架来求解稀疏多元逻辑回归。

11.2 稀疏多元逻辑回归分布式求解

前面章节已经运用 CoCoA 求解了 Lasso 回归，同样先确定 SMLR 适合哪种问题形式，从而推导出 SMLR 对应的 CoCoA 分布式求解子问题。通过分析(11.1)可以看出，SMLR 的损失函数是光滑的，约束项为不可导可分离的，所以适用于 CoCoA 框架的(10.2)，将函数代入(10.4)，令 $v=\boldsymbol{A}\boldsymbol{\alpha}$ 得到以下子问题

$$G_k(\Delta\boldsymbol{\alpha}_{[k]};\boldsymbol{v},\boldsymbol{\alpha}_{[k]})=-\frac{1}{mK}\left(\sum_{i=1}^{m}\sum_{j=1}^{c}\mathbf{1}\{y_j^{(i)}=1\}\cdot\ln\frac{\mathrm{e}^{\boldsymbol{v}_j^{(i)}}}{\sum_{l=1}^{c}\mathrm{e}^{\boldsymbol{v}_l^{(i)}}}\right)+\boldsymbol{w}^{\mathrm{T}}\boldsymbol{A}_{[k]}\Delta\boldsymbol{\alpha}_{[k]}+$$

$$\frac{\sigma}{2\tau}\|\boldsymbol{A}_{[k]}\Delta\boldsymbol{\alpha}_{[k]}\|^2+\lambda\sum_{i\in\boldsymbol{P}_k}|\boldsymbol{\alpha}_i+\Delta\boldsymbol{\alpha}_{[k]i}| \tag{11.2}$$

为简化计算，令

$$H(\Delta\boldsymbol{\alpha}_{[k]})=-\frac{1}{mK}\left(\sum_{i=1}^{m}\sum_{j=1}^{c}\mathbf{1}\{y_j^{(i)}=\mathbf{1}\}\cdot\ln\frac{\mathrm{e}^{\boldsymbol{v}_j^{(i)}}}{\sum_{l=1}^{c}\mathrm{e}^{\boldsymbol{v}_l^{(i)}}}\right)+$$

$$\boldsymbol{w}^{\mathrm{T}}\boldsymbol{A}_{[k]}\Delta\boldsymbol{\alpha}_{[k]}+\frac{\sigma}{2\tau}\|\boldsymbol{A}_{[k]}\Delta\boldsymbol{\alpha}_{[k]}\|^2$$

得

$$\text{minimize } H(\Delta\boldsymbol{\alpha}_{[k]})+\lambda\|\boldsymbol{\alpha}_{[k]}+\Delta\boldsymbol{\alpha}_{[k]}\|_1$$

上述优化问题是一个典型的 Lasso 问题，可以用 ADMM 求解，问题改写如下

$$\begin{aligned}&\text{minimize } H(\Delta\boldsymbol{\alpha}_{[k]})+\lambda\|\boldsymbol{\alpha}_{[k]}+\boldsymbol{z}\|_1\\&\text{subject to } \Delta\boldsymbol{\alpha}_{[k]}-\boldsymbol{z}=0\end{aligned}\tag{11.3}$$

其增广拉格朗日函数如下

$$L_\rho(\Delta\boldsymbol{\alpha}_{[k]},\boldsymbol{z},\boldsymbol{s})=H(\Delta\boldsymbol{\alpha}_{[k]})+\frac{\rho}{2}\|\Delta\boldsymbol{\alpha}_{[k]}-\boldsymbol{z}+\boldsymbol{s}\|_2^2-\frac{\rho}{2}\|\boldsymbol{s}\|_2^2+\lambda\|\boldsymbol{\alpha}+\Delta\boldsymbol{\alpha}_{[k]}\|_1$$

由 ADMM 得到求解过程如下

$$\Delta\boldsymbol{\alpha}_{[k]}^{t+1}=\left(\frac{\sigma}{\tau}\boldsymbol{A}_{[k]}^{\mathrm{T}}\boldsymbol{A}_{[k]}+\rho\boldsymbol{I}\right)^{-1}[\rho(\boldsymbol{z}-\boldsymbol{s})-\boldsymbol{A}_{[k]}^{\mathrm{T}}\boldsymbol{w}]$$

$$\boldsymbol{z}^{t+1}=\begin{cases}\boldsymbol{a}-\dfrac{\lambda}{\rho}, & \boldsymbol{a}>\dfrac{\lambda}{\rho}\\[2ex] 0, & a\leqslant\left|\dfrac{\lambda}{\rho}\right|\\[2ex] \boldsymbol{a}+\dfrac{\lambda}{\rho}, & \boldsymbol{a}<-\dfrac{\lambda}{\rho}\end{cases}$$

$$\boldsymbol{s}^{t+1}=\boldsymbol{s}^t+\Delta\boldsymbol{\alpha}_{[k]}^{t+1}-\boldsymbol{z}^{t+1}$$

其中，$\boldsymbol{w}=\Delta f(\boldsymbol{v})$；$\boldsymbol{I}$ 为单位矩阵；$\boldsymbol{a}=\Delta\boldsymbol{\alpha}_{[k]}^{t+1}+\boldsymbol{z}^t$。

$$\Delta f(\boldsymbol{v})=-\frac{1}{m}\left(\sum_{i=1}^{m}\sum_{j=1}^{c}\mathbf{1}\{y_j^{(i)}=1\}\cdot\ln\frac{e^{\boldsymbol{v}_j^{(i)}}}{\sum_{l=1}^{c}e^{\boldsymbol{v}_l^{(i)}}}\right)$$

$$=-\frac{1}{m}\left[\sum_{i=1}^{m}\left(\sum_{j=1}^{c}1\{y_j^{(i)}=1\}\cdot\boldsymbol{v}_j^{(i)}-\ln\sum_{l=1}^{c}e^{\boldsymbol{v}_l^{(i)}}\right)\right]$$

由 $\dfrac{\partial\boldsymbol{w}}{\partial\boldsymbol{v}_j^{(i)}}=\dfrac{1}{m}\sum_{i=1}^{m}\left(\dfrac{e^{\boldsymbol{v}_j^{(i)}}}{\sum_{l=1}^{c}e^{\boldsymbol{v}_l^{(i)}}}-1\{y_j^{(i)}=1\}\right)$，令

$$u_j^{(i)}=\frac{e^{v_j^{(i)}}}{\sum_{l=1}^{c}e^{v_l^{(i)}}}-1\{y_j^{(i)}=1\}$$

得

$$w=\Delta f(v)=\frac{1}{m}\begin{bmatrix}u_1^{(1)} & u_1^{(2)} & \cdots & u_1^{(c)}\\ u_2^{(1)} & u_2^{(2)} & \cdots & u_2^{(c)}\\ \vdots & \vdots & \cdots & \vdots\\ u_m^{(1)} & u_m^{(2)} & \cdots & u_m^{(c)}\end{bmatrix}$$

将上面对子问题的求解步骤运用到算法 10.1 的步骤 4,就可以实现 SMLR 的分布式优化求解。根据原始问题形式,训练样本需要按特征进行划分。详细求解步骤见算法 11.1。

算法 11.1:基于 CoCoA 的分布式 SMLR(基于特征划分)

输入:

- 经分区后的数据集:$\boldsymbol{A}=\{(\boldsymbol{X}_1,\boldsymbol{b}),\cdots,(\boldsymbol{X}_K,\boldsymbol{b})\}$,$\boldsymbol{P}_k$,$\boldsymbol{v}=0$
- 初始化的算法参数矩阵:$\boldsymbol{\alpha}_{[1]},\cdots,\boldsymbol{\alpha}_{[K]},\Delta\boldsymbol{\alpha}_{[1]},\cdots,\Delta\boldsymbol{\alpha}_{[K]},\boldsymbol{z},\boldsymbol{s}$
- 最大迭代次数:Iter
- 聚合参数:$\gamma=1,\sigma=\gamma K$
- 超参数:λ,ρ,τ

输出:

- CoCoA-SMLR 参数矩阵:$\boldsymbol{\alpha}$

迭代步骤:

1: 初始化计数器 $t\leftarrow 0$

2: 初始化分裂变量对偶变量矩阵 $\boldsymbol{z}^t\leftarrow\boldsymbol{z},\boldsymbol{s}^t\leftarrow\boldsymbol{s}$,$\Delta\boldsymbol{\alpha}_{[k]}{}^t\leftarrow\Delta\boldsymbol{\alpha}_{[k]}$,$k$ 为分块号

3: 初始化原变量矩阵 $\boldsymbol{\alpha}_{[1]}{}^t\leftarrow\boldsymbol{\alpha}_{[1]},\cdots,\boldsymbol{\alpha}_{[K]}{}^t\leftarrow\boldsymbol{\alpha}_{[K]}$,$\Delta\boldsymbol{v}_{[1]}{}^t\leftarrow\Delta\boldsymbol{v}_{[1]},\cdots,\Delta\boldsymbol{v}_{[K]}{}^t\leftarrow\Delta\boldsymbol{v}_{[K]}$

4: 各分块并行地执行步骤 5

5: 先计算 $w=\frac{1}{m}\begin{bmatrix}u_1^{(1)} & u_1^{(2)} & \cdots & u_1^{(c)}\\ u_2^{(1)} & u_2^{(2)} & \cdots & u_2^{(c)}\\ \vdots & \vdots & \cdots & \vdots\\ u_m^{(1)} & u_m^{(2)} & \cdots & u_m^{(c)}\end{bmatrix}$,$m$ 为该分块样本个数,

$$\boldsymbol{u}_j^{(i)}=\frac{e^{\boldsymbol{v}_j^{(i)}}}{\sum_{l=1}^{c}e^{\boldsymbol{v}_l^{(i)}}}-1\{y_j^{(i)}=1\}$$

$$\Delta\boldsymbol{\alpha}_{[k]}^{t+1}=\left(\frac{\sigma}{\tau}\boldsymbol{A}_{[k]}^{\mathrm{T}}\boldsymbol{A}_{[k]}+\rho\boldsymbol{I}\right)^{-1}[\rho(\boldsymbol{z}-\boldsymbol{s})-\boldsymbol{A}_{[k]}^{\mathrm{T}}\boldsymbol{w}]$$，$\boldsymbol{I}$ 为单位矩阵；

6: $$\boldsymbol{z}^{t+1}=\begin{cases}\boldsymbol{a}-\dfrac{\lambda}{\rho}, & \boldsymbol{a}>\dfrac{\lambda}{\rho}\\ 0, & a\leqslant\left|\dfrac{\lambda}{\rho}\right|\\ \boldsymbol{a}+\dfrac{\lambda}{\rho}, & a<-\dfrac{\lambda}{\rho}\end{cases}$$，其中 $\boldsymbol{a}=\Delta\boldsymbol{\alpha}_{[k]}^{t+1}+\boldsymbol{z}^{t}$；

7: $\boldsymbol{s}^{t+1}=\boldsymbol{s}^{t}+\Delta\boldsymbol{\alpha}_{[k]}^{t+1}-\boldsymbol{z}^{t+1}$

8: $\boldsymbol{\alpha}_{[k]}^{t+1}\leftarrow\boldsymbol{\alpha}_{[k]}^{t}+\Delta\boldsymbol{\alpha}_{[k]}^{t+1}$

9: 各节点返回 $\Delta\boldsymbol{v}_{[k]}^{t+1}\leftarrow\boldsymbol{A}_{[k]}\Delta\boldsymbol{\alpha}_{[k]}^{t+1}$

10: 更新每个分块的 $\boldsymbol{v}^{t+1}\leftarrow\boldsymbol{v}^{t}+\gamma\sum_{k=1}^{K}\Delta\boldsymbol{v}_{[k]}^{t+1}$

11: 迭代到指定次数时算法终止，执行步骤 12。否则，令 $t\leftarrow t+1$，并返回步骤 4。

12: 返回更新完成的算法参数 $\boldsymbol{\alpha}$

到此，我们介绍了如何用 CoCoA 框架分布式求解稀疏多元逻辑回归，下节将通过具体的实验介绍相关算法的实现。

11.3 CoCoA 框架下求解稀疏多元逻辑回归实验

11.3.1 实验设置

通过比较在单机环境和大数据集群环境下的实验结果可以让读者对分布式计算框架 CoCoA 解决更复杂的分布式机器学习问题有一定了解。其中串行实验所使用的机器具有 Intel (R) i5-7300HQ(2.5GHz)的四核四线程处理器和 16GB 的随机存取存储器。分布式环境下所使用的大数据平台部署在由 5 台服务器搭建的真实物理集群上。其中，单台服务器的中央处理器为 12 核、主频为 2.0GHz 的 Intel(R) Xeon(R) E5-2620，具有 64GB 的随机存取存储器。

稀疏多元逻辑回归实验的数据集采用 MNIST 手写体数字数据集。MNIST 数据集包含了 0～9 在内的 10 类不同的手写体数字，训练集和测试集分别包含 60000 张和 10000 张 28×28 像素的灰度图像，图 11.1 给出了 MNIST 数据集的样例图片。小规模的 MNIST 数据集来自全量 MNIST 数据集的子集，包含了按类别均匀采样的 4000 张训练样本。数据集的基本信息见表 11.1。

这个数据集的每一条样本就是一张手写体数字的所有像素点的灰度值。本次实验执行分类任务,手写体数字共有 10 个类别,故是多分类任务,由于该图像的特性数字部分为黑色,其余部分为白色,所以该数据集中存在大量的 0 值,数据稀疏性较高,在其上应用解稀疏多元逻辑回归进行分类任务应该能够取得较好的效果。

表 11.1 回归数据集信息(MNIST)

数据集类型	灰度图像
特征数据类型	灰度(0～255)
特征数量	784
样本数量	4000

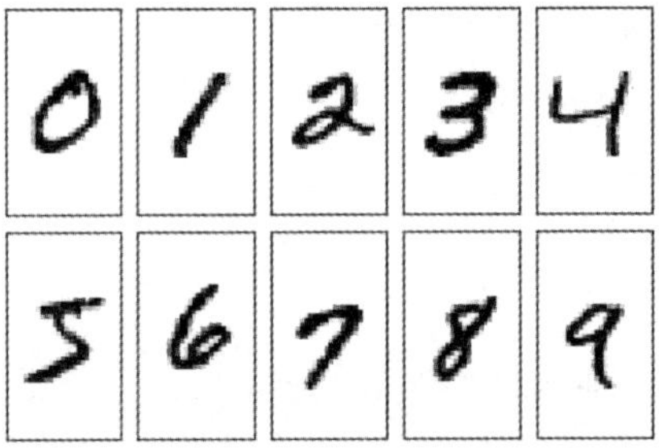

图 11.1 MNIST 数据集样例图片

本次实验的串行实验部分采用 Scala 语言实现,分布式算法通过 Spark 实现,数据集的分布式存储使用 Hadoop 的 HDFS,编程语言采用 Scala,Apache Spark 是专为大规模数据处理而设计的快速通用的计算引擎。Hadoop 分布式文件系统是指被设计成适合运行在通用硬件上的分布式文件系统。这两者是现在主流的分布式机器学习计算工具。

实验选用的评估指标包括算法的运行时间和分类准确率。其中,运行时间指算法从开始迭代到终止迭代所需的时间,不包括数据读取所占用的时间,分类准确率指被分类正确的样本数与所有样本数的比值,其定义见式(11.4)。实验采用五折交叉验证的形式,数据集被随机划分为 5 份,其中 4 份用作训练集,1 份用做测试集。实验得到的分类准确率及运行时间的最终结果为 5 次实验结果取平均值。

$$ACC = \frac{T}{m} \tag{11.4}$$

其中,T 为样本类别预测正确的个数,m 为样本个数。

11.3.2 实验结果与分析

串行 SMLR 采用前面章节提到的 ADMM 进行优化求解,并用 Scala 实现。分布式 SMLR 采用 CoCoA 框架进行优化求解,数据集通过 HDFS 存储和访问,算法采用 Spark 计算引擎并用 Scala 编写。同时，为了跟同类型分布式程序比较性能指标，我们将前面章节介绍的分布式 ADMM 求解 SMLR(基于特征划分的分布式 SMLR 算法，即 FP-SMLR)选入比较实验。ADMM 的迭代次数都为 100 轮。三者的实验结果如表 11.2 所示。

表 11.2 SMLR 实验结果

算 法	运行时间/s	分类准确率(ACC)
串行 ADMM_SMLR	197.25	0.867
CoCoA_SMLR	**167.28**	**0.872**
FP-SMLR	**184.46**	0.869

从实验结果可以看出用 CoCoA 框架分布式求解的稀疏多元逻辑回归和串行的版本相比有着更好的性能和更快的运行时间，FP-SMLR 算法比串行算法快，但是与有更好通信策略以及以求解子问题为基础的 CoCoA_SMLR 相比还是稍逊一筹，所以 CoCoA 在面对特征量大的任务时运行时间有显著优势。通过实验我们可以看到，CoCoA 框架能够很好地实现稀疏多元逻辑回归的分布式求解，并有不错的性能表现。

11.4 本章小结

本章首先回顾了稀疏多元逻辑回归的特点以及问题形式。接着详细阐述 CoCoA 如何对稀疏多元逻辑回归进行分布式优化求解，给出了 CoCoA 框架求解稀疏多元逻辑回归问题的步骤和算法。最后为了证明 CoCoA 分布式优化求解框架的高效性，采用 Spark 框架实现了 CoCoA 分布式优化求解的稀疏多元逻辑回归问题，并与串行、*ADMM* 实现稀疏多元逻辑回归进行了对比实验。实验表明，CoCoA 作为一种高通信效率分布式优化框架，在保证分类算法精度的情况下，具有较快的分布式求解效率。

11.5 参考文献

[1] Liu J, Chen J, Ye J. Large-scale sparse logistic regression[C]//Proceedings of the 15th ACM SIGKDD international conference on Knowledge discovery and data mining. 2009: 547-556.

[2] Koh K, Kim S J, Boyd S. An interior-point method for large-scale l1-regularized logistic regression [J]. Journal of Machine learning research, 2007, 8(Jul): 1519-1555.

[3] Algamal Z. An efficient gene selection method for high-dimensional microarray data based on sparse logistic regression[J]. Electronic Journal of Applied Statistical Analysis, 2017, 10(1): 242-256.

[4] Ng A Y. Feature selection, L1 vs. L2 regularization, and rotational invariance[C]//Proceedings of the twenty-first international conference on Machine learning. 2004: 78-85.

[5] Kwak C, Clayton-Matthews A. Multinomial logistic regression[J]. Nursing Research, 2002, 51(6): 404-410.